International Science and Technology Strategy and
Policy：Annual Review 2015

国际科技战略与
政策年度观察
2015

国际科技战略与政策年度观察研究组／编著

科学出版社

北　京

图书在版编目(CIP)数据

国际科技战略与政策年度观察.2015 / 国际科技战略与政策年度观察研究组编著.
—北京:科学出版社,2016.1
ISBN 978-7-03-045815-5

Ⅰ.①国…　Ⅱ.①国…　Ⅲ.①科学技术-发展战略-研究报告-世界- 2015 ②科技政
策-研究报告-世界- 2015　Ⅳ.①G321

中国版本图书馆 CIP 数据核字(2015)第 227174 号

责任编辑:邹　聪　田慧莹　乔艳茹 /责任校对:何艳萍
责任印制:徐晓晨/封面设计:无极书装
编辑部电话:010-64035853
E-mail:houjunlin@mail.sciencep.com

科 学 出 版 社 出版
北京东黄城根北街16号
邮政编码: 100717
http://www.sciencep.com
北京凌奇印刷有限责任公司 印刷
科学出版社发行　各地新华书店经销
*
2016 年 1 月第　一　版　开本:787×1092 1/16
2021 年 1 月第四次印刷　印张:12
字数: 284 000
定价: 78.00 元
(如有印装质量问题,我社负责调换)

《国际科技战略与政策年度观察 2015》编委会

前　言

当今世界，科学技术迅猛发展，经济全球化进程明显加快，全球科技和创新格局加速调整，科技竞争已成为国家间综合国力竞争的核心和焦点。解决人类生存与发展所面临的一系列重大问题对科技发展提出日益强烈的需求，引领着科技创新发展的方向。世界主要国家和地区着眼于长远战略性发展，努力调整科技政策、优化科技布局：一方面使其面对全球化的环境提升科技竞争力；另一方面解决面临的社会经济挑战。

把握世界科技创新战略与政策的最新动态，了解各国科技政策调整中的新思想、新趋势、新战略和新举措，并及时有效地报道、凝练、研究、分析这些新思想、新趋势、新战略和新举措，将为我国的创新发展提供重要的政策借鉴。本研究组自 2007 年起就形成了长期持续地对国外科技创新态势进行跟踪分析的机制，积累了有关主要科技发达国家及国际组织在科技战略与政策方面比较全面、系统的信息，并通过深入的研讨、系统的分析，努力把握科技政策领域的最新态势和特点，奠定了对科技战略与政策动态进行系统述评的基础。

《国际科技战略与政策年度观察 2015》在长期跟踪监测的基础上，汇集了 2010～2014 年的重要科技政策动向信息，力图在零散的信息中总结归纳世界科技战略的总体趋势，以及各国、地区和机构在科技战略布局与规划、科技创新体制与机制、科技创新政策与措施等方面的发展动向和规律，对于特定时间段内的科技创新战略与政策进展给出系统的描绘，以为相关政策层面和机构提供参考。

本书的研究工作始于 2010 年 1 月，研究人员对美国、日本、德国、法国、英国、加拿大、澳大利亚、俄罗斯、韩国、印度、南非、欧盟等国家和地区的科技战略与科技政策相关内容的重要信息进行实时跟踪和监测，定期形成《国际科技重要信息专报》和《科技战略与政策动态监测快报》，不定期形成《国际科技重要信息专报特刊》。在此基础上，于 2011 年 7 月开始就跟踪和监测的科技信息进行整合、研究与分析，首先根据科技政策的理论和方法形成本研究的研究框架和研究维度，之后与专家进行讨论，根据专家提出的修改建议对分析框架进行修改，形成最终的分析框架，根据分析框架对研究内容进行细致分析和总结，形成基本观点和组织框架，最终成稿。

本书第一章绪论部分介绍了本研究的观察视角、分析框架，以及世界主要国家科技发展概览，在全面跟踪观察各国科技及科技政策发展动向的基础上，形成对全球科技发展态势的总体把握。第二章为科技发展战略与重点，揭示了主要国家科技战略与规划的重点目标和方向，以及近年各国在科技战略与规划方面的主要政策议题。第三章为科技规划与布局，在介绍世界主要国家科技前瞻方法的基础上，重点梳理了科技规划的特点、重点科技领域的计划与项目。第四章为科技创新体制与机制，重点关注了宏观科技决策与管理体系的改革措施、科研资助体系调整的重点目标和优先领域、科研评估改革的特点与趋势，以及科研机构改革调整的重点。第五章为科技创新政策与措施：人才政策强调创新人才仍是重点；产业政策关注对企业创新的支持；国际科技合作探索走出去战略的新模式。第六章分别解读了 2014 年美国、日本、德国、法国、英国、澳大利亚、加拿大、俄罗斯、巴西、西班牙、北欧四国、欧盟等国家和地区的科技战略与政策的新进展。

本书参与撰写人员包括：胡智慧、王建芳、任真、张秋菊、汪凌勇、李宏、裴瑞敏、刘栋、陈晓怡、葛春雷、惠仲阳、刘渐、王文君等。全书由胡智慧、王建芳、任真统稿。中国科学院发展规划局潘教峰局长和中国科学院文献情报中心张晓林馆长多次对本书框架进行指导，刘清、陶诚、张月鸿等对本书内容进行了审阅，并提出了宝贵的修改意见。在此，一并表示感谢。由于能力及时间关系，本书难免存在不足之处，敬请广大读者和专家批评指正。

国际科技战略与政策年度观察研究组

2015 年 1 月

目　　录

第一章 绪 论

进入 21 世纪,世界进入知识经济时代,科技作为经济增长的重要动力已经成为世界各国的普遍共识。全球金融危机给世界经济发展提出了新的挑战。在严峻的形势下,世界各国政府不断调整科技创新战略与政策,增加科技投入,加强重点领域的研究开发并培育新兴战略产业,促进国际科技合作,以便在全球竞争中占据有利地位。各国科技发展规划和创新战略均提出要大力提升科技创新能力。美国、日本、欧盟等科技发达国家和地区强调要保持已有的科技优势;新兴国家提出要大力追赶,如韩国、印度等国提出了至 2020 年要进入世界科技强国前 5 位之列的宏伟目标。各国还提出把促进经济快速发展及改善社会民生作为科技计划和创新战略的重要目标。在科技日益全球化的今天,世界科技发展动向对我国有重要的影响力和借鉴作用。为此,课题组启动国际科技战略与政策年度观察工作,监测分析世界主要国家和组织科技信息的新战略、新思想、新举措,特别关注"科技创新规律"的新趋势、"科研模式变化"的新机制、"科技促进经济增长"等方面的新特点,为我国科技政策制定提供及时有效的决策参考。

一、观察视角

《国际科技战略与政策年度观察 2015》在长期跟踪监测的基础上,汇集了 2010～2014 年的重要科技政策动向信息,力图在零散的信息中总结归纳世界科技战略与政策的总体趋势,以及各国、地区和机构在科技战略布局与规划、科技创新体制与机制、科技创新政策与措施等方面的发展动向和规律。

1. 分析维度

本研究对科技战略与政策信息的解读总体上从机构、空间和政策体系三个维度来进行,即对各国有关科技的战略、规划、政策、措施等动态信息从机构、空间和政策体系三个维度进行梳理、总结及分析。

在机构维度上,主要从机构职能视角对涉及科技战略与政策的机构进行划分,大致可分为国际组织、管理与资助机构、研究机构、咨询机构与其他。

在空间维度上,主要从宏观、微观视角对科技战略与政策所涉及的空间大小进行划分,可分为全球范围的科技战略与政策（如气候变化问题、大科学研究与大装置建设问题等）、区域层面的科技战略与政策（如欧盟框架计划等）。

在政策体系维度上，主要根据科技政策的体系内容对科技战略与政策进行划分，主要包括：科技发展战略、科技规划与布局、科技创新体制机制及科技创新政策与措施，其中科技创新政策与措施包括了科技人才、产业创新、国际科技合作等方面的政策与措施。

2. 研究对象

研究对象选取方面，考虑到代表性和参考性，本研究关注的主要科技国家和组织划分为三类：①传统的科技强国和区域性组织，包括美国、日本、德国、法国、英国、澳大利亚、加拿大，以及欧盟及其主要成员国，这些国家和地区的研发投入和产出总量、质量和影响力，仍然处于科技前沿，并在很多领域领先；②科技的新兴国家，包括韩国、俄罗斯、印度、巴西、南非，这些国家最近十年持续加强研发与创新投入，不断改善科技创新的各种要素，开始建设知识和技术密集型经济；③科技发达的小国，如挪威、瑞典、瑞士、芬兰、葡萄牙、西班牙、智利等，这些国家的科研实力同样很强，其教育水平、科技水平始终居于世界前列，无论是获诺贝尔奖的科学家数量、关键科技领域排名，还是高科技产品输出，都具有比较强的竞争力。

3. 关注重点

本研究在解读上述国家主要的政策报告和科技规划时，重点选取的是最近几年产生了重大影响的、最能体现科技战略与政策研究趋势的报告，尤其是金融危机之后发布的新文件和新规划。其中，既有政府发布的科技政策报告，又有相关部门最新具体的科技规划，还有包括基金会在内的具体执行机构的科技发展规划。在解读这些政策文本的过程中，我们重点关注了以下问题：一是对科技创新政策的战略地位的新认识；二是对科技战略目标和基础研究范式的新理解；三是政府资助模式和治理结构的新趋势；四是创新人才培养及国际科技合作发展趋势的新特点。

二、分析框架

1. 内容框架

联合国教育、科学及文化组织（UNESCO）将科技政策定义为："一个国家或地区为强化其科技潜力，达成其综合开发之目标和提高其地位而建立的组织、制度及执行方向的总和。"有关研究中将科技政策定义为："一个国家或政党在一定历史时期，为实现政治、经济、社会的目标，在科学技术领域内采取的行动和规定的行动准则。它既是国家总政策的组成部分，又是确定科技发展方向、指导整个科技事业的战略和策略原则；它既包括全局性的科技发展战略，即科技发展总目标、总任务，也包括局部的、临时性的策略，如各部门、各地区根据自己的具体情况所确定的为完成战略目标的各项具体的实施方针和策略原则。"① 因此，在广义的科技政策概念中，涵盖了战略、政策、措施等方方面

---

① 王卉珏. 科技政策的理论与方法研究. 武汉：华中科技大学出版社，2008.

面的内容。

——科技战略意指一个国家或一个地区在一定时期内科技活动的全局性和长期性的规划和行动方针[1]，即国家总体性、全局性纲领，主要解决科学技术发展与国家经济和社会发展之间的总体问题及各种目标之间的联系问题。

——科技规划是根据国家宏观的科技发展战略方向，对科学技术发展的具体方向、发展领域、发展速度和发展主体给予界定，其对象涉及与科技发展相关的各个方面，包括科技经费规划、优先领域的设定、科技人才发展规划、科技项目与计划的规划、未来科技发展方向的预见等，科技规划的工具包括预见技术、路线图方法等。

——科技体制是科学技术活动的组织体系和管理制度的总称。它包括组织结构、运行机制、管理原则等内容。

——科技政策、措施和机制是科技管理中微观层次的概念，其中措施指科技政策实施中的具体手段和方法，机制主要指科技组织结构运行的具体模式。

上述内容构成了从宏观到具体的科技战略与政策的体系。从科技战略与政策内容关注的主题角度，还可以将科技政策体系解析为科技战略与规划、科技管理、科技人才、产业政策、国际科技合作等不同专题领域的科技政策。

2. 分析要素

从科技战略与政策观察与分析的角度而言，包括了上述以国家和地区为出发点的空间维度、政策体系维度，还可以是机构维度，即从机构职能视角对涉及科技战略与政策的机构进行划分，大致可以分为国际组织、管理与资助机构、研究机构、咨询机构与其他。从表示科技战略与政策发展态势的角度，其分析要素又可以区分为不同的科技创新指标，包括科技经费投入、科技人员投入、科技产出等。表 1-1 所示的科技战略与政策研究的要素构成了本研究的主要体系框架。

表 1-1　科技战略与政策研究的要素

政策体系	政策主题	政策要素
科技战略	战略规划	愿景、目标、方向、领域
	政策议题	国际竞争力、重大社会问题、变革与机遇、科技突破
科技规划	科技投入	经费投入、资源配置、优先领域、基础研究、人才培养、趋势预测
	资助计划	前沿研究项目、转化型研究、变革性研究、产业资助计划、人才资助计划、领域资助计划
科技体制机制	管理体制	体制改革、咨询机制、经费改革与管理、资助计划管理
	机构改革	科研机构机制改革、科研资助机构调整、优化组织模式
	评估政策	国家创新评估、科研绩效评估、政策评估、人员评估、科研机构评估、评估方法
	环境建设	科研道德、公众参与、诚信监管、科研行为规范
科技政策措施	人才政策	人才培养、人才吸引、人才流动
	产业政策	产业计划、知识转移转化、创新商业化、创新集群
	合作政策	合作战略、人才交流、科技外交、合作重点领域

---

[1] 杜婧华,赵军. 日本科技立国战略的演变及启示. 发展研究,2007,(6):44-46.

国际科技战略与政策涉及的问题多，分析的难度大，在进行课题研究的过程中，我们综合运用了宏观把握与微观分析相结合的研究思路，力图从总体上把握不同国家科技战略与政策的主要发展脉络、制定相关政策措施所处的国际国内环境、不同国家在不同发展阶段的发展目标，以及对不同国家发展思路和政策保障进行比较。通过数据对比、图表分析，从微观上研究考察了国外科技战略与规划中的优先发展领域及政策保障措施等具体问题。

三、主要国家科技发展概览

科学技术不仅是生产力，还是第一生产力。科学技术的发展是建设创新型国家的重要组成部分，为了更好地促进科学技术的进步，进而推动经济社会发展，各国都大手笔投入科技创新，政府层面也加强了对科技的宏观规划与管理，重视科技发展战略、规划和政策的制定与实施。"他山之石，可以攻玉。"对各国科技发展的现状与趋势、战略与政策进行动态监测与分析，是科技发展战略与政策制定的重要依据与基础。纵观主要国家的科技进展，显示：新兴经济体成为研发产出的增长引擎，全球科技创新格局出现多极化趋势；科技战略布局聚焦科技创新促进经济增长；科技规划重视基础研究和优先领域的创新；科技管理体制改革推动资源优化配置；科技政策措施重点关注人才与产业发展。

1. 全球科技创新格局出现多极化趋势

随着发达国家科技的继续进步，发展中国家，尤其是新兴国家在科学方面的大力投资和努力赶上，多方面的指标都显示，全球科技创新格局出现了多极化趋势，且科学地理布局的改变在传统的科技强国和地区，如欧洲和美国引起了相当大的关注。

《OECD 科学、技术与工业记分牌 2013》报告认为，新兴经济体在科研与创新领域扮演着日益重要的角色，尽管美国仍是国际科研网络的核心，但新参与者的出现改变了全球合作网络的结构，2011 年中国成为美国之后的第二大研发执行国、科学论文产出国[①]。

同时，新兴经济体虽然发展迅速，但由于起点较低，与美国、欧洲和日本的研究实力相比还有较大差距。此外，仅从统计数字上很难看出一个国家的创新潜力，尽管中国和其他新兴经济体的能力发生了巨变，但文化、价值观和创造力等"软件"仍不能与投资和基础设施等"硬件"相匹配。例如，在物理学领域，以数量论中国是世界上第四大论文发表国，但按照每篇论文被引用次数中国仅排在第 65 位。

美国康奈尔大学、英士国际商学院（INSEAD）和世界知识产权组织（WIPO）联合发布的《2013 年全球创新指数》报告通过整体创新能力指数也显示，处于前 25 位的国家均保持稳定，一些新兴和中等收入国家正快速提高创新能力，但与 2012 年相比，金砖国家在排名中均有所下降，特别是俄罗斯由第 51 位下降至第 62 位，巴西下滑 6 位至第 64 位，印度

---

① OECD. OECD science,technology and industry scoreboard 2013. http://dx. doi. org/10. 1787/sti_scoreboard-2013-en［2013－12].

下滑 2 位至第 66 位，中国下滑 1 位至第 35 位[①]。这显示了多极化趋势的发展仍然缓慢。

2. 科技战略布局聚焦科技创新促进经济增长

金融危机以来，世界主要国家几乎不约而同地把目光投向了科技创新。一方面，希望科技创新在应对金融危机中能够发挥重要作用；另一方面，金融危机也给科技创新活动的快速发展带来了新契机，各国及国际组织纷纷出台支持科技创新的战略，如美国的"美国创新战略：保障经济增长和繁荣"、德国的"高科技战略2020"、日本的"新经济增长战略"、俄罗斯的"创新俄罗斯2020——俄罗斯联邦至2020年创新发展战略"、欧盟的"欧洲2020战略：智慧型、可持续与包容性增长战略"、韩国的"大韩民国的梦想与挑战：科学技术未来愿景与战略"等，都将目标聚焦在科技创新促进经济增长、充分发挥创新潜力、保障创新性思想能够转化为产品和服务、催生新兴产业、增加就业岗位、促进人口健康与老龄化社会问题的解决、应对全球性的各种挑战等，进而提升国际竞争力。

为了促进经济增长，各国的国家科技战略中具有许多共性趋势，主要包括：①明确科技创新对社会、经济发展的作用，强调通过科技创新促成社会经济向可持续、绿色方向发展的模式，通过改造产业结构来化解就业危机，从而克服经济危机；②重视营造有利于创新的环境和氛围，在科研人员培养方面，许多国家的科技战略都体现出对环境建设的重视，通过各种方式营造有利于创新的氛围；③聚焦重点领域，各国制定了增加科研经费的目标，还提出了对国家未来经济增长、就业和社会整体价值有较大影响力的战略目标和优先领域。

3. 科技规划重视基础研究和优先领域的创新

重视作为创新基础的基础科学研究，特别是高度重视应用导向的战略性基础研究，反映出各国对各类研究之间联系和互动的日益重视，以及对科学技术服务于创新和经济增长的更强烈愿望和要求。

世界主要国家都明确根据本国国情和国家政治、经济、军事发展目标，服务于国家未来发展总体战略目标，提出科技发展的优先领域和重点方向，信息技术、纳米技术、生物技术、材料科技、能源科技等成为各国科技优先领域的选择焦点。但各国追求国家目标和国际利益的特殊性使各国确定和选择科技发展优先领域和重点方向的排序有较大差别。

4. 科技管理体制改革推动资源优化配置

2013年前后，以俄罗斯科学院重组改革为代表，许多国家拉开了国家科技管理体制及科研机构改革的大幕，企图通过科研管理体系的优化、科研机构的重组改革、科研资助机构的优化等，促进有效科技资源的更优化配置，提高科研效率，进而促进国家创新系统更快更好的发展。

在这种背景下，各国科研机构的改革调整表现出以下特征和趋势：综合性科研机构改革主要按照创新和应用目标进行重组和重新定位，强调满足国家需要和产业界需求；建立

① WIPO，Cornell University，INSEAD. The global innovation index 2013：The local dynamics of innovation. http://www.wipo.int/export/sites/www/freepublications/en/economics/gii/gii_2013.pdf[2013-12].

前沿研究机构和大科学装置设施，快速响应世界研究前沿；建立全球性研发机构，推进研究机构的国际化，吸引世界顶级人才和国际投资；建立各类技术创新中心、技术转移转化中心和产学研合作研发中心，加快技术创新、技术转移和技术商业化。

5. 科技政策措施重点关注人才与产业发展

在科技政策与措施方面，各国调整的主要对象是人才和企业。美国等发达国家努力加强科学教育促进创新人才的早期培养，而印度等发展中国家采取措施吸引高端科技人才为本国服务。在产业创新方面，各国一方面支持中小企业创新发展，另一方面努力通过推动研究成果的转移转化和商业化促进科技投入产出的经济和社会效益。

欧洲科技与创新咨询评估机构 Technopolis 的《创新政策 2012：挑战、趋势与响应》[①]报告也指出，各国更加重视应用研究、产研结合和研究成果的商业化，进而获取更大的利益；采取金融、资助等措施促进企业成长，通过促进高等教育改革及加强教育与创新的联系来推动人才培养。

（执笔人：胡智慧　王建芳）

---

① Technopolis. Innovation policy in 2012—challenges, trends and responses. http://www. technopolis-group. com/resources/downloads/reports/X07_INNOPolicyTrends2012_FINAL. pdf[2013-01].

第二章 | 科技发展战略与重点

近年来，科学技术作为经济增长的重要动力已经成为世界各国的普遍共识。随着知识经济时代的到来，科技战略作为国家战略的重要组成部分，正受到各国越来越多的重视，一些国家改变了长期以来对科技发展不干预的政策，纷纷通过制定科技战略加强对科技活动的宏观管理。本章对各国科技战略的重点内容及政策议题展开了比较研究，以更好地把握各国科技发展的动向，预知这些国家的科技发展趋势，为我国的科技发展提供参考，近年来国家及国际组织发布的重要科技战略与规划如表 2-1 所示。

表 2-1   近年来主要国家及国际组织发布的重要科技战略与规划

国家	发布年度	战略/规划名称	要点
美国	2011	美国竞争力重授权法案 2010	致力于维持美国的创新领导地位，加强科学、技术、工程与数学（STEM）领域的基础教育并提高基础科学研发投入
	2011	美国创新战略：保障经济增长和繁荣	加大对教育、基础研究和基础设施及先进的信息生态系统等基本要素的投入；通过研究与实验税收抵免、知识产权保护、鼓励创业及推动创新、开放和竞争的市场等政策来优化创新环境，促进创新的市场化；实现重点优先领域的发展和突破
日本	2011	第四期科学技术基本计划	科学技术立国；政府研发投资占 GDP 的 1%，重点关注绿色技术创新和生命科学创新、灾后重建和防灾减灾、基础研究领域
	2013	科技创新综合战略	树立科技创新的基本理念；长期规划与短期行动纲领相结合，参与主体广泛化，政策手段多元化；明确科技创新的重点课题，即构建清洁、经济的能源体系，树立健康长寿社会的典范，实现地区资源优势的再创造，震后的初步复兴；营造创新的外部环境；强化综合科学技术会议（CSTP）的主导作用
	2013	新经济增长战略	以产业振兴、刺激民间投资、扩大自由贸易为主要支柱，提出产业振兴计划、战略市场创造计划和国际开拓战略计划
德国	2010	高科技战略 2020	确保经济增长和研究开发，增加投资。重新确定了研究和创新政策的优先权，政策焦点集中于需求领域、未来项目和强大的欧洲前景之上。优先发展领域包括气候/能源、保健/营养、安全性和通信等
	2013	生物经济政治战略	致力于充分利用德国生物经济的潜力，降低对化石燃料的依赖，加快向节约型经济转变
法国	2009	研究与创新战略 2009～2013	进行研究体系与机构改革，促进资源有效分配，增加投资；提出三个优先发展方向：医疗卫生、福利、食品和生物技术，环境突发事件与环保技术，信息通信和纳米技术
	2009	未来投资计划	通过投资促进技术进步，进而拉动经济增长。优先支持领域包括：高等教育与研究、卫生保健、再生能源、工业部门和中小企业贷款、数字经济、生物技术和核能

续表

国家	发布年度	战略/规划名称	要点
法国	2013	法国—欧洲2020战略议程	科研关注重大社会挑战领域；重建法国科研规划与协调机制；促进技术研究开发；发展数字化基础设施与培训；促进创新与技术转化；促进科学文化发展；制定针对重大研究与创新挑战的规划；实现区域创新的均衡发展；增强法国科研在欧洲乃至全球的影响力
英国	2011	增长计划	建立G20中最具竞争力的税收制度；使英国成为欧洲最适合创业、融资和企业成长的地区之一；鼓励投资和出口，促进经济的平衡发展；建立欧洲最灵活的职业培训体系
	2013	政府信息经济战略	建立强大、创新及面向全世界出口卓越产品的信息产业部门体系；使英国各行业的企业都能够灵活有效地利用信息技术并挖掘数据；在2013年10月前发布国家数据能力战略，促进智能化城市与数字政府的建设，使英国的企业与人民都能够获取政府的公开信息；加强培训信息经济所需的人才，强化基础设施建设及网络安全，抢先研发5G移动技术，支撑英国的信息经济发展
澳大利亚	2012	国家研究投资规划	提出政府研究投资的7条原则：促进生产力增长；应对国家和全球性重大挑战；增加知识存量；改善研究与创新的质量和规模；建立密切合作的研究体系；创建长期可持续的研究与创新能力；测度研究的效率与影响
	2013	未来战略研究优先领域	应对澳大利亚未来将面临的最重大的经济、环境与社会挑战，确保澳大利亚在未来世界中的地位。重大挑战涉及：在不断变化的环境中生存；改善国民健康与福利；食物与水资源管理；确保澳大利亚在变化的世界中的地位；提高生产率和促进经济增长
加拿大	2011	下一阶段的加拿大经济行动计划	将加强对创新与教育的投资作为其重点，主要内容包括：强化加拿大的科研优势，支持前沿研究、国际合作，建立世界级研究中心等
俄罗斯	2010	创新俄罗斯2020——俄罗斯联邦至2020年创新发展战略	将国内研发总支出占GDP的比重从2010年的1.32%提高至2020年的2.4%，将公共教育支出占GDP的比重从4.0%提高至5.5%～6%，将国内研发总支出中政府预算的比重从64.7%降至35%，将科研机构中从事技术创新的机构比重从8%提高至25%，将SCI论文占全球的比重从2.48%提高至5%，将科研人员占有的科研设备从人均86万卢布提高至300万卢布
	2012	《关于落实国家教育与科学政策的措施》的总统令	要求从创新的角度进一步完善教育与科学领域、专业人才培养领域的国家政策，提出将加强中小学教育及高等教育，并增加科研经费
	2012	2013～2020年俄罗斯国家科技发展规划	将国家研发总支出占GDP的比重提高到3%；将非政府的研发经费比重提高至57%；将高等教育机构占国内研发支出的份额提高到15%等；从国家层面协调政府和科研机构的科研活动，整合各种计划和项目中的国家资源，建设有竞争力的研发体系。提出的重点任务包括：发展基础研究；注重前沿性的科技人才储备；完善研发管理机制和资助体系；促进科教结合；建设现代化科研物质与技术基础体系；保障俄罗斯研发部门与国际科技界接轨
韩国	2010	大韩民国的梦想与挑战：科学技术未来愿景与战略	实现韩国梦想的未来景象，即与自然和谐相处、富饶、健康和便利的社会，使韩国在2040年跻身全球五大科强强国的科技发展长期愿景与目标，将国家研发投入占GDP的比重从2010年的3.37%提高到2040年的5%
	2013	创造经济实施计划	建设奖励创意、便于创业的社会环境；使风险投资企业和中小企业成为创造经济的主力军，并大力开拓全球市场；挖掘能够开拓新产业和新市场的增长动力；培养拥有梦想、才华和挑战精神的国际化、创意型人才；提高科学和信息通信技术的创新能力；由国民和政府共同建设创造经济的文化环境
	2013	第三次科学技术基本计划	未来5年将重点推进的五大战略：加大研发投入并提高其使用效率；开发国家战略性技术；增强中长期创新力量；积极发掘新产业；创造就业岗位。未来5年间的研发预算规模将达到92.4万亿韩元，增加36%，政府研发预算中用于基础科学研究的经费比重从2013年的35.2%提升至2017年的40%

续表

国家	发布 年度	战略/规划名称	要点
韩国	2013	2013～2017 年基础 研究振兴综合计划	在国际科技前沿领域加强具有创意性和挑战性的基础研究；通过基础研究夯实未来增长的基础；建设基础研究生态系统；促进基础研究成果的推广利用
欧盟	2010	欧洲 2020 战略： 智慧型、可持续与 包容性增长战略	提出了三个相辅相成的重点，智慧型增长：发展基于知识与创新的经济体；可持续增长：促进资源高效利用、更加环保清洁并有竞争力的经济建设；包容性增长：培养充分就业的经济，提高社会与区域凝聚力
	2011	地平线 2020：欧 盟研发与创新框架 计划	提升欧洲科学基础的卓越水平，增强产业领导力，应对社会挑战。重点领域包括：使能与产业技术领域，即信息通信技术、纳米技术、先进材料、生物技术、先进制造和加工、空间技术；社会挑战领域，即健康、人口变化和人类福祉，粮食安全、可持续农业、海洋与航海研究、生物经济，安全、清洁和高效能源，智能、绿色和集成交通，气候行动、资源效率和原材料
印度	2010	科技愿景 2020	通过加大科技投入、加强基础研究、扩大教育基础、增强科技基础设施、建立卓越研究中心、培育创新文化、营造有利于青年人才创造力发挥的环境等措施，使印度在 2020 年成为知识型社会与全球科技领导者
	2012	第十二个五年计 划：快速、包容和 可持续的增长	"十二五"期间平均实现 9% 的经济增长目标；增加科技投入，"十二五"期间把政府的科技投入增加到原有的 2.5 倍，全国的研发投入要超过 GDP 的 2%；促进印度科研解决国家发展的重大需求问题，如粮食安全、能源与环境保护、水资源挑战等
	2013	2013 科学、技术 与创新政策	结合卓越性与实用性；推动科技创新生态系统变革；使科技创新工作服务于国家的发展议程
巴西	2012	巴西 2012～2015 年科技创新战略	促进企业创新、优化科技发展的公共资金分配、加强科研基础设施、培育人力资源、完善法律框架；优先领域包括信息通信技术、医药、石油和天然气、航天、核能、生物技术、纳米技术、可再生能源、生物多样性、气候变化
丹麦	2013	新的国家创新战略	提出三个重点关注领域及支持措施：社会挑战驱动的创新；将知识转化为价值；通过教育提升创新能力
葡萄牙	2013	2013～2020 年葡 萄牙经济增长、就 业和产业发展战略 方针	提高 GDP 增长率、提高出口比例、加强工业在经济中的比例、优化投资结构、提高就业质量、加强研发创新投入
墨西哥	2013	2013～2018 年国 家发展规划	在科学、技术与创新方面：增加科研经费，加大对科技创新的支持，科研投入应达到或高于 GDP 的 1%；培养专业化人才，提高科技创新领域毕业生的质量和数量；加强大学、研究中心和企业间的密切联系；增加私营科研机构的数量，并刺激私营部门增加科研投入；完善中央政府与地方政府间的协调，给予地方政府管理科研种子基金和风险投资等更大的权力，以刺激地方企业进行科研活动；加强专利管理，增加专利申请数量；提高科研人员待遇，支持科研人员进行前沿领域的研究等
阿根廷	2013	阿根廷创新 2020	注重各地区的公平分配和协同合作；重塑国家科学研究理事会对人才的吸引力；通过国家科技促进局对战略重点领域投资；加强生产部门的技术创新；建立新的科研院校和机构，培养创新型科研人才。重点领域包括：将通用技术（生物技术、纳米技术、信息技术和通信等）的发展方向与社会生产力需求、地区发展重点相结合，扩大技术创新收益；加速各地区的重点领域建设，使人才分布到全国各地，以解决大城市就业集中问题；注重环境可持续发展，建立可持续的生产方式，使之与环境相协调

一、科技战略与规划的重点目标和方向

科技发展战略所规划的目标、方向及重点领域实际上是对各国在一段时间内经济社会

及科技创新发展方向的顶层设计，应配合国家或区域的经济社会总体发展目标，从总体上规定相应的政策措施与体制机制等。

（一）提升国家创新竞争力

1. 正视全球竞争，保持对新兴国家的竞争优势

21 世纪以来，新兴国家科技和经济的崛起引起西方国家的普遍关注。作为世界超级大国的美国，为了不断提升国家竞争力，采取了如下做法：通过创新不断提高要素的质量；通过扩大国内需求，增强国际竞争力；通过政府政策促进国家竞争优势的增强。这些做法值得其他国家借鉴。

2005 年 10 月美国国家科学院发表《迎击风暴》，该报告分析了美国国际竞争力面临的威胁，力图通过制定措施，遏制美国竞争优势的下滑。该报告建议集中力量在科技人才、教师等未来中坚力量的培养上。《迎击风暴》对美国政府制定科技政策、教育政策产生了重要影响。该报告列举的重要数据促使美国以咨文的形式提出了雄心勃勃的"美国竞争力计划"（2006 年）。该计划认为要保持美国的竞争力必须加强科学进步和创新，其中最为主要的是要保证联邦政府对前沿基础科学的投资，同时在制度上必须保证严格的同行评议，并且聚焦于那些能够产生价值的、有市场前景的技术的发现。该计划出台后对美国的科技发展产生了重要影响。

2007 年 8 月，美国国会众议院通过了著名的《美国竞争力法案》，被誉为"美国未来几年科学事业的路线图"，广泛涉及美国联邦政府各个机构，可以看作是对美国国家科学院发表《迎击风暴》的全面回应。美国国会显示了支持科学和教育的强烈愿望，并给出了明确的方案，包括：

（1）未来 7 年内，美国国家科学基金会（NSF）的预算增加一倍；

（2）政府设立每年 100 万美元的教育奖学金；

（3）未来 3 年，为数十个研究和培训项目投资；

（4）NSF 将社会科学和行为科学列为基本资助项目。

2010 年 9 月，美国国家科学院再度审视了美国面临的国际竞争局面，发表《站在五级风暴之上》的报告[①]，该报告指出，与 5 年前相比，美国面临的竞争风暴不仅没有减弱，反而迅速增强。中国和印度被认为是风暴的重要来源。该报告认为，美国的前景已经恶化。尽管在某些领域取得了进展，如开展了能源高级研究计划局的计划，但在此期间，美国国债从 8 万亿美元增至 13 万亿美元，美国所具有的应对其所面对的严峻挑战的能力已经遭到严重削弱。此外，尽管偶见一些闪光点，但美国公立学校系统（1.4 万个学校）整体却未有改善的迹象，特别是在数学和科学方面。而且，其他许多国家

---

① The National Academy of Sciences. Rising above the gathering storm, revisited: Rapidly approaching category 5. http://www. bradley. edu/dotAsset/187205. pdf [2010-09].

已经取得明显进步，从而影响到美国对新工厂、研究实验室、行政中心和工作的相对竞争力。《站在五级风暴之上》委员会认为，唯一有希望实现这个理念的途径是创新。5 年前提出的各项建议，包括具有最高优先度的加强公立学校系统和基础科研投资建设的建议，看来还非常合适。过去 5 年美国对高质量工作的竞争前景进一步恶化，美国长期竞争力的整体前景（可解读为就业机会）变得更加黯淡。为了扭转这一黯淡的前景，各级政府都需要做出持续不懈的努力。

《站在五级风暴之上》报告是建立在对美国所面临的危机的认识的基础上的，认为人才储备危机和后发国家的崛起，都对美国未来的发展造成障碍。该报告对美国的教育、人才、市场等的衰退极为忧虑，并列举了很多数据加以支持。从整个报告来看，其主要建议集中在人才、教师、科学家等未来中坚力量的培养上。它对基础科学研究的作用也有了新的认识，认为"通过科学与工程研究播撒种子"是未来竞争力的关键。

2011 年，美国政府又发布《美国创新战略：确保经济增长和繁荣》，提出了未来一段时间推动美国创新的战略和措施。新的创新战略突出 5 个行动计划，即无线网络计划、专利审批改革计划等。

2. 发展先进制造业，提升国家经济的核心竞争力

早在 1993 年，美国政府批准了由联邦科学、工程与技术协调委员会（FCCSET）主持实施的先进制造技术计划（AMT），先进制造技术计划是美国根据本国制造业面临的挑战和机遇，为增强制造业的竞争力和促进国家经济增长，首先提出了先进制造技术的概念。此后，欧洲各国、日本及亚洲新兴工业化国家如韩国等也相继做出响应。

全球金融危机之后，先进制造业成为各国转变经济结构的首选。2011 年 5 月，美国国会众议院发布了"美国制造"行动议程，提出《国家制造战略法案 2011》和《2011 年清洁能源技术制造和出口援助法案》议案。为促进美国制造业的振兴和发展提供了法律上的保障。美国布鲁金斯学会发布的《美国制造业部门应对中国挑战》《新建研究中心以促进美国制造业发展》报告指出：1999～2008 年，美国与中国间的制造业与农产品贸易赤字从 686 亿美元增加到 2680 亿美元。新兴经济体的竞争意味着维持美国竞争力的关键是产品和工艺创新。[①]

2012 年，美国总统执行办公室和国家科学技术委员会发表《先进制造业国家战略计划》报告。该报告从投资、劳动力和创新等方面提出了促进美国先进制造业发展的五大目标及对策措施，包括：加快中小企业投资；提高劳动力技能；建立健全伙伴关系；调整优化政府投资；增强研究开发投资力度。

2011 年 3 月，英国建立了第一个国家技术与创新中心（TIC），重点就是发展高附加值制造业。TIC 的作用就是连接英国一系列的研究与技术机构，提供制造业研发集

① Brookings. Accelerating advanced manufacturing with new research centers. http://www.brookings.edu/~/media/research/files/papers/2011/2/08-states-manufacturing-wial/0208_states_manufacturing_wial.pdf [2010-12].

成能力，促使大学的研究成果加速商业化。该中心将为企业提供最好的技术专家、基础设施、设备及相关支持。该中心的投资将由技术战略委员会（TSB）提供 1/3 的核心资助，另外，有 1/3 来自竞争性拨款，1/3 来自企业合同。政府同时还在 9 个大学建立创新型制造业研究中心，负责基础研究及前商业化开发工作[①]。2011 年 10 月，该中心已经开始对企业开放，帮助制造企业减少创新风险，集中人才与设施，引导创新成果的商业化。

3. 调整创新战略，支撑未来国家安全和竞争力

近年来，世界各国相继推出新的科技创新战略。原因在于国际政治、经济形势的变化促使它们调整科技创新活动的战略重点，以更好地应对未来不确定的国家安全和经济发展前景。

2010 年 9 月，美国国家研究理事会发表《六国科技战略对美国的影响》报告[②]，该报告通过对中国、日本、俄罗斯、印度、巴西、新加坡六国的科技战略影响的研究结论，提出以下重点建议。

（1）对所有国家来说，成功的全球科技创新环境都预示着未来的繁荣与安定，美国和所有的利益相关国家都应该常规性地监测从国家科技创新环境到全球科技创新环境的转变。由于这一转变有可能发生在国家科技创新环境得到充分发展之前，监测的进行应独立于一国的现有成就；在重点国家，尤其是印度和中国，跨国集团通过科技活动而将知识产权转移到本土公司的行为需要受到监测。美国可以与日本合作，有可能的话与欧盟合作，以建立一个反对这一行为的联盟。

（2）美国应评估自身对成功的全球科技创新环境所做的准备和转变程度，以保证美国仍处于一个卓越的科技地位，并继续保持经济繁荣与国家安定。评估应特别包括教育和研发人才的全球性交流、国内外研发人才招募、跨国公司的协作和公共政策。其中，公共政策将推动或者限制美国在全球科技创新中的领导力。

（3）对于各个相关国家，美国应当确定适合各国情况的科技创新环境的评估方法，包括适合目标技术和发展的非传统指标。美国应当监测各国推动用于达成全球科技创新环境所需的文化变化的能力。这些指标对于预测科技创新环境在未来的变化尤其重要。最成功的全球科技创新环境将以优越的设施和研究支持来招募科技人才，并给予他们具有吸引力的职位。美国应当把它们作为任何国家对世界科技人才吸引力的重要指标，跟踪考察这些研究设施和研究支持的质量和可用性。

（4）美国应当继续测量研究效率。研究效率是对研究人才和研究设施的有效利用的度量，预示着一国未来的创新环境。例如，对科学家非研究的责任（如行政和撰写报告）和

---

① Technology Straregy Board. Technology and innovation centres: A prospectus. http://www. innovateuk. org/_assets/pdf/corporate-publications/prospectus%20v10final. pdf［2011-01］.

② The National Academy of sciences. S&T strategies of six countries: Implications for the United States. http://sites. nationalacademies. org/cs/groups/depssite/documents/webpage/deps_061192. pdf［2010-09］.

研究设施质量的监测可以被纳入到效率测量之中。高效的科技系统能够为优秀的科技贡献者们的研究职业提供最具吸引力的支持。

（5）美国政府应当加紧评估仍在进行的全球科技革命和分散于全球的研发活动对国家安全的影响。

而《俄罗斯联邦国家创新体系与创新政策》报告[①]总结，自"至 2010 年俄罗斯联邦发展创新体系政策基本方向"发布以来，俄罗斯的创新体系经历了重大的变化。在过去的 5～6 年里，从事创新政策制定和执行的联邦和地方的部门、机构和国有公司的数量不断增加。随着《俄罗斯联邦民法典》第四部分的实施，知识产权保护领域的法律框架已经按照国际标准进行了改善。随着《俄罗斯联邦税法典》第二部分的实施，支持创新活动的法律措施体系也已经形成。同时，俄罗斯的国家创新体系仍然存在一些弱点，主要包括：①在制定资助研发的优先级和措施方面，公共部门与私人部门之间的协调不够；②在促进企业部门开展创新和解决产业技术落后问题方面所采取措施的执行水平很低；③促进机构间知识与技术转移的政策处于分散状态，机构间的创新活动合作水平较低；④对创新型小企业各个发展阶段的支持较弱，国家缺少创新型大企业，因此，缺少对创新型企业家真实创业经验的推广体系。俄罗斯下一阶段的任务是针对国家创新体系的薄弱环节采取有效措施。对俄罗斯国家创新体系的 SWOT 分析如表 2-2 所示。

表 2-2 对俄罗斯国家创新体系的 SWOT 分析

优势	劣势
1. 丰富的自然资源和辽阔的地域可通过创新型企业得到有效的利用； 2. 2000～2007 年经济的高增长； 3. 一些行业的技术升级已经在危机到来前成功实现； 4. 在科技研发的组织和实施方面，具有深厚的科技文化、传统和经验； 5. 高素质和廉价的劳动力和科技人才； 6. 创新基础设施的数量和种类快速增长； 7. 企业管理层的现代信息技术设施条件相对较好； 8. 工业沿着市场化改革的道路得到进一步发展，管理水平得到提高	1. 由于国家和区域市场的高度垄断，作为俄罗斯商界领袖的、原材料行业的大企业具有优势，不利于中小企业创新创业； 2. 在制定科学、技术和创新发展的优先级与执行措施时，公共和私营部门之间缺乏协调； 3. 各种资助科学、创新活动和创新基础设施的形式中以预算拨款为主； 4. 缺乏关于知识和技术转移的政策协调； 5. 对小型创新企业的支持水平较低； 6. 企业的创新积极性不高，大多数企业都采用非创新的方式来获得竞争优势； 7. 大多数行业的主要资产的技术结构落后，在目前的危机形势下，技术升级的可能性会降低； 8. 行业和企业的科研工作出现危机现象，研究部门的发展极不均衡，行业需求和科学之间存在鸿沟； 9. 国内对创新产品的需求不足； 10. 创新文化水平低，缺乏创新企业的经验

---

① МИНИСТЕРСТВО ОБРАЗОВАНИЯ И НАУКИ РОССИЙСКОЙ ФЕДЕРАЦИИ. НАЦИОНАЛЬНАЯ ИННОВАЦИОННАЯ СИСТЕМА И ГОСУДАРСТВЕННАЯ ИННОВАЦИОННАЯ ПОЛИТИКА РОССИЙСКОЙ ФЕДЕРАЦИИ. http://www.ifap.ru/library/book449.pdf [2009-11].

续表

机会	威胁
1. 受延迟发展的影响，一些行业的技术发展可能会飞跃到一个较高的水平，出现跨越式发展；	1. 一些重要的经济垄断部门仍然处于技术落后的状态；
2. 全球技术服务市场快速发展，俄罗斯的企业和研究机构在该市场的地位相当高，如航空航天技术、软件开发、信息通信技术等领域；	2. 人力资源和创新潜力其他构成要素的质量导致其优势消失；
	3. 在全球金融与经济危机和俄罗斯技术落后不断深化的情况下，俄罗斯研发支出大幅度下降；
3. 一些传统产业和高技术产业融入全球技术链；	4. 在全球金融与经济危机的条件下，保护主义的趋势日益增强；
4. 因为对创新活动的刺激，国内市场的竞争力增强；	5. 国家越来越多地参与经济，减少了对企业活动的刺激
5. 加入 WTO 使得进入世界市场的壁垒降低	

芬兰研究开发基金会（SITRA）的《可持续创新：新的创新时代与芬兰的创新政策》报告[①]中谈到，芬兰最近的经济成功主要归功于其良好的创新环境和运行良好的机构。但芬兰的创新系统面临许多挑战，如芬兰的创新系统的国际化程度不够，芬兰没有产生足够的成长型企业，以及目前的国家创新支持存在地区差异等。另外，近几年来大学资源缺乏，研发资助主要支持大学的技术研究，不重视基础研究，影响了基础研究和教学质量。基于需要通过创新的方法来促进可持续发展，该报告提出了可持续创新的概念，指出可持续创新就是创新活动要基于道德、社会、经济与环境可持续原则，其中包含了 5 个原则：可持续发展、参与性创新、持续创新、全球创新、创新型管理。该报告最后提出走向可持续创新的建议，如可持续创新的思想必须被企业和领导者理解，企业将可持续创新作为一种竞争优势等。

4. 统筹高科技战略，通过创新突破关键技术

德国政府 2010 年发布的《高科技战略 2020》及 2011 年德国联邦经济技术部启动的"技术运动"，均强调提供创新的解决方案，特别是重视为应对气候与能源、健康与营养、安全与交通、通信等全球性挑战提供创新的解决方案。"技术运动"旨在为保持和增强企业的技术实力提供新的动力。采取的措施包括：进一步改进研究和创新的政策框架；持续增强中小企业的创新能力；针对最紧迫的未来挑战，开发关键技术。

德国联邦政府《2011 德国研究、创新和技术能力》报告分析的德国当前的发展趋势和挑战为：①经济危机并没有给德国的研发活动造成阻碍，但进一步扩大研发投入对德国的国际创新地位和竞争力仍然是绝对必要的。建议政府充分利用税收优惠为研发提供间接资助。②高校公约、杰出计划和研究与创新公约的延续执行及其内容的进一步扩充使德国在校大学生人数得到持续增长。③《高科技战略 2020》所确立的新重点（气候与能源、健康与营养、安全与交通、通信）使高科技战略重点转向了国家需求领域。④加强专利开发，

---

① Antti Hautamäki. Sustainable innovation—a new age of innovation and Finland's innovation policy. http：//www. sitra. fi/julkaisut/raportti87. pdf［2010-09］.

尽快创立统一的欧洲专利，建立共同的专利司法权。⑤政府对电动汽车的资助目标是要使德国成为电动汽车市场的头号供应者。该报告提出了德国 2011 年在创新、研究和技术能力方面要解决的核心课题，包括：联邦制度的改革，以联邦-州科学联席会（GWK）取代联邦-州教育规划和研究促进委员会，实现联邦合作制度向联邦竞争制度的转变；保持联邦和州共同对机构进行资助的合作结构；消除联邦资助计划以外的创新者开展研发活动的障碍，借由税收研发资助手段支持企业开展各类研发活动等。

为此，该报告提出建议：政府加强风险资本市场的管理，保证本土资本市场为风险资本家提供良好的环境，并修订相关法案来适应欧盟的规范；对于公共直接研发支持，建议政府引入税收刺激来补充资金，同时杜绝公共补贴的重复；为解决人才短缺问题，建议加强高等教育，继续推进职业教育系统内改革，并支持成人参与终身学习，同时要采取措施增加高技术人员移民德国的可能性。①

2013 年，世界各国也在不断变革和调整科技和创新政策，寻找新的经济增长动力。5 月，日本综合科学技术会议（GSTP）提出了增强国际竞争力的政策措施，包括：①改善规制环境。优化雇佣制度、商业环境等方面实施国际前沿课题的政策，并进行必要的规章制度改革。②打破各省厅条块分割的法规制度。通过法规制度的改革完善科研环境，设置法规制度改革委员会，改善新特区的法规制度环境。③改善交通与都市环境。完善推进城市化进程的政策。④推进国际尖端技术特区，吸引世界的企业和人才。从增强城市竞争力出发，策划和制订特区内的城市发展计划，特区要实现建设世界上最适合发展的商业环境、雇佣制度。⑤推进农业特区的创建。进行农产品出口的规章制度改革，协调农业生产资金；制定税收、金融等方面的支持措施。

21 世纪，创新能力是决定国家竞争力的首要因素。因此，主要国家都力图通过调整科技创新战略来提升自己的核心竞争力——知识创造及其应用方面的竞争力。发达国家希望利用自身的技术创新和资本优势保持领先地位，形成了对世界市场特别是高技术市场的垄断地位，同时也希望通过科技发展来解决国家面临的核心问题。面对这一挑战，新兴国家也必须不断调整自己的科技战略，不断提升创新能力，争取发展的机遇和主动权，否则，也可能拉大和先进国家的发展差距，甚至被边缘化。

（二）应对重大社会挑战

当前，全球性经济危机虽然逐渐平息，但科学技术和创新对经济增长的强大推动作用仍然为世界主要国家所倚重。能源安全、环境和人口健康等重大社会挑战引起了世界各国的重视，并使其将应对重大社会问题作为科技政策议题中的重中之重，尤其将"绿色增长与可持续发展"作为重要战略目标，其中日本在此方面进行了更多的讨论。

---

① EFI. Gutachten zu forschung, innovation und technologischer leistungsfähigkeit deutschlands 2011. http://www.e-fi.de/fileadmin/Gutachten/2011_deu.pdf［2011-02］.

2010 年，日本综合科学技术会议在《科学技术政策面临的重要课题》报告①中指出：面对全球规模课题，如全球变暖、水资源、粮食、资源和能源等问题的解决，要制定相应的对策，并提出推进创新的重要课题，包括推进绿色技术的创新。日本学术会议的《日本展望：学术建议 2010》报告②，瞄准未来 10～20 年，提出 21 世纪世界的重要课题，包括网络体系、知识的融合、充实研究基础设施、大学与研究生院改革与人才培养等；针对学术政策与体制，提出制定学术振兴、人才培养及营造竞争环境的政策，科技政策向综合性的学术政策发展，创新政策与基础研究的平衡推进；应关注青年研究人员的培养，并提出若干具体措施。

2013 年 4 月，日本综合科学技术会议提出了"创新 2025"后续的政策措施，"创新 2025"战略自 2007 年实施以来，促进了日本的科技创新及社会体制的改革。社会体制改革和科学技术一体化推进初见成效。但跨部门的政府和产学综合体制及交叉领域的融合进展尚不理想。针对社会系统的改革战略和技术革新战略，政府提出了一系列后续政策措施，包括：对回馈社会的项目制定具体的评价内容和指标，通过具体的案例和实证研究，树立创新驱动的样板；推进体制改革和综合调整，强化政府创新，推进本部的功能，把握整体改革状况，并进行必要、合理的修正；为提高创新成效，完善解决社会问题的战略路线图；根据形势的变化相应地调整和修改在体制、技术开发、社会体制改革等方面的具体措施；集中重点课题和项目进行灵活的制定和调整③。

英国政府的科学预算一直支持众多由英国研究理事会（RCUK）总会协作的跨理事会计划④。这些计划将运用新的跨学科工作方法和利用来自众多机构的资源，以解决以下社会面临的重大挑战。

（1）能源：英国研究理事会的能源计划将跨各理事会的能源相关研究与培训结合在一起，以解决气候变化和能源供应的安全性方面的重大国际问题。

（2）伴随着环境变化的生活（LWEC）：LWEC 是一个跨学科的研究与政策合作计划，目的是提高应对环境变化的能力并降低成本，解决在自然资源、生态系统运行、经济增长和社会进步方面的相关压力。

（3）全球安全威胁：这一计划将集成在犯罪、恐怖主义、环境恶化和全球贫困方面的研究，以解决造成安全威胁的原因、探测手段及可能的伤害预防手段问题。

（4）老龄化、终身健康与幸福：这一计划将建立一个新的跨学科研究中心，目标是研

---

① 日本综合科学技术会议. 科学・技術政策上の当面の重要課題. http://www8.cao.go.jp/cstp/siryo/haihu89/siryo2-2.pdf[2010-03].

② 日本学术会议. 日本の展望—学術からの提言 2010. http://www.scj.go.jp/ja/info/kohyo/pdf/kohyo-21-tsou-kai.pdf[2010-04].

③ 日本文部科学省. 長期戦略指針「イノベーション25」フォローアップ（案）. http://www.kantei.go.jp/jp/singi/keizaisaisei/dai6/siji.pdf[2011-03].

④ BIS. Innovation nation. http://nds.coi.gov.uk/environment/fullDetail.asp?ReleaseID＝365908&NewsAreaID＝2&NavigatedFromDepartment＝False[2011-05].

究在生命的每个阶段影响健康与幸福的主要因素，减少晚年的依赖性。

这些计划都在英国政府与商业界的合作中运行着。例如，能源计划要求受资助者与能源技术研究所、技术战略理事会共同工作；而 LWEC 的目标是至少与 9 个政府部门和区域发展署共同工作。

此外，在应对能源挑战方面，全球的清洁能源产业呈现爆发增长之势，各国政府均致力于加强部署，抢占未来技术和市场先机。2011 年，美国总统在国情咨文中重申了美国抢占清洁能源技术制高点的目标。

明确的全球性重大挑战可以推动科学家向着共同的目标前进，并不是将研究人员简单地推向某一类科学，要求他们开展目标限定的针对短期影响的研究。重大挑战要求科学界发现针对社会需求的解决方案。所以，2009 年在隆德（Lund）召开的欧盟科技会议上，研究人员和决策者批评了欧盟委员会按照固定主题资助研究的做法，提倡将重点放在"重大挑战"上。而美国总统奥巴马也在第一个任期就开始承诺利用科学技术应对 21 世纪的重大挑战。

（三）依托创新摆脱经济困境

自金融危机以来，许多国家都陷入财政危机和经济困境，但各国仍将科技作为走出困境的重要抓手，为此，如何在有限的资源条件下发挥科技的重要作用摆脱危机，成为英国等科技发达国家讨论的主要问题，也成为印度等仍面临经济困境的新兴国家的首要考虑事项。

近年来，为了应对全球经济萧条和政府财政紧缩的情况，英国的科技战略与政策发生了巨大的转变，从全面长期稳定支持，转向了针对重点领域进行优先资助的模式，非常注重实效。目的是改变基础研究水平很高，但应用研究及产品市场化水平较低的状况。2011年年底，英国政府发布了《面向增长的创新与研究战略》[①]，力图通过资助本国企业的研究与创新活动，推动对复杂技术的创新，促进经济增长。

英国政府的科技政策与措施非常注重促进知识的转移和转化，推动新技术的市场应用，主要包括：①通过创新转变经济增长模式。2011 年，英国政府的产业新战略提出了要建立支持企业创新的金融机制，促进重点行业与政府合作，支持发展新兴技术，并以政府采购促进创新链的发展等具体措施。②建设 TIC 网络，促进技术转移。从 2011 年开始，英国启动了 TIC 网络建设计划，目标是与大学、企业合作，促进特定领域研究成果的商业化，推动未来的经济增长。③鼓励产业创新活动。英国商业、创新与技能部（BIS）提出了一系列具体措施，如通过 TIC，联合企业共同支持新的研究项目；实施全球最慷慨的研发税收鼓励政策；通过政府采购支持小企业的研发；帮助新创企业进行概念验证与市场试验；增加

---

① BIS. Innovation and research strategy for growth. http://www.bis.gov.uk/assets/biscore/innovation/docs/i/11-1387-innovation-and-research-strategy-for-growth.pdf[2011-12].

创新风险投资；促进研究与创新集群的发展等。④促进产学研合作。例如，启动"生物医学催化计划"，推动英国在生物医学方面的突破性研究和商业化活动；启动"英国研究伙伴投资基金"资助计划，拉动企业对高校研发活动的更多投资，强化大学的研究基础设施建设；建立主要由产业界资助并领导的国家知识产权中心，提高知识产权交易效率。⑤加强人才引进。英国政府正在调整专门针对科研人员的移民法规，放松科技移民条件，加快审核流程。同时，解除了对外国博士以上人才在英工作设立的工资限制和聘用限制，提高对外国科学家的吸引力。

英国皇家学会在向政府提交的意见书[①]中指出，在面临财政调整和不确定性的困难时期，英国必须建立自己的科学强势，并利用这种强势来复兴和重振英国的经济。意见书表达了皇家学会对政府科学投入的基本观点，即短期预算削减将危及长期繁荣并反对任何预算削减，即便必须削减预算，这种行为也必须是可逆的，一旦今后财政允许，必须以后续投资持续跟进。意见书描绘了经费基本不变、削减经费 10% 及削减经费 20% 三种可能的场景，认为第一种情形是痛苦但可控的；第二种情形将对英国创新体系造成伤害；第三种情形将造成灾难性和不可逆转的后果，可能导致英国研究体系主体的瓦解，并永久损害英国在重要领域的能力。意见书敦促政府效仿其他主要经济体在面临类似经济困境时加大科学投资的做法，指出如果要削减预算的话，必须妥善处理，以将长期危害降到最低程度。

2010 年的印度总理科学顾问委员会的《使印度成为全球科学领袖》报告[②]提出，为了使印度成为经济上繁荣的国家，并大步向更加包容的社会迈进，科学必须处于印度下一阶段国家发展的战略核心地位，这一点至关重要。核心是要促进国家对基础科学的追求。如果没有基础研究提供的坚实基础，以及可以促使人们在印度的实验室里做出新技术的创意，那么就无法实现本报告的愿景。基础科学研究的进展本身不会使印度成为全球知识强国。必须明确导致印度在粮食安全、能源独立、水资源高效管理、应对气候变化、提供全民卫生保健和其他各领域中缺乏进展的真正原因，其中一些领域是全球性的，从这个角度看，在诸如农业、医学和兽医科学等一些具有重要社会影响的领域的教育中加强科学能力是十分必要的。

作为应对经济危机的战略和创新战略的一部分，2008 年以来，世界主要国家都在关注恢复长期增长能力的措施。各国的经济复苏与刺激计划都将科技创新作为最重要的着力点，主要政策措施包括：通过促进创业来支持创新、直接投资智能基础设施研发、鼓励研发、绿色投资、提升工人的技能、指导市场主体进行与创新相关的投资，以及对创新型中小型企业的支持。

（四）变革科技体制与机制

自金融危机以来，各国将科技作为走出困境的主要方法，大力推动科技创新计划。各

---

① Royal society submission to the 2010 spending review. http://royalsociety.org/WorkArea/DownloadAsset.aspx?id=4294971727 [2010-07].

② The Prime Minister's Science Adnisory Committee of India. India as a global leader in science. http://resourcecentre.daiict.ac.in/eresources/iresources/reports/science_vision_10.pdf [2010-09].

国政府同时也发现，其科技体制与机制已经不适用于新的创新形势，制定政策和执行计划的能力被严重分割，并且这种分割自身可能已经成为未来实现科技发展、经济转型的障碍。因此，一些国家开始推进本国的科技体制与机制变革，以更好地实现科技创新的目标。

2011 年 3 月，美国进步中心（CAP）发布《为提升美国的竞争力而重组政府机构》分析报告[①]。该报告指出，美国政府部门促进竞争力的政策与计划执行能力是分散的，需要重组政府。这样将能够提升竞争力负责机构的执行力，使其肩负更大的职责并掌握更多的资源。该报告建议美国政府考虑以下四种重组方案：①进行小规模重组，作为大规模改革的先导，整合国务院与商务部的相关业务，并考虑重组与出口促进有关的机构；②创建商务、贸易与技术部，商务部内部所有相关部门将与原来隶属于贸易代表办公室、小企业发展署、进出口银行、海外私营投资公司、贸易发展署中的与贸易和商业相关的机构与部门整合到一起；③ 创建竞争力部，整合劳工部与教育部的职业培训与高等教育计划，能源部（DOE）与交通部以服务经济发展为目的的科学促进计划，以及白宫的科技政策协调职责；④整个政府部门的更广泛的重组。

2012 年 12 月，美国发表了《变革与机遇：美国科研事业的未来》报告[②]，提出了为维持美国的创新优势需采取的行动建议，这些行动涉及 5 个关键机遇：①通过在企业、联邦政府、大学和其他政府及私有实体之间构建相互支持的合作伙伴关系，美国还有机会保持其在研发投资中的世界领导地位。②联邦政府有机会巩固其在美国基础研究和应用研究中的持久性主要投资者的角色，可以采纳与该角色最相匹配的政策。联邦政策寻求支持可持续的研发事业，当研究被认为值得支持时，联邦政策就会为使其获得成功而予以支持。③联邦机构有机会发展投资组合，为渐进性与变革性研究、学科性与跨学科的工作，以及基于项目与基于人员的资助组合提供更具战略性的支持。④政府有机会为企业提供额外的激励性政策，鼓励它们投资自身研究，或者投资与大学和国家实验室的新合作研究伙伴关系。⑤研究型大学有机会加强和提高它们作为创新生态系统中心的作用。在保持精深的基础研究根基的同时，它们还可以改变自己的教育计划，更好地让毕业生做好到社会上工作的准备。在将研究成果转移到私人部门时，大学能变得更有积极性和主动性。

为应对不景气的经济形势，日本政府希望通过对国家科学体系进行改革，合并一些重要的科研机构来节约成本。2012 年 1 月，日本政府出台计划，拟加强日本理化学研究所（RIKEN）、国家材料科学研究所、海洋-地球科学技术研究机构、国家地球科学与灾难防御研究所及学术振兴会的基础研究实验室网络。日本拟建立一个综合性实体来监管上述 5 个机构，使得 5 个机构之间能够共享其研究、管理资源，并可能弱化 5 个机构中一些执行主

---

①　Jitinder Reorganizing government to promote competitiveness. http://www. americanprogress. org/issues/2011/03/pdf[2011-03].

②　PCAST. Transformation and Opportunity：The Future of the U. S. Research Enterprise. http://www. whitehouse. gov/sites/default/files/microsites/ostp/pcast_future_research_enterprise_20121130. pdf[2010-11].

管的权限。①

2012 年 3 月，日本综合科学技术会议提出按照目标导向改革现有体制。根据科技基本计划，除设置"科技创新本部"外，还设置了灾后重建战略协议会、绿色科技战略协议会、生命科技创新战略协议会、基础研究以及人才培养协议会等部门②。

2013 年 6 月，俄罗斯总理梅德韦杰夫召开政府工作会议，讨论俄罗斯科学院体制改革方案。梅德韦杰夫表示，俄罗斯联邦共有 6 个国家级科学院，但是，这些机构的管理体制还是在 20 世纪三四十年代形成的，且受到主观因素的影响，不能完全适应国家现代化发展任务的要求，早就需要进行改革了③。会议审议并通过了由俄罗斯教育科学部起草的《关于俄罗斯科学院、国家级科学院的重组及修订相关联邦法》法律草案（以下简称为"该草案"）。6 月 28 日，俄罗斯联邦政府向国家杜马提交了该草案④。改革重组方案的主要内容包括：①重组国家级科学院系统；②撤销地方分院的法人地位；③管理机制的改革。

2013 年 7 月，德国科学委员会向联邦教研部递交了德国科研体系前景建议报告⑤。该报告共提出了 6 点建议：①提高高等教育的质量和吸引力。建议通过教师培训和吸纳高校外科研人员改善对大学生的培养；开发并落实新的教学形式和教学理念，加强学术教育与职业培训的联结；赢取外国留学生。②增强科研职业的吸引力。建议大规模设立有吸引力的职位；降低有雇佣期限科研人员的比例；高校和非高校科研机构制订并实施相应的人力资源开发计划。③进一步发挥高校在科研体系中的决定性作用。建议提高高校基本经费资助水平；通过支持高校建立长期重点领域和在各领域聘请杰出科学家的手段来突出高校特色；赋予高校更多的自主权和灵活空间。④进一步区分和突出高校外科研环境。建议联邦和州每年继续对非高校科研机构增加相同百分比的资助经费；在机构和资助者管理层面以任务为导向的形式优化管理结构；特别建议莱布尼茨学会和亥姆霍兹联合会要明确其战略使命。⑤促进多样化的合作。建议广泛采用联合任命的形式；大学应与高等专科学校及非高校科研机构共同建立培养青年科学家的合作平台；对于机构之间的长期合作应充分利用以课题为导向的战略联盟的形式；加强学术界与经济界之间在产品开发上的合作研究。⑥建议联邦和州尽快就未来联合资助措施签订为期至少 10 年的公约。

如何突破科技体制机制中不利于创新的层层壁垒，是一个国家能够尽可能多地创造突破性科技成果的关键，这也逐渐为各国科技界所接受。因此，近年来各主要国家在科技体

---

① Lchko Fuyuno. Japan plans to merge major science bodies. http://www.nature.com/news/japan-plans-to-merge-major-science-bodies-1.9954[2012-01].

② 日本综合科学技术会议. 科学技術イノベーション政策推進専門調査会ミッション及び期待される成果等. http://www8.cao.go.jp/cstp/tyousakai/innovation/1kai/siryo1-2.pdf [2012-03].

③ Правительство Российской Федерации. Заседание Правительства. http://government.ru/news/2666[2013-06].

④ ТАСС. Преобразование РАН обойдется более чем в 500 млн рублей. http://www.itar-tass.com/c19/789641.html [2013-06].

⑤ Wissenschaftsrat. Perspektiven des deutschen wissenschaftssystems. http://www.wissenschaftsrat.de/download/archiv/3228-13.pdf[2013-07].

制改革方面推出的重要政策与措施都是以科技与经济融合互动为根本目标，以重组政府机构在科技创新体系中的角色为着力点，通过改变政府主导科技资源分配的方式，将科技创新的主动权交给企业，力图让企业成为科技创新主体，建立起以企业为主体的创新体系。

二、科技战略与规划的主要政策议题

近年来，面对全球经济危机，世界主要国家不约而同地把目光投向了科技创新：一方面，希望科技创新在应对经济危机中能够发挥重要作用；另一方面，希望通过科技创新为国家经济发展带来新的契机。因此，各国纷纷出台了支持科技创新的战略。

各国近期出台的诸多科技战略的目标主要聚焦在科技创新促进经济转型、充分发挥创新潜力、保障创新性思想能够转化为产品和服务、催生新兴产业、增加就业岗位、促进人口健康与老龄化社会问题的解决、应对全球性的各种挑战等。

（一）助推经济转型，化解就业危机

全球经济危机导致各国经济衰退，暴露了原有经济发展模式的弊端。为此，通过科技创新促成社会经济向可持续、绿色方向发展的模式，引导就业，已经成为各国科技战略的重要取向。

2011 年，英国科学与创新大臣 Lord Drayson 在牛津大学的演讲中谈到，英国需要改善利用科学创造财富的能力，促生强劲的经济增长和就业。英国企业、创新与技能部的"可持续增长战略"提出，既要维持英国研究基地的地位，继续资助卓越的科学与研究，尊重研究理事会和大学的独立性，又要了解、吸收和利用他人的前沿研究成果，强化将科研作为经济增长的重要驱动力。

同年 3 月，英国政府发布了旨在使英国经济实现强大、可持续和平衡增长的"增长计划"，包含了四个方面的总体目标：①建立 G20 中最具竞争力的税收制度；②使英国成为欧洲最适合创业、融资和企业成长的地区之一；③鼓励投资和出口，促进经济的平衡发展；④建立欧洲最灵活的职业培训体系。

2013 年 6 月，英国政府与产业界又联合发布了"政府信息经济战略"，目的是为联合推动英国未来的信息经济发展提供路线图。该战略指出：英国的信息经济已经形成，正在改变着英国的生活方式、教育方式及企业运作方式；要实现经济的可持续、快速增长，必须依赖信息经济。该战略提出的主要行动内容包括：①通过企业改造、加强企业研发、强化知识产权保护、建设产业集群、加强有针对性的政府采购等措施，建立强大、创新及面向全世界出口卓越产品的信息产业部门体系；②发布资助中小企业开发新的信息及网络技术、发展网络商务的新计划，使英国各行业的企业都能够灵活有效地利用信息技术并挖掘数据，进而促进经济增长；③尽快发布国家数据能力战略，促进智能化城市与数字政府的建设，使英国的企业与人民都能够获取政府的公开信息，在数字时代受益；④加强培训信息经济所需的人才，强化基础设施建设及网络安全，抢先研发 5G 移动技术，支撑英国的信息经济

发展。①

2011 年 3 月，加拿大政府也发布了"下一阶段的加拿大经济行动计划"，目的是以科技创新带动经济增长与就业，主要资助项目包括：①推动加拿大的数字经济战略。帮助中小企业采用信息技术，鼓励学生选修数字经济相关学科，资助加拿大媒体创造数字内容。②强化加拿大的科研优势，支持前沿研究、国际合作，建立世界级研究中心。③促进创新商业化。资助 30 个新的大学首席工业研究专家，支持高校的联合商业化项目，支持对新清洁技术的开发与验证，资助国家光学研究所的运行。

2013 年 6 月，韩国未来创造科学部公布了"创造经济实施计划"，旨在将国民的创意与科学、信息通信技术相结合，打造新产业与新市场，从而创造更多的就业机会。该计划提出了"通过创造经济实现国民幸福，开启充满希望的新时代"的愿景，并确定了三大目标：通过创造和创新增加工作岗位和扩大市场；增强韩国的创造经济在全球的领导地位；营造尊重创意和充分发挥创意的社会氛围。为实现以上目标，该计划提出六大战略：建设奖励创意、便于创业的社会环境；使风险投资企业和中小企业成为创造经济的主力军，并大力开拓全球市场；挖掘能够开拓新产业和新市场的增长动力；培养拥有梦想、才华和挑战精神的国际化、创意型人才；提高科学和信息通信技术的创新能力；由国民和政府共同建设创造经济的文化环境。②

2013 年 10 月，日本内阁出台了"新经济增长战略"。该战略以产业振兴、刺激民间投资、扩大自由贸易为主要支柱，提出了产业振兴计划、战略市场创造计划和国际开拓战略计划。根据产业振兴计划，日本政府制定了 5 年机构改革期和 3 年投资促进期的政策，具体举措包括制定《产业竞争力法》，设立吸引国内外企业投资的"国家战略特区"，向民间企业开放公共设施，改革大学教育以培养全球化人才等。战略市场创造计划旨在创造新的内需市场，如培育医疗、护理、医药领域的信息市场和电子商务市场，促进蓄电池技术、基础设施智能化、新型材料等技术和产品的研发与普及。国际开拓战略计划着眼于通过扩大自由贸易化程度以开拓国际市场，包括加快多边和双边自由贸易协定谈判进程，大幅提高与自由贸易伙伴的贸易比重。其中，创立"国家战略特区"是"新经济增长战略"的核心项目，目标是通过大胆的监管改革和税收优惠创造全球最宽松的企业经营环境③。

2012 年年底，澳大利亚创新部（澳大利亚创新部于 2013 年更名为澳大利亚工业与科学部）发布了"2102 国家研究投资规划"，在分析现状和展望未来的基础上，重点提出了政府研究投资的 7 条原则，从而为政府未来的研究资助与评估提供了指导框架：①促进生产力增长；②应对国家和全球性重大挑战，包括经济、社会、环境挑战及改善澳大利亚人的健康与福利；③增加知识存量；④改善澳大利亚研究与创新的质量和规模，以便有效开展国

① UK government. Information economy strategy. https://www.gov.uk[2013-06].
② 韩国未来创造科学部. 창조경제 실현계획 발표. http://msip.go.kr [2013-06].
③ 日本内阁.「成長戦略の当面の実行方針について」が日本経済再生本部で決定されました. http://www.kantei.go.jp/jp/singi/keizaisaisei/[2013-10].

际合作；⑤建立强大且密切合作的研究体系，包括提升企业和学术机构研究人员的数量和质量，提供高质量的研究基础设施，促进研究人员与来自企业及非企业的用户进行持久合作；⑥创建长期可持续的研究与创新能力；⑦接受严格、透明和持续的研究监测与评估，以测度研究的效率与影响。该规划没有直接提出具体的战略研究优先领域，但指出优先领域中必须包括大量的前瞻基础性研究，且这些研究活动必须由研究人员主导。[①]

2013 年 3 月，阿根廷总统发布了"阿根廷创新 2020"的重点指导方针，其中四大指导方针之一即是要通过科技创新促进社会发展，通过采取更多包容和多元化的政策，探索能源自给自足的供应方式，满足社会各阶层的需要[②]。

2013 年 4 月，葡萄牙政府发布了"2013～2020 年葡萄牙经济增长、就业和产业发展战略方针"，提出六大发展目标：提高 GDP 增长率、提高出口比例、加强工业在经济中的比例、优化投资结构、提高就业质量、加强研发创新投入。此方针还提出 10 项重点举措：①强化双轨教育系统，对普通教育与职业技术教育同等重视；②增加政府基金，支持企业竞争力增长；③建立专门从事中小企业融资的金融机构（与德国复兴信贷银行合作），推动葡萄牙存款储蓄总行的企业投资；④投入 10 亿欧元拉动出口；⑤改革企业所得税，减少企业税费；⑥改革符合国家潜在利益的项目投资机制；⑦通过兼并和收购强化葡萄牙企业，实现企业的发展和国际化；⑧优化管理，简化企业发牌制度和激励机制；⑨支持中小企业发展，延长对中小企业的长期投资；⑩建设铁路等物流基础设施，削减港口使用税 50%，降低运输成本。[③]

当前，以科技创新带动经济增长与就业已经成为各国的共识。综合比较各国相关的科技战略，支持企业，特别是中小企业的科技创新发展，强化对中小企业的创新研发投资机制已经成为推进经济增长与就业这一战略目标的主要手段。

（二）提升创新能力，支撑产业升级

世界主要国家，尤其是新兴国家在面向未来的科技战略中都把提高科技创新能力、促进传统产业转型升级、发展新兴增长型未来产业、强化综合国力和竞争力作为重要战略选择。

2012 年 5 月，英国 BIS 负责大学与科学事务的部长 David Willetts 发表有关产业战略的讲话，指出当前经济增长模式的转变需要国家制定全面、可持续的产业发展战略，主要包括：①保障国家的基础研究能力，保持英国研究理事会的资助力度，引导科研项目面向国家需求和重大挑战，保持 1/3 左右的项目针对科学家的个人兴趣。②在科研人员与企业间

---

① Department of Innovation，Industry，Science and Research（DIISR）. The national research investment plan. http://www. innovation. gov. au/Research/Documents/NationalResearchInvestmentPlan. pdf［2012-12］.

② MINCYT. La Presidentapresentó el Plan Nacional de Ciencia，Tecnología e Innovación. http://www. mincyt. gov. ar/noticias/noticias_detalles. php?id_noticia＝1278［2013-03］.

③ Governo de Portugal. Estratégia para o Crescimento，Emprego e Fomento Industrial. 2013—2020. http://www. portugal. gov. pt/media/981312/20130423_ECEFI. pdf ［2013-04］.

建立更强的联系，推动前沿科学技术开发和新应用。③系统化地寻找发展新技术的优先领域。为推动产业战略的实施，Willetts 提出了 10 项具体措施，包括：①建立 7 个创新与技术中心，联合企业共同支持新的研究项目；②实施全球最慷慨的研发税收鼓励政策，抵免率最高可达 225%；③在新创企业投资或兼职工作的科研人员仍享有个人税收减免；④取消对合作研究组共同申请政府资助的限制；⑤由英国国家科技艺术基金会（Nesta）设立新的创新奖；⑥通过政府采购支持小企业的研发；⑦帮助新创企业进行概念验证与市场试验，获得商业投资；⑧政府在今后 4 年内投入 2 亿英镑的风险投资；⑨提高公共研究资助项目的申请成功率；⑩投入 7000 万英镑促进研究与创新集群的发展。①

2012 年 9 月，BIS 部长文斯·凯布尔（Vince Cable）进一步就英国的产业战略发表讲话，提出以下战略重点：①建立支持企业创新的金融机制。启动贷款资助计划，帮助银行增加针对新创企业的金融项目。②促进重点行业与政府合作。政府通过税收、监管和自由市场等政策吸引各行业建立与政府的长期战略性合作伙伴关系，重点关注先进制造、航空、汽车和生命科学等行业。③支持发展新兴技术。着重支持能在今后 10 年为英国创建新产业的新突破性技术，继续建设 TIC 网络，以支持创新商业化。④建立培训工人技能的机制，帮助企业为雇员提供专业培训。⑤以政府采购促进创新链条的发展。未来 5 年，政府为 13 个行业提供 700 亿英镑的政府采购机会，以培养中小企业的创新能力②。

2011 年，韩国教育科学技术部（MEST）发布的《大韩民国的梦想与挑战：科学技术未来愿景与战略》提出，为了实现韩国梦想的未来景象，即与自然和谐相处、富饶、健康和便利的社会，使韩国在 2040 年跻身全球五大科技强国的科技发展长期愿景与目标，具体目标包括：将国家研发投入占 GDP 的比重从 2010 年的 3.37% 提高到 2040 年的 5%，将全球大学排名 100 强的韩国大学数量从 2010 年的 2 所提高到 2040 年的 10 所以上，将韩国的支柱产业从目前的半导体、汽车、造船与信息通信业转型为 2040 年的生物制药、新材料、清洁能源和机器人产业。战略遴选出了可再生能源技术、气候变化监测与应对技术等 25 项未来核心技术和 235 项具体技术。

印度总理在第 97 届印度科学大会上的讲话③提出，印度面临着气候变化及水资源管理的新挑战，也面临着食品安全和疾病控制的长期挑战。所有这些领域的成功取决于印度的科技水平。能源领域，世界各国都在制定战略以提高能源效率并向可再生能源转变，也在制定战略来适应不可避免的气候变化，印度在这些领域不能落后，应该在开发缓解和适应气候变化的科学技术中成为领导者之一；人才领域，必须采取特殊措施鼓励现在海外工作的印度裔科学家返回印度，包括短期回到大学和科研机构，这样印度可以把人才外流转变

---

① BIS. What's the good of government. http://www.bis.gov.uk/news/speeches/david-willetts-whats-the-good-of-government-2012[2012-06].

② UK Department for Business Innovation and Skills. Industrial strategy-cable outlines vision for future of British industry. http://www.bis.gov.uk [2012-09].

③ DST. Science and technology challenges of 21-century national perspective. http://dst.gov.in/scie_congrs. [2010-01].

为未来的人才回流;创新方面,要建立激励创新的创新生态系统,鼓励科学机构提出有利于提高科学水准的争取更多自主权的机制,使印度的科学机构成为创新生态系统的中心等。创新者必须接受挑战来提出社会需要的解决方案,必须有意识地培育和迅速应用那些具有潜力的创新解决方案。印度的科学机构必须成为创新生态系统的中心,但这一系统还必须包括产业、风险资金的提供者,以及为产品设定高性能标准的监管者。印度还需要创造性地思考如何增加研发中的私人投资。也许需要一些创新性的政策调整来在科学技术部门建立灵活的公私合作关系。

巴西总统 Dilma Rousseff 在竞选时表示将保持卢拉执政时期对科学的大力支持,使巴西成为一个"科学强国"。为此,巴西新政府拟向公众咨询未来 10 年的科学政策建议。该建议源于 2010 年 5 月的第四届巴西国家科学、技术与创新大会,从"环境、社会与经济可持续发展"的角度为科技与创新政策提出指导。公共咨询文件在社会与企业创新、科学发展、教育改革、生物群落、战略与社会技术的可持续发展等方面提出了一系列建议,包括:科学界与政府部门都要将创新作为一种战略方法;要提高私人企业在创新中发挥的作用(目前创新主要由政府推动);要将科学投资从目前占 GDP 的 1% 提高到 2020 年的 2.5%;要实施"人才回流"计划,以使有才华的青年科学家从国外返回,并吸引外国科学家到巴西生活与工作。[①]

2013 年 1 月,丹麦科学创新与高等教育部公布新的国家创新战略,提出 3 个重点关注领域及支持措施:①社会挑战驱动的创新,使公共部门的创新优先关注应对社会挑战所需的解决方案,并加强公私部门间的合作。采取的措施包括:优化公共部门职责,建立社会合作创新模式,启动更好地利用水资源、开发智能能源系统和适应气候变化方案等创新合作试点项目。②将知识转化为价值,关注更高效的创新计划和更好的企业与知识机构间的知识转移。采取的措施包括:支持专业集群,支持中小企业知识创新,优先支持能提升丹麦生产力的研发计划,建立初创企业试点和 3 个国际创新中心,简化公共创新支持计划,强化知识合作和教育创新等。③通过教育提升创新能力,改变教育系统的文化,使其更多关注创新与价值创造。采取的措施包括:政府将在所有教育层次上增加实践要素以支持创新,支持教师培养中的创新,支持有天分的学生,增强博士生的创新和商业能力等。[②]

通过科技促进传统产业升级及国家整体产业结构的转型是实现国家经济转型的主要手段。在这一方面,新兴国家面临着更大的压力与需求。上述国家提出的科技战略强调结合本国的社会经济需求,致力于改造国家创新生态系统,从而进一步推进国家的产业升级与结构转型。

---

① Dilma Rousseff. Brazil publishes science plan as Rousseff replaces Lula. http://www. scidev. net [2010-11].

② Ministry of Higher Education and Science. Denmark-a nation of solutions. http://en. fivu. dk/press/focus/2012/innovation-strategy[2013-12].

（三）实现绿色增长，推进可持续发展

为解决能源安全、环境和人口健康问题，世界主要国家和地区在面向 2020 年的科技战略中均将"绿色增长与可持续发展"作为重要战略目标。

日本内阁会议确定了面向 2020 年的 10 年经济增长战略，由经济产业省发布"新增长战略"①，提出了以"强的经济""强的财政""强的社会保障"为宗旨的战略方针，主要内容包括 6 个方面：环境能源、医疗健康、旅游观光、开拓亚太市场、科学技术、增加就业等发展领域。在此基础上，明确更加详尽的预期目标、主要措施及发展方向：①通过绿色技术创新实现环境能源大国的战略。主要措施包括：制定与绿色税制相匹配的相关规定和制度，利用综合配套政策的支持，推动对绿色能源相关产业的投资与融资等。②通过生活创新实现健康大国的战略。主要措施包括：产学研协同推进医疗、保健及护理领域的研发、技术创新及实用化等。③通过拓展亚洲市场实现亚洲经济战略。主要措施包括：利用亚太经济合作组织（APEC）框架制定在 2020 年建成亚太自由贸易圈的路线图，以及保障贸易投资自由及知识产权保护的体制等。④通过搭建技术创新平台实现科技立国战略。主要措施：加速对大学和研究机构的改革，增加在独特领域中居于世界前列的研究机构和大学的数量；增强对科技及其相关人才的培养意识，提高国民的教育水平，实现理工科博士课程毕业生的充分就业；实施人才培养、改善研究环境、推动产业化融为一体的策略，完善创新体制，注重充分发挥中小企业的知识和能力的作用，着力推动创新技术的应用和新兴产业的开拓等。⑤通过挖掘人力资源潜能实现就业和人才战略。主要措施包括：修改阻碍劳动就业的制度和惯例；提高初等和高等教育的教育质量等。日本综合科学技术会议的《科学技术基本政策》报告②提出：未来将继续深化"新增长战略"的具体措施，推进体制化的综合科学技术政策的基本方针。在推进创新发展的基本方针方面，主要是推进绿色技术创新的发展，推进生命科学创新的发展，推进科技与创新体制的改革，以及设立科技与创新战略协调会议和建立产、学、研、官知识网络等。

2010 年，英国 BIS 的《可持续增长战略》报告③论述了政府为实现经济可持续增长目标所应担负的角色。在促进有效的市场运作以支持经济增长方面，该报告指出：制度重点是促进竞争和提高稳定性，同时保障企业的运作能力；政府关注的重心应放在中国、印度和俄罗斯等新兴经济体，其增长将为英国提供难以估价的机会。在投资于生产能力以驱动增长方面，该报告认为，既要维持英国研究基地的地位，继续资助卓越的科学与研究，尊重研究理事会和大学的独立性，又要了解、吸收和利用他人的前沿研究成果，加强将科研

---

① METI. 新成長戦略（基本方針）. http://www. meti. go. jp/topic/data/growth_strategy/pdf/091230_1. pdf［2009-12］.

② 内閣府科学技術に関する基本政策について. http://www8. cao. go. jp/cstp/project/sesaku4/haihu5/siryo3-1. pdf［2010-10］.

③ BIS. A strategy for sustainable growth. http://interactive. bis. gov. uk/comment/growth/files/2010/07/8782-BIS-Sustainable-Growth_WEB. pdf［2010-07］.

作为经济增长重要驱动力的工作。该报告强调 TIC 介于学术基地与企业之间的特殊角色，提供清晰和广泛认可的知识产权框架，以确保创造者、拥有者和消费者都能从知识和思想中受益。政府还将创立"终身学习账户"，以激励个人的学习。政府应担负促进基础设施投资的角色，并建议每年在重要基础设施领域投入 400 亿～500 亿英镑。

2012 年 1 月，法国发布了绿色技术发展路线图，提出 87 项措施支持生态产业创新、出口与中小型企业的发展，旨在大力促进法国生态产业的发展，使法国在环境与能源工业的国际竞争中占据重要地位。具体领域包括：水资源及其净化、生态技术人才、工业废物利用、低环境影响住房、可再生能源、海洋能源、生物能源、地热资源、智能电力系统等①。

2010 年出台的"欧洲 2020 战略：智慧型、可持续与包容性增长战略"②，提出了三个相辅相成的重点：智慧型增长，发展基于知识与创新的经济体；可持续增长，促进资源高效利用、更加环保清洁并有竞争力的经济建设；包容性增长，培养充分就业的经济，提高社会与区域凝聚力。欧盟议会决议要求欧盟每年至少投资 20 亿欧元于低碳技术，并指出，如果欧盟要实现其 2020 年气候变化目标的话，需要来自公私方面的更多和额外的资金。③欧洲能源研究联盟（EERA）正式启动 3 项能源联合研究新计划④，即二氧化碳捕获与储存、新的核材料和新的生物能材料。

2012 年 12 月，印度政府正式发布《第十二个五年计划（2012—2017）：快速、包容和可持续的增长》，规划了印度从 2012 年 4 月到 2017 年 3 月的经济及社会发展行动，设定了"十二五"期间平均实现 9% 的经济增长目标。该计划指出，科学技术是一个国家的关键性能力。印度"十二五"期间的增长战略主要依赖于生产率的提高，必须通过运用科学技术来推动创新，必须激励新的创业精神，保证科技成为国家发展的主要动力。该计划在科技创新方面的三个主要目标包括：实现印度在全球的科技领先地位；促进印度科研满足国家发展的重大需求，如粮食安全、能源与环境保护、水资源挑战等；通过改造国家创新生态系统，吸引跨国公司在印度建立研发中心，增强印度的全球竞争力。为了实现这些目标，印度将强化中央与地方政府在科技方面的合作关系，鼓励印度科研人员参与全球科技合作并利用其他国家的研发基础设施。⑤

2013 年 7 月，德国联邦内阁通过"生物经济政治战略"，致力于充分利用德国生物经济的潜力，降低对化石燃料的依赖，加快向节约型经济转变。该战略提出以下指导原则：食

①　MESR. Ambition ecotech：Favoriser le développement de l'économie verte. http://www. economie. gouv. fr/ambi-tion-ecotech-favoriser-developpement-l-economie-verte［2012-02］.

②　European Commission. Europe 2020：A strategy for smart，sustainable and inclusive growth. http://europa. eu/press_room/pdf/complet_en_barroso___007_-_europe_2020_-_en_version. pdf ［2010-03］.

③　European Parliament. European parliament resolution of 11 March 2010 on investing in the development of low car-bon technologies. http://www. europarl. europa. eu［2010-03］.

④　Commissariat à l'Energie Atomique(CEA). L'Alliance europeenne de la recherche energetique (EERA) lance trois nouveaux programmes de recherche conjoints. http://www. cea. fr/le_cea/actualites ［2010-11］.

⑤　Planning Commission of Government of India. Twelfth five year plan（2012—2017）：Faster more inclusive and sus-tainable growth. http://www. nature. com/polopoly_fs/7. 8200! /file/Indiaplan. pdf ［2012-12］.

品安全优先于原材料生产，确保并加强德国生物经济竞争力和在国际市场上的增长潜力，培养高素质专业人才，提高关键技术向产业应用的转移，扩大可持续性标准的应用，政治、经济、科技和社会紧密联系。在此基础上，确立了 8 个行动领域：①联结生物经济所涉及的不同政策领域，加强各政府部门间的信息交流和政策协调；②加强社会对话与信息宣传，了解社会对生物经济发展提出的要求，提高公众对生物产品和生物创新的接受度；③培养专业人才，进一步扩大德国在生物经济领域所具备的专业知识；④可持续发展农业、林业和渔业经济，持久提高农业用地的生产率，充分挖掘持久可供使用的木材原料的潜力，可持续开发水生资源，可持续生产高附加值的动物源性食品；⑤通过资助研究与创新来开发富有前景的技术、产品和市场；⑥优化现有价值链并开发新的区域价值链，形成价值网络；⑦减少非农业用途的农林用地使用，降低食品生产与可再生能源和工业原料间的土地使用竞争；⑧确保国际贸易中可再生原料的市场准入，建立并继续制定国际上认可的农、林、渔业的可持续性标准，扩大国际研究与技术合作。①

　　绿色农业技术和能源技术等支撑社会可持续发展的技术领域的进展是各国升级产业、转型经济和降低社会经济成本的根本。因此，各国的科技战略都将环境、能源、医疗健康等作为科技政策的重点支持领域，并推出了跨研究领域的产学研联合研发计划或项目作为实施这一战略目标的主要手段。

（四）强化人才培育，打造创新基础

　　为实现科技创新能力的提升进而促进经济社会健康、可持续发展，各国都积极加强教育、促进人才培养、加强基础研究等，从而打造坚实的国家创新基础。

　　2011 年 1 月，美国总统签署了《美国竞争力重授权法案》，致力于维持美国的创新领导地位，加强 STEM 领域的基础教育并提高基础科学研发投入。2011 年 2 月发布的《美国创新战略：保障经济增长和繁荣》提出的三大战略方向之一就是：投资于美国创新的基础，即教育美国人使其掌握 21 世纪的技能，建立世界一流的劳动力；强化和扩展美国在基础研究领域的领导作用；建设一流的物理基础设施；建设先进的信息技术生态系统。

　　日本的"新增长战略"②提出通过搭建技术创新平台实现科技立国战略，目标为：政府和民间研发投资占 GDP 的比重到 2020 年增至 4％以上；强力支持日本尖端研究开发和技术创新；绿色革新与生活革新引领世界水平，使日本继续保持世界第二经济大国的地位。主要措施：加速对大学和研究机构的改革，增加在独特领域中居于世界前列的研究机构和大学的数量；增强对科技及其相关人才的培养意识，提高国民的教育水平，实现理工科博士课程毕业生的充分就业；实施人才培养、改善研究环境、推动产业化融为一体的策略，完

---

　　① BMBF. Bundeskabinett beschließt neue bioökonomie-strategie. http://www.bmelv.de/SharedDocs/Downloads/Broschueren/ [2013-07].

　　② 日本内阁. 新成長戦略（基本方針）. http://www.meti.go.jp/topic/data/growth_strategy/pdf/091230_1.pdf [2009-12].

善创新体制，注重充分发挥中小企业的知识和能力的作用，着力推动创新技术的应用和新兴产业的开拓等。日本综合科学技术会议发表强化基础研究的长期方针与政策报告①。主要内容包括：①改革面向基础研究的研究资金。具体为：削减运行费；增加科学研究费补助金的竞争性资金；引入首席科学家制度；调整竞争资金体系；排除不合理的重复项目；完善评价体制；公开研究成果；构建研究的支撑体制，配置研究支撑助手等。②面向基础研究的研究人员培养。对青年研究人员加大支持力度；建立新的青年研究人员聘用制度，向青年研究人员提供独立的研究条件和环境；确保青年研究人员的年薪制度。③以强化国际竞争力为目标形成世界研究中心。具体为：形成卓越研究中心；形成具有特色的多样化的研究中心；研讨研究中心体制改革。

为部署"欧洲2020战略：智慧型、可持续与包容性增长战略"的实施，欧盟公布了成员国经济与就业政策总方针②。其中，与科技创新直接相关的是"优化对研发与创新的支持，加强研究、教育、创新三者的相互作用，释放数字经济的潜力"。总方针提出到2020年研发投资占GDP 3%的目标，并要求成员国：评价国家研发与创新系统，保证公共投资的足够和有效，使投资用于高增长且能够应对重大社会挑战的领域；推动有优势和竞争力的专门领域的发展，发扬科学诚信，加强大学、研究机构与企业之间的国内和国际合作，保障开发促进知识扩散的基础设施和网络；改善政府研究机构的管理以提高国家研究系统的效率，实现大学研究的现代化，建设世界一流的基础设施，并促进研究人员流动；调整和简化国家资助和采购计划以促进跨国合作与知识转移等。总方针还要求协调成员国与欧盟资金之间的关系，以有利于形成足够的规模并避免条块分割；成员国将创新整合到所有相关的政策领域，在更大的范围内促进创新，包括非技术创新；为促进私人部门的研究与创新投资，成员国要改善框架条件，如刺激生态创新需求，建立创新友好的市场，提供有效的知识产权保护等；培养具有广泛技能和知识的人才，保证科学、数学与工程类毕业生的供应；将推动高速网络的发展作为接受知识和参与知识创造的必要手段。

德国联邦政府的"高科技战略2020"重新确定了研究和创新政策的优先权；重点强调了尖端集群的竞争和创新联盟；政策焦点集中于需求领域、未来项目和强大的欧洲前景之上。不仅要在国家预算中，还必须在欧盟预算中优先考虑研究与发展问题。2010年，德国联邦政府已重新确立了教育与研究的部分框架条件，并决定每年为教育与研究增加30亿欧元的投入③。德国联邦政府表示支持制定《科学自由法》，并能够兑现"研究与创新公约"关于科学组织经费每年增加5%的约定。2011年6月，德国总理默克尔在洪堡基金会年会上发表讲话，重点指出：应特别重视基础研究，因为基础研究会对了解世界产生巨大的影

---

① 日本综合科学技术会议. 基礎研究强化に向けて讲ずべき長期的方策について. http://www8.cao.go.jp/cstp/project/kiso/haihu11/siryo3-1.pdf[2010-01].

② European Commission. Europe 2020—Integrated guidelines for the economic and employment policies of the member states. http://ec.europa.eu/eu2020/pdf/Brochure%20Integrated%20Guidelines.pdf[2010-05].

③ Die Bundesregierung. Ansprache von Bundeskanzlerin Angela Merkel beim Empfang des Wissenschaftsrats. http://www.bundeskanzlerin.de[2010-12].

响。有效的政策无不依赖于科学知识，在许多高度复杂的问题上，政府必须更好地与科学家达成一致。德国科学界务求科学研究的自由空间。自由探索研究与经费、资源等都有着密切的关系，政府决定每年为教育与研究领域增加 40 亿欧元的投入。①

2010 年，英国科学与创新大臣 Lord Drayson 在牛津大学的演讲②重点谈到 STEM 教育问题，指出英国已经有越来越多的毕业生进入数学、工程和自然科学领域，必须避免他们转而进入其他领域，而且英国还需要有更多的人加入该领域。

2011 年 3 月，加拿大政府发布"下一阶段的加拿大经济行动计划"，将加强对创新与教育的投资作为其重点，主要内容包括：强化加拿大的科研优势，支持前沿研究、国际合作，建立世界级研究中心；对 3 个主要的科研拨款委员会年增 3700 万加元投资，增加对研究设施的维护和运行的资助，资助 10 个新的国家级首席研究专家，建立国家脑科学研究基金，对加拿大基因组增加 6500 万加元投资，资助医学同位素回旋加速器的建设，资助气候及大气研究，支持理论物理的前沿研究、教学与科普活动③；增加对高校学生的贷款与资助，为促进就业加强资助成人基础教育项目，为到海外留学学生提供减免税优惠，制定和实施国际化教育战略，通过费用减免鼓励参加各种职业资格认证考试。

2013 年，印度科技部部长查万强调印度希望通过教育与科技投资成为全球创新中心④。由印度总理签署的《科技愿景 2020》报告⑤提出，通过加大科技投入、加强基础研究、扩大教育基础、增强科技基础设施、建立卓越研究中心、培育创新文化、营造有利于青年人才创造力发挥的环境等措施，使印度在 2020 年成为知识型社会与全球科技领导者。

2012 年 5 月，俄罗斯总统普京在就职当天签署了 13 项总统令，其中题为"关于落实国家教育与科学政策的措施"的总统令要求从创新的角度进一步完善教育与科学领域、专业人才培养领域的国家政策，提出将加强中小学教育及高等教育，并增加科研经费。⑥

2013 年 8 月，韩国国家科学技术审议会公布"2013～2017 年基础研究振兴综合计划"，希望通过基础研究建设创造型未来社会，政府未来 5 年将重点实施四大类政策：①在国际科技前沿领域加强具有创意性和挑战性的基础研究：大力扶持有潜力的青年科学家，建设国际一流的基础研究基地，构建以质量为导向的评估体系。②通过基础研究夯实未来经济

① Die Bundesregierung. Rede von Bundeskanzlerin Angela Merkel anlässlich der Jahrestagung der Alexander von Humboldt-Stiftung. http://www. bundeskanzlerin. de[2011-06].

② Lord Drayson. Science: Where now? http://www. stcatz. ox. ac. uk/sites/default/files/users/Jess/Drayson%20Speech%20as%20Delivered%20final. doc[2010-02].

③ Minister of Finance of Canada. The next phase of Canada's economic action plan: A low-tax plan for jobs and growth. http://www. budget. gc. ca/2011/ plan/chap4c-eng. html[2011-03].

④ Michael J. Cheetham. Indian S&T Minister Prithviraj Chavan: Transforming India through education, S&T. http://www. aaas. org[2010-07].

⑤ Science Advisory Council to the Prime Minister. India as a global leader in science. http://resourcecentre. daiict. ac. in/eresources/iresources/reports/science_vision_10. pdf [2010-09].

⑥ Администрация Президента РФ. Владимир Путин подписал Указ «О мерах по реализации государственной политики в области образования и науки». http://www. kremlin. ru/news/15236[2012-06].

增长的基础：保障未来经济增长所需的核心技术，加强能够满足未来社会需求和提高国民生活质量的基础研究。③建设基础研究生态系统：培养基础研究领域的人才，加强科研基础设施的建设与使用，增强基础研究领域的国际合作。④促进基础研究成果的推广利用：传播基于需求而定制的成果信息，将基础研究成果与产业化、创业密切相连等。[1]

2012 年 12 月 24 日，俄罗斯政府公布了"2013～2020 年国家科技发展规划"。该规划将从国家层面协调政府和科研机构的科研活动，整合各种计划和项目中的国家资源，建设有竞争力的研发体系，保障其在国家经济技术现代化中的主导作用。该规划提出的重点任务包括：发展基础研究；在科技优先领域建立前沿性的科技人才储备；完善研发管理机制和资助体系；促进科学与教育结合；建设现代化科研物质与技术基础体系；保障俄罗斯研发部门与国际科技界接轨。为此，政府将在 2013～2020 年为该规划的实施投入 1.6 万亿卢布[2]。

2013 年 1 月 3 日，印度政府发布《2013 科学、技术与创新政策》，取代 2003 年的《印度科技政策》，指导印度政府从 2013 年到 2020 年的科技创新活动。该文件提出的政策要点包括：①结合卓越性与实用性，推动印度的科学进步，主要措施包括：参与国际大型研发基础设施和大科学项目的创建；吸引私人部门增加研发投资；强化产学研合作，提升印度科技的全球竞争力；建立绩效评估与激励体系，调动研究人员的积极性；通过科技创新实现社会包容；促进科技创新成果向社会转移；从主观直觉转向基于证据的科技投资决策。②推动科技创新生态系统变革，主要措施包括：增加女性科研人员比例；强化科技创新部门的公共责任意识。③使科技创新工作服务于国家的发展议程，为此在农业、制造业、服务业和气候变化等领域设定了相应的政策目标。[3]

2013 年 5 月 20 日，墨西哥发布"2013～2018 年国家发展规划"，发展规划有关科学、技术与创新的内容包括：①增加科研经费，加大对科技创新的支持力度，科研投入应达到或高于 GDP 的 1%；②培养专业化人才，提高科技创新领域毕业生的质量和数量；③加强大学、研究中心和企业间的密切联系，鼓励企业开展研发活动并增加对科研的投入；④增加私营科研机构的数量，并刺激私营部门增加科研投入，通过完善公共和私营部门间的沟通机制，使得公共和私营科研部门携手共进，共同提高国家生产竞争力；⑤完善中央政府与地方政府间的协调，给予地方政府管理科研种子基金和风险投资等更大的权力，以刺激地方企业进行科研活动；⑥加强专利管理，增加专利申请数量；⑦提高科研人员的待遇，支持科研人员进行前沿领域的研究等。[4]

① 국가과학기술심의회. 기초연구진흥종합계획(안). http://www.nstc.go.kr/c3/sub3_1_view.jsp?regIdx=585&keyWord=&keyField=&nowPage=1 [2013-08].

② Правительство Российской Федерации. Об утверждении государственной программы «Развитие науки и технологий». http://правительство.рф/gov/results/22054[2012-12].

③ Ministry of Science and Technology of India. Science, technology and innovation policy 2013. http://dst.gov.in/sti-policy-eng.pdf[2013-01].

④ 墨西哥财政部. Plan Nacional de Desarrollo 2013-2018. http://pnd.gob.mx[2013-05].

一个国家的创新基础不仅体现在先进的科研基础设施体系，更为重要的是要在满足国家战略需求的所有科技领域建立全面的科技人才储备。这不但要使科研与教育结合，更需要产学研各界的通力合作，只有这样才能够培育出满足社会经济发展需求，实现研发成果向市场转化的科技人才队伍。所以，我们能够看到各国的科技战略在人才培养方面已经突破了传统的学校-研究所模式，都在强调与企业和市场进行合作培养。

（五）突破优先领域，应对重大挑战

世界各国或地区在未来的竞争发展中所面临的挑战不尽一致，所要解决的战略科技问题不同，科技发展的基础条件和环境各异，在科技发展的重点领域选择中均努力集中有限的科技资源，确保优先发展和突破的科技领域，以产生最大的科技成果。

《美国竞争力重授权法案》提出，从 2011 财年开始的 3 年内，NSF、国家标准与技术研究院（NIST）、能源部科学办公室（DOE/OS）的预算将继续增加。鼓励与私营部门合作，在绿色制造、高性能绿色建筑、云计算、医疗信息技术、智能电网等重要产业进行研发。[①] 2011 年 2 月发布的"美国创新战略：保障经济增长和繁荣"，提出三大战略方向，除了要投资于美国创新的基础（教育、基础研究、研究基础设施）和促进市场创新外，还要促进国家优先领域的突破：发动清洁能源革命；加速生物科技、纳米科技和先进制造的发展；推动空间应用的突破；推动健康科技的突破；促成教育技术的飞跃。

法国教研部于 2013 年 10 月公布"法国-欧洲 2020 战略议程"，目标为确定国家优先发展重点，实施有利于技术转化与创新的措施，保障法国在欧洲科研界的地位。该议程是应总统要求制定的，由法国战略研究委员会与部际指导委员会分别制定战略方向与行动计划，并与欧盟"地平线 2020"保持一致。议程的主要内容包括：①法国科研应关注的 9 个重大社会挑战：资源有效管理与应对气候变化，安全且有效的能源，工业振兴，生命健康与福祉，食品安全与人口问题，可持续城市发展体系，信息化社会，创新型、统一型与适应型社会，欧洲空间开发政策；②重建法国科研规划与协调机制；③促进技术研究开发；④发展数字化基础设施与培训；⑤促进创新与技术转化；⑥促进科学文化发展；⑦制定针对重大研究与创新挑战的规划；⑧实现区域创新的均衡发展；⑨增强法国科研在欧洲乃至全球的影响力。[②]

2012 年 12 月，俄罗斯政府公布了"2013～2020 年国家科学院基础科学研究计划"。该计划由俄罗斯教育科学部会同俄罗斯科学院、医学科学院、农业科学院、建筑科学院、教育科学院、艺术科学院 6 个国家科学院联合制订，确定了每个国家科学院的基础研究方向

---

① 111th congress. Congress passes America competes reauthorization. http://www.gpo.gov/fdsys/pkg/BILLS-111hr5116enr/pdf/BILLS-111hr5116enr.pdf[2010-12].

② MESR. France Europe 2020：l'agenda stratégique pour la recherche, le transfert et l'innovation. http://www.enseignementsup-recherche.gouv.fr/pid25259-cid71873/france-europe-2020-l-agenda-strategique-pour-la-recherche-le-transfert-et-l-innovation.html[2013-10].

及各方向的预期目标。描述了俄罗斯科学院 11 个学科的 112 个研究方向及预期目标，这 11 个学科是数学、物理、工程、信息技术、化学与材料、生物、基础医学、地球科学、社会学、历史和语言学、全球问题与国际关系。

各国科技战略对优先领域的设置实际上都是结合本国的重大社会问题及挑战的，因此会因为处于不同的发展阶段和面对不同的国情而出现差异，如发达国家会比较重视医学、环境领域的研究，而新兴国家更重视对工程技术的开发。但总体而言，各国的科技优先领域主要包括：能源与环境、信息与网络科技、生物与医药、纳米与材料、先进制造、航空航天等。

三、总结

通过对各国科技战略和科技战略目标的分析比较，能够看出各国科技发展日益清晰、成熟的思维脉络。在各国的国家科技战略中，具有许多共性趋势，主要表现为以下几个方面。

第一，明确科技创新对社会、经济发展的基础作用。强调通过科技创新促成社会经济向可持续、绿色方向发展的模式，通过促进传统产业转型升级、发展新兴增长型未来产业，改造产业结构，来化解就业危机，从而克服经济危机，摆脱原有经济发展模式，找到新的经济发展途径。

第二，重视营造有利于创新的环境和氛围。在科研人员培养方面，许多国家的科技战略都体现出对环境建设的重视，普遍通过各种方式营造出有利于创新的氛围，如美国的相关报告中建议设置总统创新奖，鼓励优秀创新人才。日本在"第四期科学技术基本计划"中提出：加强对独立研究人员的支持力度；政府以固定期限雇佣青年研究人员，帮助他们开展研究工作；大学要为助教创造独立展示其才华的科研条件等。

第三，聚焦重点领域。各国制定了增加科研经费的目标，还普遍提出了对国家未来经济增长、就业和社会整体价值有较大影响力的战略目标和优先领域。战略目标包括：促进经济增长与社会发展；提高国家创新能力和竞争力；实现绿色增长及可持续增长；打造国家科研基础及促进优先领域的重点突破。与之相关的研发优先领域包括：生命科学、信息通信、生物技术、纳米技术及能源与环境可持续发展等。

（执笔人：胡智慧　裴瑞敏　李　宏）

第三章

科技规划与布局

2010 年以来，全球金融危机影响带来的预算压力，以及国际竞争格局的变化和先进制造产业的回流等，迫切要求各国政府提高公共资助研究的效益。在此环境下，加强科技政策的战略导向成为各主要国家的共同选择。各国充分意识到，促进经济增长和应对全球性挑战必须依靠科技创新，必须充分发挥创新价值链每个环节（从基础研究到应用研究、创新和商业化）的作用，特别是通过加强战略性基础研究以密切科研与国家目标的联系。各主要国家近期开展的科技前瞻战略研究、出台的重大综合性科技与创新规划、启动的重点科技领域计划与项目均强调应对重大社会性挑战，通过调整科技创新的布局来提升科研投资的效益。

一、科技前瞻

为切实优化科技资源配置，使有限的科技资源能够解决科技创新及社会经济发展的重要问题，促进重点科技领域向健康、有序、高效的方向发展，各国或国际组织都重视科技路线图的规划，提出领域或综合性科技路线图。作为支撑在优先领域制定路线图规划的证据基础，主要国家和国际组织也加强了技术预测工作。

（一）科技路线图

主要国家和国际组织的科技路线图规划可以分为研发领域路线图和科研基础设施建设领域路线图两大类。

1. 研发领域路线图

研发领域路线图可用于指导各领域战略规划制定、关键技术项目及相关行动的选择，是组织社会资源和指导协调利益相关者共同行动的指南。美国、法国、韩国等都在政府层面上开展了研发领域的路线图制定活动，为具体领域的发展指明了方向（表 3-1）。

表 3-1　各国（国际组织）在研发领域制定的路线图

年度	国家（国际组织）与机构	路线图名称
2012	美国环保局	环境与经济发展技术创新路线图
2011	英国政府	"推进向绿色经济转型：政府与企业合作"的政策文件

续表

年度	国家（国际组织）与机构	路线图名称
2012	法国生态、可持续发展、交通和住房部与工业、能源和数字经济部	绿色技术发展路线图
2013	法国政府	数字化路线图
2010	韩国教育科学技术部	国家会聚技术地图
2011	韩国知识经济部	资源开发技术战略路线图
2011	韩国技术标准署	国家八大战略产业标准化路线图
2013	俄罗斯政府	生物技术和基因工程发展路线图
2013	俄罗斯政府	信息技术领域发展路线图
2011	欧盟药品评价局	2015 科学、医药与健康路线图

美国环保局"环境与经济发展技术创新路线图"确定环保局的愿景是：推动消除或显著减少有毒物质使用及暴露于环境中的污染物，推动促进美国经济发展的创新活动；寻求有最大潜力、可实现多个环保目标的前瞻性技术进步；与各利益相关方共同加快对环保技术的设计、开发与部署，创造良好的环境并推动国家经济发展。为实现上述愿景，路线图提出了以下促进措施：①设计环保局的政策、法规、标准、许可与程序，使其能够拉动技术创新；开发信息系统，使环保局的工作人员能够了解新兴技术并考虑其潜在的影响与应用。②与技术设计、使用、管理、开发等利益相关方建立伙伴关系，加快技术设计、开发与商业化。③利用现有技术转移机制，加强与其他公共和私营机构建立研发与示范伙伴关系，促进对突破性技术的跨部门协商、开发、商业化与采用。④与投资界建立联系并改善沟通，建立可将新技术带入市场的新的公私创新伙伴关系。[①]

英国政府题为"推进向绿色经济转型：政府与企业合作"的政策文件[②]，对气候变化、资源节约、水保护、碳捕获与储存、海岸风力发电、绿色交易等领域在 2020 年以前的发展路线图及政府行动规划进行了展望。文件要求英国政府与企业展开对话，保障英国向绿色经济顺利转型。为此，政府将采取的具体行动包括：促进相应的国际合作，推进全球协议、欧盟战略及其他国际性绿色计划，通过外交扩大英国绿色企业的出口机会；吸引对基础设施的投资，包括低碳运输和绿色发电基础设施；适当分担企业对环境保护的负担，确保环保政策的完整、明晰和有效性；以政府与企业的协议代替强制性政策；加强对劳动力的绿色职业技能培训；吸引公众积极参与；支持相关创新活动等。

法国生态、可持续发展、交通和住房部与工业、能源和数字经济部共同发布的由生态工业战略委员会制定的"绿色技术发展路线图"。该路线图提出 87 项具体措施，旨在大力促进法国生态工业的发展，使法国在环境与能源工业的国际竞争中占据重要地位。该路线图涉及的具体领域包括：水资源及其净化、生态技术、工业废物利用、环保型住房、可再生能源、海洋能源、生物能源、地热资源、智能电力系统等。该路线图将围绕三大重点发

① EPA. Technology innovation for environmental and economic progress. http://www. epa. gov/envirofinance/EP-ATechRoadmap. pdf[2012-06].

② HM Government. Enabling the transition to a green economy. https://online. businesslink. gov. uk/Horizontal_Services_files/Enabling_the_transition_to_a_Green_Economy__Main_D. pdf [2011-08].

展方向展开，分别为支持创新、支持出口与支持绿色产业的中小型企业发展，其中针对所有生态产业部门的措施包括：①提供 1000 万欧元资金进行绿色技术项目的招标；②确定国际上最具上升潜力的市场，支持法国在可持续城市发展方面（住宅、交通等）的产出；③至 2012 年年底前，与大型集团签订"生态产业中小型企业公约"，以加强双方间的联系等。①

法国政府发布的"数字化路线图"确定了 3 个重点方向 18 项具体措施：①使数字化成为年轻人成长与就业的机会：让数字化进入学校教育课程；在 2 年内培养 15 万名可使用数字技术的教师；启动"法国数字大学"项目，提供在线课程；加强对数字技术从业者的培养；使数字技术成为年轻人的就业机会。②通过数字化加强法国企业的竞争力：建立地方数字化园区；最高投入 1.5 亿欧元支持数字化关键技术及研究创新；提供 3 亿欧元信贷资助中小企业与中等规模企业进行数字化；10 年内实现全民高速网络连接。③推广对数字化经济的积极价值观：发展公共数字空间，为大众提供数字工具；为通过数字技术培训的人员颁发互联网与信息技术资格证，促进其就业；建议欧盟从 2015 年开始就数字化行业提供的在线服务征收增值税；制定法案，保护数字化自由与权利；推进文化遗产的数字化工作；开放公共数据，推进国家公共管理的现代化；重新思考国家在数字身份证领域的战略；使用数字技术推动卫生护理行业的发展；控制军民两用的互联网监控技术的出口。②

韩国教育科学技术部制定的"国家会聚技术地图"，确定了到 2020 年韩国会聚技术的发展方向及目标，希望通过发掘未来领先的原创会聚技术，创造未来新成长动力，并使韩国发展成为世界会聚技术大国。该地图是在预测 2040 年韩国发展全貌的基础上，从推动未来科技发展的众多核心技术中遴选出生物医疗、能源环境、信息通信三大领域必须进行战略投资和管理的 15 个优先课题和 70 项原创会聚技术，并绘制了这 70 项技术至 2020 年的发展路线图。这 15 个课题是：生物医疗领域的生物医药、生物资源与器官移植新材料、适用于老龄化社会的医疗器械等 5 个课题；能源环境领域的智能自来水及水资源替代品、生物能源、高效低排放汽车等 5 个课题；信息通信领域的会聚 LED、生活机器人、会聚信息平台等 5 个课题。③

韩国知识经济部公布的面向 2020 年的"资源开发技术战略路线图"是在分析近 5 年来资源开发领域的环境变化的基础上，比较了美国、加拿大、日本、中国等主要国家通过相关领域的研发保障新型资源的先进做法，提出了"保障资源开发核心技术，成为资源强国"的愿景，并在矿物、石油与天然气等八大领域遴选了 26 项战略商品和 84 项核心技术，并制定了五大推进战略。2011 年，韩国在矿物、石油与天然气领域的技术水平相对落后。该

---

① MEIN. Ambition ecotech：Favoriser le développement de l'économie verte. http://www.economie.gouv.fr/ambition-ecotech-favoriser-developpement-l-economie-verte[2012-02].

② Premier Ministre. Feuille de route du gouvernement sur le numérique. http://www.france-universite-numerique.fr/IMG/pdf/feuille_de_route_du_gouvernement_sur_le_numerique.pdf[2013-03].

③ NBIC. 국가융합기술지도 (안). http://nstc.go.kr/index.html[2010-10].

路线图提出将矿物领域的技术水平从 2011 年相当于世界最高水平的 51％提高到 2020 年的 86％，并遴选了 4 个重点领域、14 种战略商品和 37 项核心技术，将重点开发稀有金属勘探技术、能源矿物分选与高纯化技术、智能机器人采矿系统、矿产资源远程监控系统等。该路线图还提出将石油与天然气领域的技术水平从 2011 年的 44％提高到 2020 年的 76％，并集中投资替代石油生产、替代天然气生产、深海和极地开发、资源回收利用等技术。在 2020 年前，韩国将为实现以上目标投入 7700 亿韩元，其中政府投资 5000 亿韩元，计划吸引民间投资 2700 亿韩元。

韩国知识经济部下属的国家标准化机构——韩国技术标准署发布"国家八大战略产业标准化路线图"，该路线图由约 600 名各领域专家和公众，以及 2010 年 4 月设立的、负责将韩国技术实现国际标准化的国际标准协调员共同制定完成。这八大国家战略产业分别是：智能电网、电动汽车、核电、3D 产业、云计算、智能媒体、智能物流、智能医疗信息。[①]

俄罗斯"生物技术和基因工程发展路线图"提出的目标是：2020 年之前，俄罗斯生物技术制品产值占 GDP 的比重达到 1％，2030 年前达到 3％。2015 年前该路线图实施的重点是扩大对生物制品的国内需求并加大出口；用生物合成替代化学合成，建设能够取代现有产品结构的新型工业研发生产基地；建设生物质能源技术研发和产业化实验基地。[②]

俄罗斯"信息技术领域发展路线图"的时间跨度为 2013～2018 年，提出的主要目标包括：信息技术产品和服务出口总值要从 2013 年的 44 亿美元增加到 2015 年的 58 亿美元和 2018 年的 90 亿美元；信息技术产品产值要从 2013 年的 2500 亿卢布增加到 2015 年的 3500 亿卢布和 2018 年的 4500 亿卢布；国家级信息产业新技术研发团队要从 2013 年的 6 个增加到 2015 年的 26 个和 2018 年的 50 个。[③]

欧盟药品评价局发布的"2015 科学、医药与健康路线图"[④] 提出未来 5 年的战略优先领域包括：满足公共健康需求、便利药品获取、优化药品安全使用。该路线图强调，尽管个性化医药、纳米技术、再生医学、合成生物学等新兴科学可能已成为医药开发的新领域，并提出了满足医学需求的新方法，但也带来一些问题。所有挑战中共性的问题是现有法律和规范框架的适应性问题，尤其是有关利益和风险评估，以及潜在安全预测问题。这些重要的科学进步也需要相应地调整规范来适应新技术，并从其他产业部门的研究和经验中进行学习。

① 지식경제부8대국가전략산업표준화로드맵발표회 . http://www. mke. go. kr/news/coverage/bodoView. jsp? seq＝70950&pageNo＝1&srchType＝1&srchWord＝&pCtx＝1. [2012－01].

② Правительство Российской Федерации. Об утверждении плана мероприятий («дорожной карты»)《Развитие биотехнологий и генной инженерии». http://government. ru/docs/3257[2013-08].

③ Правительство Российской Федерации. Об утверждении плана мероприятий («дорожной карты»)《Развитие отрасли информационных технологий». http://government. ru/docs/3256[2013-08].

④ EMEA. EMEA sets out 2015 road map for science, medicine and health. http://www. ema. europa. eu[2010-03].

2. 科研基础设施建设领域路线图

当今世界的科学研究是否能出大成果，很大程度上依赖于科研基础设施。近年来，各国（国际组织）在科研基础设施建设领域纷纷制定了路线图（表 3-2）。

表 3-2　科研基础设施建设领域路线图

年度	国家（国际组织）与机构	路线图名称
2013	德国联邦教研部	大型科研基础设施路线图
2010	韩国国家科学技术委员会等 13 部委	第 1 次国家大型研究设施建设路线图
2013	韩国国家科学技术审议会等部委	第 2 次国家大型研究设施建设路线图
2012	挪威研究理事会	2012～2017 年研究基础设施国家战略
2012	瑞士教研署	2013～2016 年科研基础设施路线图
2011	澳大利亚政府	研究基础设施战略路线图
2011	欧洲研究基础设施战略论坛	研究基础设施战略报告：2010 路线图

德国联邦教研部（BMBF）"大型科研基础设施路线图"介绍了德国 2013 年在建的 24 个大型科研基础设施项目和 3 个新项目，其中的新项目是由教研部在 2011 年委托德国科学委员会对 9 个大型科研基础设施计划草案进行评估后选出的，并纳入此次公布的教研部"大型科研基础设施路线图"。这 3 个新项目分别是：①自然工程学领域的切伦科夫望远镜阵列（CTA），以提高对银河系和银河系外围复杂结构的认知，总建设成本预计为 1.91 亿欧元；②生物学领域的欧洲化学生物学开放筛选平台，用以发现新生物活性物质，总建设成本预计为 5500 万欧元；③环境科学领域的全方位观测飞机（IAGOS），通过该飞机从飞行高度层获取的大气数据可以更准确地预测天气，确定大气污染对飞行的影响，总建设成本预计为 4000 万欧元。新项目的设计、运行和使用都将在德国及欧洲研究区进行。[①]

韩国 13 个部委共同制定的"第一次国家大型研究设施建设路线图"，提出到 2025 年将大型研究设施的建设投资占政府研发预算的比重提升至 G7 国家的水平（3%），并拥有 5 项全球顶级大型研究设施。该路线图围绕"科学技术基本计划"（577 战略）中的支柱产业技术、创造新兴产业的核心技术开发、国家主导技术、应对全球问题的研发、基础科学与会聚技术研发五大政策方向，从 282 个候选项目中遴选出 69 项大型研究设施进行重点建设，并按照投资优先级将它们划分为三类：①积极型投资，包括 21 项设施；②平均型投资，包括 21 项设施；③选择型投资，包括 27 项设施。此外，还以路线图的形式描绘了这 69 项设施中每项设施至 2025 年的建设规划。[②]

2013 年发布的韩国"第二次国家大型研究设施建设路线图"在第一次路线图的基础上提出：以跻身世界科技强国之列为目标，根据科研环境与需求的变化，对未来的大型研究设施进行遴选与重点建设，形成有效的国家科研基础设施体系。路线图规划了天文、航天、海洋、生命科学、核电、核聚变、加速器、信息技术、机械九大领域的 13 项基础设施项目，包括将在 5 年内新建的国家分子影像中心等 4 项、在 6～10 年内新建的大型红外太空

① BMBF. Neue roadmap für forschungsinfrastrukturen. http://www.bmbf.de/press/3442.php[2013-05].
② NSTC. 국가대형연구시설구축지도(안). http://nstc.go.kr[2010-12].

望远镜等 6 项、在 10 年后新建的高性能脉冲中子源等 3 项。以上 13 项设施的建设费用共计约 23 亿美元，每年的运行费用共计约 1.3 亿美元。路线图还提出了国家大型研究设施的四大发展战略：战略性扩充国家大型研究设施；实现产学研各界对研究设施联合利用的最大化；增强研究设施的运行能力；大力发展以大型研究设施为平台的国际科技合作。①

挪威研究理事会发布的"2012～2017 年研究基础设施国家战略"建议：政府各部应在 2013 年国家预算基本拨款框架内将研究基础设施设为优先，从 2013 年开始将对研究基础设施的投资增加到 3.8 亿挪威克朗；研发机构必须为管理基础设施制定详细规划，分清与研究基础设施有关的各种费用（包括运行、折旧与采购设施费用）。该战略纳入了投资超过 2 亿挪威克朗的研究基础设施，并将 2010 年路线图中的 23 个项目扩充为 38 个，原 9 个国家资助项目扩充至 21 个，挪威参加欧洲研究基础设施路线图的 6 个项目扩充至 12 个。新路线图确定了选择项目的 3 个标准：国家导向；科学价值与战略定位；项目涉及大型综合研究基础设施。②

瑞士"2013～2016 年科研基础设施路线图"是瑞士科研基础设施未来预算的依据，其基础为瑞士作为相关国际研究机构的成员参与的研究基础设施（不包括欧洲太空局的基础设施），以及参与欧洲研究基础设施战略论坛（ESFRI）2008 路线图的项目。该路线图通过自下而上的方式产生，并将作为起草促进教育、研究与创新多年项目的基础。③

澳大利亚"研究基础设施战略路线图"主要关注国家大中型研究基础设施，识别对澳大利亚研究有战略性影响的领域，描述了未来 5～10 年国家和国际合作的研究基础设施关注的优先领域，在未来 5 年中需要按照次序向每个领域投入 2000 万到 1 亿澳元不等的资金，这些领域是澳大利亚国家创新体系中的主要要素。该路线图列举了通过国家研究优先领域支持卓越研究所需发展的研究基础设施领域，这些领域的识别通过咨询过程完成，其中大部分功能领域支持了一个以上的研究优先领域。④

ESFRI 发布的"研究基础设施战略报告：2010 路线图"提出了 ESFRI 未来 10 年的工作计划，包括：监测科学发展与研究挑战，尽可能多地支持 ESFRI 路线图提出的项目的实施；开发泛欧研究基础设施评估方法；加强与欧盟研究与创新组织的合作；开展与欧盟联合技术计划等之间的更密切合作与协调；建立与欧盟产业界之间的合作关系；扩大培训机会并支持人员流动；重视社会与经济影响；推动更广泛的区域合作；加强国际合作；支持电子基础设施的发展和利用。报告在 2008 年研究基础设施路线图的基础上增加了 6 个项目，其中 3 个属于能源领域，即用于聚焦式太阳能热发电的欧洲太阳能研究基础设施、多

---

① NSTC. 제2차국가대형연구시설구축지도. http://www.nstc.go.kr[2013-01].

② The Research Council of Norway. The Research Council of Norway Updated national strategy and roadmap. http://www.forskningsradet.no/en/Newsarticle/Updated_national_strategy_and_roadmap/1253976753949 [2012-05].

③ SERI. Swiss roadmap for research infrastructures. http://www.sbf.admin.ch/htm/dokumentation/publika-tionen/forschung/Roadmap_2012_en.pdf [2012-08].

④ Department of Industry, Science and Research. 2011 strategic roadmap for Australian research infrastructure. http://www.industry.gov.au/science/Documents/2011StrategicRoadmapforAustralianResearchInfrastructure.pdf[2011-10].

功能高科技应用混合型研究用核反应堆、欧洲风监测设施；另外 3 个属于生物与医学领域，即生态系统分析与试验设施、系统生物学设施和微生物资源研究设施。[①]

（二）技术预测

近年来，技术预测在主要国家和国际组织科技发展战略、政策和规划制定中的作用日益显著，受到各国政府的广泛关注，并开展了涵盖各学科领域的技术预测工作，或者只涉及某一学科领域的技术预测工作（表 3-3），以确定具有战略性的研究领域，并选择对国家经济社会发展具有最大贡献的关键技术群。

表 3-3 各国（国际组织）开展的技术预测工作

年度	国家（国际组织）与机构	技术预测工作
2010	日本科技政策研究所	科学技术第九次科技预测调查
2010	英国商业、创新与技能部	"技术与创新的未来：2020 英国的增长机遇"报告
2012	英国商业、创新与技能部	2012 年更新版的"技术与创新的未来：英国 2020 的经济增长机遇"预见报告
2013	法国战略与预见总署	"互联网 2030 前景"报告
2012	韩国国家科学技术委员会	第四次科学技术预测调查
2010	国际能源署	"能源技术展望 2010"报告

日本科技政策研究所（NISTEP）发表的支撑未来社会的"科学技术第九次科技预测调查"报告[②]是在以往预测调查和白皮书的基础上，形成科技需求清单，向社会各界人士征询意见，研究应优先解决的社会需求问题，并选择了全球课题与国民需求课题进行相关性分析，提出优先技术领域。解决全球课题的调查包括可再生能源、水资源、气候变暖、航天与海洋管理技术等有关领域和项目。国民需求调查包括健康、医疗、预防、防灾与减灾、危机管理、风险管理及人才培养等有关领域和项目。报告预测了今后 10～20 年对社会、经济贡献大的科技领域，以及可产生知识创新的领域，如信息通信、生命科学、保健医疗体系、能源与资源、环境、制造、产业基础等，从客观角度明确其发展方向，形成各自完备的发展规划。

英国 BIS "技术与创新的未来：2020 英国的增长机遇"报告[③]预测了今后 20 年英国的技术发展前景，提出 55 项未来重要技术，包括：①材料与纳米技术：3D 印刷与个性化装配、建筑材料、碳纳米管与石墨烯、超材料、纳米材料、纳米技术、智能高分子材料（塑料电子学）、活性包装、智能多功能仿生材料、智能交互纺织品。②能源与低碳技术：先进电池、生物能源、碳捕获与存储、核裂变、燃料电池、核聚变、氢技术、微型发电、循环、智能电网、太阳能、低碳智能车辆、海洋与潮汐能、风能。③生物与制药技术：农业技术、医学成像、工业生物技术、芯片实验室、核酸技术、生物组学、性能增效剂、干细胞、合

---

① ESFRI. Strategy report on research infrastructures：Roadmap 2010. http：//ec. europa. eu/research/infrastructures/pdf/esfri-strategy_report_and_roadmap. pdf＃view＝fit&pagemode＝none［2011-05］.

② NISTEP. 将来社会を支える科学技術の予測調査：第 9 回デルファイ調査 . http：//www. nistep. go. jp［2010-08］.

③ BIS. Technology and innovation futures for the 2020s. http：//www. bis. gov. uk/foresight/our-work/horizon-scanning-centre［2010-11］.

成生物学、个性化医药、组织工程、模拟人类行为、脑机接口、e-健康。④数字与网络技术：生物识别技术、云计算、复杂性理论、智能传感器网络与普适计算、新计算技术、下一代网络、光子学、服务机器人与群机器人、搜索与决策、安全通信、仿真与模拟、超级计算、监控技术、超大数据集分析、仿生传感器。报告归纳了英国经济未来的3个变革性增长领域：由新技术和用户需求带动的制造业；研发设施、智能电网、传感器网络等基础设施；下一代互联网。此外，报告还为英国企业提出了三方面的主要发展机遇：能源转变、新材料和再生医学。

2012年11月，英国BIS发布了2012年更新版的"技术与创新的未来：英国2020的经济增长机遇"预见报告。英国组织众多科学家与技术专家，结合最新科技发展趋势，在2010年报告的基础上重新预测了未来20年的主要技术发展机遇。除保留了2010年报告所提出的生物与制药技术、材料与纳米技术、数字与网络技术、能源与低碳技术四大类53项技术之外，2012年更新版报告还预见了三大类新的未来技术发展机遇，包括：①能源转变技术，即从以化石能源为主转变为混合式能源消费模式的技术，包括生物能源及减少排放技术、间歇式电力供给的平衡技术、实时电网模拟及高压直流电网（HVDC）技术等；②满足人类日常需求的技术，主要包括各类服务性机器人技术；③"以人为中心"的设计技术，主要包括"智能"服装技术、传感器技术等。[①]

法国战略与预见总署发布的"互联网2030前景"报告预测未来全球互联网的实际与虚拟用户将达到100亿，这将带来极大的经济发展机遇，各国的竞争也会渐趋激烈。美国的工业与财政实力会抑制欧洲与其共享该领域的发展，因此欧洲应积极调整互联网发展战略。为此，报告建议：大力支持欧洲在数字领域的工业化发展，在欧洲层面推进新兴物联网与机器人平台发展；制定互联网法律法规，以保障网络服务的安全与使用者的权益；规范网络交易的原则，重新制定可应用于网络交易的税收条例；为新出现的产业形式与劳动力工作形式（如网络办公等）设立适用的管理规范；积极将数字技术应用于健康与教育领域，如个人数字医疗信息，数字化校园建设等；利用公共服务工具的数字化扩大公民获取信息的范围与方式，如提供全面的就业信息、生活服务信息等以缩小社会差距。[②]

韩国国家科学技术委员会发布的"第四次科学技术预测调查"分析了未来社会的需求变化和科技发展趋势，分两轮对国内外的6248位和5450位科研人员进行了德尔菲调查，预测了8个领域的652项未来技术，以及科技发展给未来社会带来的变化。韩国在652项未来技术的平均水平相当于全球最高水平的63.4%，高于第二次和第三次科学技术预测的

① BIS. Technology and innovation futures: UK growth opportunities for the 2020s— 2012 refresh. http://www.bis.gov.uk/assets/foresight/docs/horizon-scanning-centre/12-1157-technology-innovation-futures-uk-growth-opportunities-2012-refresh.pdf[2012-12].

② France. Internet: Prospective 2030. http://www.strategie.gouv.fr/content/internet-prospective-2030-NA-02-juin-2013[2013-07].

47.1％和52.2％。与前三次预测相比，此次出现的重要变化，首先是对未来技术的导出流程进行了改进，如对前三次预测结果进行评估、引入网络分析等定量分析方法；其次，增加了从技术领域、社会问题、实现时间、技术水平等不同角度，对保障未来技术实现的各种政策工具的分析，以及科技发展可能产生的负面影响的分析，并提供了相应的政策建议，例如，建议将短期内可以实现的未来技术重点放在基础设施建设上，将长期才可以实现的未来技术重点放在人才培养和产学研合作上等。[①]

2010 年，国际能源署（IEA）发布的"能源技术展望 2010"报告[②]认为，能源技术革命已经初见端倪，报告给出了到 2050 年在基准情景和低碳蓝图情景下能源与碳排放的趋势。分析认为，在低碳蓝图下，减少碳排放的关键技术构成包括：碳捕获与封存、可再生能源、核能、发电效率和燃料转换、终端燃料转换、终端燃料和电效率。在投资方面，2007～2010 年，年度平均低碳能源技术投资近 1650 亿美元，要实现低碳蓝图，到 2030 年前每年投资要达到近 7500 亿美元，2030～2050 年提高到每年 1.6 万亿美元。报告提出加速低碳能源技术转换的措施，例如，到 2010 年，许多有潜力的低碳技术成本高昂，为了使技术具有经济性，政府和产业需要努力进行技术创新；政策的制定应该反映单项技术的成熟度和市场竞争力；政府、企业和社会需要推动技术转化，如制定部门性的路线图并发展公私合作关系，投资教育与培训以培养未来采用低碳能源技术的人才，加强国际技术合作等。另外，在主要发展中国家，识别适当的机制来加速采用低碳技术还存在资金方面的挑战及严重的技能短缺问题。

（三）小结

近几年来，各国在科技前瞻战略研究方面体现出如下特点：更加重视通过科技路线图来实现技术领域优先发展方向的统筹规划和重点部署；不断丰富技术预测方法的种类，除了传统的德尔菲法以外，还探索了未来社会需求展望与情景描述、文本挖掘、论文网络分析等定量分析方法的应用；在优先领域选择过程中，日益重视社会需求的分析，包括利益相关者信息的获取和意见的采纳等。

二、科技规划的特点

（一）危机影响下努力应对财政困难

受 2008 年金融危机的影响，经济合作与发展组织（OECD）大部分成员国均在 2009 年削减了对研发的投入，平均削减 1.6％。其中，日本与芬兰最为严重，分别削减了 8.6％与

---

① 국과위，제4회 과학기술예측조사 결과 발표. http://www.nstc.go.kr/nstc/civil/report.jsp?mode=view&article_no=3670&pager.offset=0&board_no=17[2012-05].

② IEA. Energy technology perspectives 2010: Scenarios & strategies to 2050. http://www.iea.org/publications/freepublications/publication/etp2010.pdf[2010-07].

2.9%；英国与德国最少，分别为0.6%与0.4%；法国是为数不多的增加投入的国家，在2009年增加了3.5%。①

科技投入是面向国家未来的投资。在这种思想指导下，发达国家、新兴工业化国家和发展中国家均将一个国家的科技投入看作是复兴经济和提高国家竞争力的重要手段。即便面临金融危机带来的严峻压力，各主要国家也力图将科技投入区别于其他领域对待，最大限度地减小金融危机对科技投入的影响。从2010年开始，除加拿大、西班牙、英国外，大多数国家全社会研发投资（GERD）继短暂的削减后，均开始重新走上上升轨道。根据NSF的最新统计，美国的全社会研发投资在2009年一度出现下降趋势后（由2008年的4056亿美元下降到2009年的4038亿美元），在2010年和2011年重回上升趋势，2010年上升到4067亿美元。

各主要国家均制定了面向未来的、提高全社会研发投资强度的目标，如表3-4所示。

表3-4　主要国家GERD占GDP的比重及未来（相对于当时）目标

国家	GERD/GDP/%	未来目标/%	实现目标的期限/年
韩国	3.74（2010年）	5.0	2012
芬兰	3.88（2010年）	4.0	2020
瑞典	3.40（2010年）	4.0	2020
日本	3.26（2010年）	4.0	2020
奥地利	2.76（2008年）	3.76	2020
丹麦	3.06（2010年）	3.0	2020
美国	2.81（2010年）	3.0	不确定
德国	2.82（2010年）	3.0	2020
法国	2.25（2010年）	3.0	2020
西班牙	1.39（2010年）	3.0	2020
中国	1.77（2010年）	2.5	2020
爱尔兰	1.77（2010年）	2.5	2020
英国	1.76（2010年）	2.5	2014
俄罗斯	1.16（2010年）	2.5	2015
印度	0.76（2007年）	2.0	2017
巴西	1.16（2010年）	1.8	2014
意大利	1.26（2010年）	1.53	2020

资料来源：http：//www. innovation. gov. au/Research/Documents/NationalResearchInvestmentPlan. pdf；http：//www. nsf. gov/statistics/infbrief/nsf13313/?org=NSF

在政府研发投入方面，各主要国家近两年研发预算总体保持稳步增长态势。大多数国家力求在预算分配上使科技与创新区别于其他领域，一些国家（如德国、俄罗斯、印度）甚至出现较大幅度的研发预算增长。在具体预算分配上则体现了有限预算下对优先领域的重点投入原则。在具体优先领域的选择方面，各国因国情不同而各有特征。多数国家重点保证对教育、基础研究和基础设施的投入，有的国家（如俄罗斯）强化了对应用研究的支持。

美国的联邦研发预算近年呈小幅持续增长态势。2012财年，联邦研发预算强调对创新、教育与基础设施的支持，联邦研发投资总预算为1479亿美元，比2011财年增加7.72亿美

① 法国战略中心发布的第275号报告，2012年4月。

元，增幅为 0.5%；为 STEM 教育提供 34 亿美元；投资 21 世纪的基础设施，以保证人员、物资和信息的流动及新就业与新产业增长的基础能力；建立简化的永久性研究与试验税收减免，以鼓励私营企业投资。对国家未来竞争力至关重要的 3 个联邦机构（NSF、DOE、NIST）的总预算达 139 亿美元，比 2011 财年增加 15 亿美元，增幅达 12.2%。[①] 2013 财年，美国的联邦研发预算继续突出对创新、教育及先进基础设施的支持，联邦研发预算投资额比 2012 年度批准预算增加 20 亿美元（增加 1.4%）。其中，研究投资额（含基础研究和应用研究部分，不含发展预算）为 640 亿美元，比 2012 财年增加 20 亿美元（增加 3.3%）。非国防研发预算为 649 亿美元，比 2012 财年增加 5%。对 STEM 教育的投资为 30 亿美元。[②]

预算紧张下的创新政策：推动财政紧缩期的创新

——美国信息技术与创新基金会，2010.9

迄今，政府创新政策大多着眼于采取研发税收信贷优惠等激励手段，直接或间接地在科学、技术和教育方面进行投资。我们相信，即使在财政紧缩期，美国联邦政府也应该增加而不是减少这些主要的公共投资。尽管如此，我们也意识到这样一个政治现实，即在经济紧缩期大幅度增加公共创新投资是有问题的。不过并不是说，除了财政政策工具，政府就对创新激励无能为力了。相反，它也可以采取一系列需要少量或根本不需要额外公共开支的行动来推动创新。可以采取的行动主要分为十大类：

（1）重复使用现有资源；

（2）利用非联邦资源；

（3）定向采购；

（4）将联邦资金与业绩和创新挂钩；

（5）重组税收政策，以税收中性（revenue neutral）[③] 方式促进创新；

（6）支持创新自酬政策；

（7）制定法规，支持而不是抑制创新；

（8）利用在国际社会上的地位，更好地支持美国本土创新；

（9）利用信息推动创新与变革；

（10）刺激政府内部生产力水平与创新。

日本政府在捉襟见肘的财政困境中，对科技给予稳定的预算支持。2011 年 3 月，日本

---

① Office of Science and Technology Policy. FY 2012 research and development budget briefing. http://www. whitehouse. gov/sites/default/files/microsites/ostp/FY12-budget-press-release. pdf［2011-03］.

② Office of Science and Technology Policy. Innovation for America's economy，America's energy，and American skills：The FY 2013 science and technology R&D budget. http://www. whitehouse. gov/sites/default/files/microsites/ostp/fy2013rd_press_release. pdf ［2012-03］.

③ 译者注：指不会加剧贫富差距。

政府发布 2011 年度政府预算。科技预算为 1.063 万亿日元，比 2010 年度增加 339 亿日元，增幅达 3%，主要用于面向未来的基础研究及青年科研人员支持等。其中，科研补助金从原来的 633 亿日元增加到 2011 年的 2633 亿日元，是该基金创设以来的最大增幅。2011 年 8 月，日本政府通过了"第四期科学技术基本计划"，确定了 2011～2015 年国家科技政策的方向。计划提出政府研发投资占 GDP 1% 的目标，2011～2015 年政府投资总额约 25 万亿日元[①]。2013 年 1 月，日本综合科学技术会议发布紧急经济计划，增加对科技创新的投入，中央政府在 2013 年补充预算方案中拨出约 10.3 万亿日元用于紧急经济计划，结合地方政府和民间的投资支出，总规模超过 20 万亿日元[②]。2013 年 9 月，日本综合科学技术会议发表"关于 2014 年科技预算概要"，经费总额为 4.1736 万亿日元，与 2012 年相比增加 5868 亿日元，增长率为 16.4%。

德国联邦教研部预算不断创历史新高。2010 年 12 月，联邦教研部公布了 2011 年度预算，政府投资 116 亿欧元用于教育和研究，比 2010 年增加了 7.82 亿欧元，增幅为 7.2%，该增幅创历史新高；科技与创新资助所占比例达 24%；以知识为导向的基础研究占 21%；对高校建设和主要与大学有关的特殊项目资助达 20%；"联邦教育促进"计划的经费比 2010 年增加 1.6 亿欧元。[③] 2011 年 6 月，联邦内阁通过了 2012 年政府预算草案。与 2011 年相比，联邦教研部 2012 年预算增加了近 10%，为 128 亿欧元，达历史最高水平。[④] 2013 年 2 月，德国研究与创新专家委员会向总理默克尔递交了《2013 德国研究、创新和技术能力评估报告》，建议到 2020 年研发投入占 GDP 的 3.5%，教育投入占 GDP 的 8%。

法国教研部连续 5 年成为政府第一预算优先部门。在 2011 年法国财政预算草案减少各大政府部门经费的背景下，教研部 2011 年预算不降反增。该部 2011 年预算共增加 46.77 亿欧元，固定拨款增加 4.68 亿欧元，增加税收债权使研究税减免额增加 1.45 亿欧元，通过公私合作扩大大学不动产将达 2.38 亿欧元，未来投资计划首批资助为 35.81 亿欧元。增强高等教育与研究职业吸引力方面增加 3.11 亿欧元，支持大学改革和培养学生方面增加 7.06 亿欧元。追加 4.12 亿欧元的研究支持经费，用于法国在大型研究基础设施方面的国际合作项目，以及提高对研究机构的投入。[⑤] 根据法国政府的 2012 年度预算，教研部连续 5 年成为政府第一预算优先部门，对所有高等教育与研究组织和机构的固定拨款增加 4.28 亿

---

① 日本综合科学技术会议. 科学技術基本計画(案). http://www8.cao.go.jp/cstp/siryo/haihu99/siryo1.pdf[2014-12].

② 日本综合科学技术会议. 日本経済再生に向けた緊急経済対策. http://www8.cao.go.jp/cstp/gaiyo/yusikisha/20130117/shiryoka-1-2.pdf[2013-02].

③ BMBF. Ministerin stellt im Bundestag den Haushalt des BMBF für 2011 vor. http://www.bmbf.de/_media/press/pm_20100914−155.pdf[2010-10].

④ BMBF. Bundesregierung setzt konsequent auf Bildung und Forschung. http://www.bmbf.de/press/3121.php[2011-07].

⑤ Budget 2011：+4,7 milliards d'euros pour l'enseignement supérieur et la recherche. http://www.enseignement-sup-recherche.gouv.fr[2011-09].

欧元①。2012 年 2 月，法国教研部公告称：根据高等教育和科研领域振兴计划，总统宣布追加 7.31 亿欧元（占该计划的 20％），优先振兴高等教育和科研领域②。

英国政府在经济衰退时期重点保障若干科技界强烈支持的优先科技项目和基础研究设施的预算③。2010 年 10 月，英国政府公布了几十年来最严厉的削减开支计划，决定在 2014—2015 财年前削减 830 亿英镑的公共开支。但为保证其在科研领域的世界领先地位，政府将在 2014—2015 财年前保持每年 46 亿英镑的科学预算，其中约 27.5 亿英镑由研究理事会支配，16 亿英镑由高等教育基金管理委员会支配④。2011 年 12 月，英国 BIS 宣布，政府将在 2012 财年的科技预算中增加 1.58 亿英镑用于 e-基础设施的建设，以保障英国科学家和企业能够获得更加复杂的技术手段来保持研发领先地位⑤。

加拿大政府科技预算将加强对创新、教育和基础设施的投资作为重点，并强调对前沿研究的支持。2009 年年初宣布的"加拿大经济行动计划"，大幅度增加了加拿大对科技的预算投入。2011 年 3 月，政府发布了 2011 年财政预算及"下一阶段的加拿大经济行动计划"，将加强对创新与教育的投资作为重点，对 3 个主要的科研拨款委员会年增投资 3700 万加元，并增加对研究设施的维护和运行的资助⑥。2012 年 7 月，加拿大科技部部长发表关于支持科学、技术与创新的声明，强调政府在平衡预算的同时，将通过"经济行动计划 2012"继续增加对前沿研究和创新的支持，未来 5 年政府将新增 11 亿加元用于支持科技与创新发展⑦。在基础设施建设方面，根据加拿大"经济行动计划 2012"，从 2014—2015 财年开始，5 年内将向加拿大创新基金会提供 5 亿加元用于支持先进研究基础设施建设，2 年内拨款 4000 万加元用于支持"加拿大先进研究与创新网络"在超高速研究网络方面的运作。

俄罗斯大幅增加科技投入，重点支持应用研究。2011 年，俄罗斯联邦民用科学拨款达到 2278 亿卢布，比 2010 年增加 32％以上⑧。与 2010 年相比，2011 年联邦政府基础研究拨款增加 9％，而应用研究拨款增加达 50％。

---

① MESR. Budget 2012：L'enseignement supérieur et la Recherche restent prioritaires. http：//www. enseignementsup-recherche. gouv. fr/cid57951/budget-2012-l-enseignement-superieur-et-la-recherche-restent-prioritaires. html[2012-11].

② MESR. L'enseignement supérieur et la Recherche，principaux bénéficiaires du plan de relance. http：//www. enseignementsup-recherche. gouv. fr/[2013-11].

③ BIS. Gareth roberts science policy lecture. http：//www. bis. gov. uk/news/speeches/david-willetts-gareth-roberts-science-policy-lecture-2011[2011-11].

④ BIS. The department for business innovation and skills spending review settlement. http：//nds. coi. gov. uk[2010-12].

⑤ BIS. ￡158 million investment in e-infrastructure to powergrowth and innovation. http：//nds. coi. gov. uk/content/Detail. aspx?ReleaseID＝422307＆NewsAreaID＝2[2011-12].

⑥ Government of Canada. The next phase of Canada's economic action plan：A low-tax plan for jobs and growth. http：//www. budget. gc. ca/2011/ lan/chap4c-eng. html[2012-05].

⑦ Government of Canada. Statement on the Harper Government's support for science，technology and innovation，http：//news. gc. ca/web/article-eng. do?nid＝685509[2012-08].

⑧ РИА Новости. Минобрнауки РФ：расходы на науку в 2011 году увеличатся на 32％. http：//www. sci-innov. ru/news/8899/[2012-01].

俄罗斯总统令——关于落实国家教育与科学政策的措施

2012 年 5 月，俄罗斯总统普京在就职当天签署了 13 项总统令，其中题为"关于落实国家教育与科学政策的措施"的总统令提出：将增加对国家科学基金的经费投入，对国内知名大学开展的研发工作加大资助力度。该总统令还提出了未来在科学领域的目标：2018 年之前，将国家科学基金的总额增加到 250 亿卢布；2015 年之前，将国内研发支出占 GDP 的比重提高到 1.77%，将高等教育机构支出在国内研发支出中的份额提高到 11.4%。[1]

印度政府的科技投入大幅增长，多项重点计划受益。2011 年 2 月，印度财政部公布了 2011—2012 财年的政府预算，计划在科学与技术方面增加 21% 的投入，超过了政府总体预算的增长幅度。分配给科技部的资金增长了 17.8%，由 481.7 亿卢比增加到 567.9 亿卢比，其中增长较多的项目包括：对各独立研究所的资助；特定的跨部门公私联合技术开发项目，如研究设施建设；对各邦科技委员会的资助，目的是监督、评估和协调各邦的科技活动；国家纳米科技计划及生物技术领域的重大挑战性项目。此外，为支持新型工程领域的基础研究，还为 2011—2012 财年新建的科学与工程研究委员会提供 30 亿美元的研究资助。[2]

墨西哥拟大幅增加科技研发投入。政府的研发投入主要用于全国科学技术理事会、教育部、卫生部、能源部、环境与自然资源部、交通部和农畜牧渔与食品部 7 大政府部门的科研活动。其中，全国科学技术理事会 2014 年拨款比 2013 年增加约 25%，达到约 24 亿美元。预计到 2018 年，研发投入将从占 GDP 的 0.4% 增加到 1%。[3]

（二）领域规划重视基础研究

重视作为创新基础的基础科学研究，特别是高度重视应用导向的战略性基础研究，反映出各国对各类研究之间联系和互动的日益重视，以及对科学技术服务于创新和经济增长的更强烈愿望和要求。基础科学研究是支持创新的基础，但因为其前景的不确定性难以得到企业的支持，因此是各国政府的重点投资领域。战略性基础研究由于直接结合国家目标，所以在预算面临压力和普遍更加强调投资效率的今天更为各国政府所高度重视。主要国家和国际组织日益强调应用激发的基础研究（指在应用研究和发展活动过程中也经常可以产生基础性发现）及基础研究的应用潜能，完全不考虑应用的所谓纯基础研究日渐淡出主要

---

① Владимир Путин подписал Указ «О мерах по реализации государственной политики в области образования и науки». http://www. kremlin. ru/news/15236［2012-05］.

② India Ministry of Finance. Union budget 2011—2012. http://www. indiainfoline. com/Budget/Budget-Details/U-nion-Budget-2011-12/451066［2011-03］.

③ Incremento sustancial para ciencia y tecnología en el 2014，anuncia el presidente peña nieto. http：//www. conacyt. gob. mx［2014-12］.

国家的资助范围。

1. 日本、韩国、俄罗斯将基础研究作为科技规划的专门领域加强投入与布局

日本日益重视把基础研究看作创新的来源，认为在所有的研究活动中只有那些不确定性最高，超乎常识的发现、发明才能产生创新的萌芽。日本"第四期科学技术基本计划"强化了基础研究战略，并通过多样化的资助方式对基础研究予以经费保障，以确保基础研究的多样性和加强高风险、高影响性研究。

强化基础研究应采取的长期策略

——日本综合科学技术会议，2010.1

（1）确保基础研究经费。有计划地增加科学研究费补助金，对重要的研究工作实施不间断的支持。为了使研究人员能够专心从事研究，对于基础研究的科学研究费补助金，应延长资助时间，提高遴选率，并有计划地增加数额。对于承担研究责任的团队带头人或独立研究人员，除了从运营费中提供研究费之外，还要帮助其从科学研究费补助金等竞争性资金中取得一定规模的研究费。

（2）培养基础研究人才。加强对青年研究人员的资助工作，通过大学的结构改革确保青年研究人员的职位，确保研究人员的流动性，形成充满活力的研究环境。

（3）形成研究与教育中心。日本综合科学技术会议 2012 年 2 月提出的 2012 年科技预算的行动计划与重点政策课题包括 4 个重点领域，基础研究与人才培育是其中之一，包括加强世界水平的基础研究、加强独创性的基础研究和科技人才培育。①

韩国在李明博政府执政时期，基础研究就成为韩国科研经费投入的"重中之重"。2009年 1 月，韩国国家科学技术委员会公布修订后的"基础研究振兴综合计划"（2008～2012年）。该计划提出了"增强未来主导型的基础研究力量，跻身全球科技七大强国"的愿景，以及重点推进的五大政策课题：加大对基础研究的投入、建设以研究者为中心的基础研究资助体系、培养及利用创意型基础研究人才、培养世界级的基础研究能力、加强基础研究的社会作用和国际作用。与 2005 年公布的"基础研究振兴综合计划"相比，在经费投入方面，修订后的计划将"2010 年前对基础研究的投入达到 2.4 万亿韩元（占政府研发预算的25%）"的目标调整为"2012 年前对基础研究的投入达到 4 万亿韩元（占政府研发预算的35%）"。② 朴槿惠政府上台后于 2013 年 8 月公布了"2013～2017 年基础研究振兴综合计划"，进一步将该比重上调至 40%，更加突出了基础研究的重要作用。

---

① 日本综合科学技术会议. 平成 24 年度科学技術関係予算案におけるアクションプラン、重点施策. http://www8. cao. go. jp/cstp/gaiyo/yusikisha/20120209/siryoi-1. pdf[2010-02].

② 국가과학기술심의회. 기초연구진흥종합계획(안). http://nstc. go. kr[2009-02].

2013~2017 年基础研究振兴综合计划

——韩国国家科学技术审议会，2013.8

通过基础研究建设创造型未来社会，目标包括：将政府研发预算中用于基础研究的经费比重从 2012 年的 35.2% 提高到 2017 年的 40%，将 SCI 数据库中被引用率前 1% 的论文中韩国论文的数量从 2011 年的世界第 15 位提升至 2017 年的世界前 10 位，将被引用率前 0.1% 的论文中韩国第一作者的数量从 2011 年的 49 名提升至 2017 年的 100 名。

为实现以上目标，韩国政府未来 5 年将重点实施四大类政策：①在国际科技前沿领域加强具有创意性和挑战性的基础研究：大力扶持有潜力的青年科学家、建设国际一流的基础研究基地、构建以质量为导向的评估体系。②通过基础研究夯实未来经济增长的基础：保障未来经济增长所需的核心技术，加强能够满足未来社会需求和提高国民生活质量的基础研究。③建设基础研究生态系统：培养基础研究领域的人才，加强科研基础设施的建设与使用，增强基础研究领域的国际合作。④促进基础研究成果的推广利用：传播基于需求而定制的成果信息，将基础研究成果与产业化、创业密切相连等。[①]

俄罗斯政府继续保持对基础科学研究的支持力度。2012 年 12 月，俄罗斯总理梅德韦杰夫正式批准了"俄罗斯联邦基础科学研究长期规划"的最终方案。[②] 政府还公布了"2013~2020 年国家科学院基础科学研究计划"。2013~2020 年，联邦政府预算将为该计划投入 6320 亿卢布，以保障俄罗斯的基础科学研究获得稳定支持，集中使用基础研究优先领域的资源，并促进研究成果的开放共享。但是根据普京总统签署的 2014 年科教领域重点任务，类似通过预算拨款的联邦专项计划将可能被取消，通过竞争性的基金落实国家针对基础科学研究和探索新研究的资助比例在未来将不断提高。

"俄罗斯联邦基础科学研究长期规划"五大具体任务

(1) 发展基础科学研究；

(2) 在科技发展优先方向建立前沿性的科技储备；

(3) 统筹科技研发部门的发展，完善其结构、管理体系及经费制度，促进科学和教育的结合；

(4) 构建科技研发部门现代化的技术装备等基础设施；

(5) 保障俄罗斯研发部门与国际科技平台接轨。

---

① 국가과학기술심의회 . 기초연구진흥종합계획(안) . http://www. nstc. go. kr/c3/sub3_1_view. jsp?regIdx=585&keyWord=&keyField=&nowPage=1[2013-09].

② 贵州省科技厅 . 俄罗斯批准 2013~2020 年国家科技发展规划 . http://kjt. gzst. gov. cn/?SqlPageId=news_content&newsInfoTypeId=M010404&newsInfoId=36339034547173485752581110[2013-01].

2. 科技发达国家在预算压力下强调战略性基础研究投资

2011 年 1 月，美国总统签署《美国竞争力重授权法案 2010》。该法案强调加强 STEM、领域的基础教育并提高基础科学研发投入，特别是物质科学领域的基础研究投入。[①] 从美国政府三类研发预算的变化也可以看出美国近年更加重视基础性研究的趋势，2014 财年，美国联邦政府基础与应用研究预算达 681 亿美元，比 2012 财年增加 7.5%；相反，开发预算 715 亿美元，比 2012 财年减少 38 亿美元。[②]

美国竞争力重授权法案 2010

从 2011 财年开始的 3 年内，重点支持物质科学领域基础研究的 NSF、NIST 和 DOE/OS 的预算将继续增加：NSF 将分别获得 74 亿美元、78 亿美元和 83 亿美元；NIST 将分别获得 9.19 亿美元、9.71 亿美元和 10.4 亿美元；DOE/OS 将分别获得 53 亿美元、56 亿美元和 60 亿美元。

作为国家资助基础研究的主要机构，NSF 的资助出现强调突出国家目标的倾向。2011 年 6 月，NSF 公布价值评价原则与标准改革意向，提出：①NSF 所有项目都应具有最高的学术价值，能推动前沿知识进展；②NSF 所有项目都应有助于推动一系列重大国家目标的实现，包括提高美国的经济竞争力，发展具有全球竞争力的 STEM 劳动力，增强学术界与产业界间的伙伴关系，改善 STEM 本科教育，提高公众的科学素养与科技参与，增强国家安全，增强研究与教育基础等；③通过研究项目自身、与研究项目直接相关的活动或由研究项目支持的其他相关活动，能够对推动重大国家目标实现产生广泛影响。[③] 2012 年 1 月，美国国家科学理事会（NSB）发布了题为"NSF 价值评价标准：评估与修订"的报告，与上述价值评价原则与标准改革意向一脉相承。[④]

英国研究理事会同时鼓励"由下而上"和"由上而下"的研究。除了"由下而上"的研究（指研究课题或主题不是由研究资助机构特别指定的），所有的研究理事会也同时发展"由上而下"的优先项目，以顾及新出现的机会或迫切的国家需求。所有研究理事会保留掌握"由下而上"和"由上而下"机会均衡的权力。

澳大利亚意图扭转基础和战略研究经费比例不断下滑的趋势。2012 年 5 月，澳大利亚首席科学家办公室发布了题为"澳大利亚科学的健康"的报告，指出澳大利亚自 20 世纪 90

---

① GPO. Congress passes america competes reauthorization. http://www. gpo. gov/fdsys/pkg/BILLS-111hr5116enr/pdf/BILLS-111hr5116enr. pdf[2010-12].

② OSTP. The 2014 budget: A world-leading commitment to science and research. http://www. whitehouse. gov/sites/default/files/microsites/ostp/2014_R&Dbudget_overview. pdf [2013-05].

③ NSF. NSB/NSF seeks input on proposed merit review criteria revision and principles. http://www. nsf. gov/nsb/publications/2011/06_mrtf. jsp [2011-06].

④ NSF. National Science Board Releases report on NSF's merit review criteria. http://www. nsf. gov/nsb/publications/2011/meritreviewcriteria. pdf [2012-01].

年代以来基础和战略研究经费的比例不断下滑，而应用和试验研究经费的比例不断上升，致使到 2012 年后者比例反超前者。报告认为，公共投资如果持续流向应用科学与创新活动，而以牺牲基础和战略科学与创新为代价，将存在极大的风险。虽然基础研究与应用研究的最佳经费比例并无定论，但这种趋势若继续下去则十分堪忧。[①]

（三）推动绿色技术，催生新的增长引擎

随着能源和环境问题凸显，各国都将推动绿色技术创新和向绿色经济转型作为科技规划的重中之重，在规划的优先领域和预算中都有所体现。

美国政府出台的"美国创新战略"在具体领域的部署上以清洁能源和生物技术等为重点。2011 年 2 月，奥巴马政府发布"美国创新战略：确保经济增长与繁荣"，对 2009 年发布的"美国创新战略：促进可持续增长和高质量就业"进行了深化与升级。

美国创新战略
——美国白宫国家经济理事会、经济顾问委员会、科技政策办公室，2011.2

发动清洁能源革命

发展清洁能源对我们的国家安全、经济、环境非常关键。奥巴马总统致力于确立美国在未来能源经济中的领导地位。总统的战略将满足我们的能源目标，将美国置于可再生能源、先进电池、替代燃料和先进汽车产业的最前沿。

1. 在 2012 年年底使国家可再生能源供应翻一番

政府正致力于在 2012 年年底使可再生能源供应增加 1 倍。联邦的税收减免和资金支持，包括复苏法案第 1603 款和第 48C 款的内容，已带动了对千兆瓦级新型可再生能源的生产与使用和对太阳能、风能及地热能源创新技术的投资。通过这些激励措施，利用可再生能源（不包括常规水电）的发电量，预计将超过 2008 年的 2 倍，达到政府的目标。

2. 通过新的能源标准激励创新

总统已经制定了国家目标，即到 2035 年国家发电量的 80% 来自清洁能源。总统提议的清洁能源标准将带动数千亿美元的私人投资，推动清洁能源技术的应用，为新的创新成果创造市场需求。

政府也在努力达到国会确定的可再生燃料目标，即到 2022 年要求使用 36 亿加仑[②]的可再生燃料。国家环境保护局在 2010 年 2 月 3 日确定了实施可再生燃料标准的细则。美国燃料增长战略也着重于一系列创新活动，以帮助我们实现这一目标。

---

① Office of the Chief Scientist. Health of Australian science. http://www.chiefscientist.gov.au/wp-content/uploads/OCS_Health_of_Australian_Science_LOWRES1.pdf［2012-06］.

② 1 加仑(美)≈3.79 升；1 加仑(英)≈4.55 升。

3. 建立能源创新中心

汇集不同学科的科学家和创新研究者，形成高度整合的研究团队，就可以在棘手的问题上获得研究突破。政府于 2010 财年成立了 3 个能源创新中心，以克服核反应堆建模、建筑物节能、太阳能生成燃料等挑战。政府 2012 财年预算将能源创新中心的数目增加了 1 倍，从 3 个变为 6 个，以应对更多的能源挑战。

4. 投资清洁能源解决方案

能源部高级研究计划署（ARPA-E）已对 100 多个研究项目资助近 4 亿美元，用于寻求能源技术上的根本性突破。总统的 2012 财年预算案建议扩大对 ARPA-E 的支持。

5. 推动节能产业

政府正在通过新的燃油效率和温室气体排放标准推动私营机构的创新，并制定 2017～2025 年出产的轻型车辆的标准及中型与重型车辆的新标准。作为美国经济中最大的单一能源消费者，政府采购提供了一个新的重要机制，来促进对创新能源技术的需求。2009 年 10 月，奥巴马总统签署了一项行政命令，要求到 2020 年联邦政府车队的石油消耗量减少 30%。

6. 投资于先进汽车技术

总统的 2012 年预算案建议使美国成为制造和使用下一代汽车技术的世界领先者，对汽车技术的资助扩大了近 90%，接近 5.9 亿美元，并加强了现有的税收优惠政策。复苏法案和 2011 年的投资已通过研究计划使先进汽车技术取得了进步，像 ARPA-E 资助研发的电池，充一次电就能行驶 300 英里[①]。2012 年预算案将显著增加对电池和电力传动等技术的研发投资，包括增加超过 30% 的资金，支持对汽车技术的研发，建立研究改善车辆电池与能量储存的新能源创新中心。而且，总统建议将现在对电动汽车的 7500 美元减免税转为所有的消费者都能够在销售点立刻获得的折扣。

日本经济产业省的"新增长战略"、日本综合科学技术会议在各年度发布的科技预算分配方针，以及日本政府"第四期科学技术基本计划"均将推进绿色技术创新和生命科学创新作为国家战略支柱。2009 年 12 月，日本经济产业省发布《新增长战略》报告，提出日本需大力发展的领域主要包括环境、能源、健康[②]。2010 年 6 月，"新增长战略"正式出台，提出将医疗创新与绿色创新作为日本复兴的两大支柱领域，并将通过各种政策推动日本在该两大领域的领先地位。2011 年 1 月，日本经济产业省发布《实现新增长战略》报告，提出 2011 年围绕 7 个领域实施新增长战略，其中在环境能源领域提出要制定综合的绿色创新战略，制定全球变暖的对策及相关政策，扩大可再生能源领域的研发，实施森林与林业可

---

① 1 英里≈1.6 千米。
② METI. 新成長戦略（基本方針）. http://www.meti.go.jp/topic/data/growth_strategy/pdf/091230_1.pdf［2010-01］.

持续发展计划等①。2010 年 6 月，日本综合科学技术会议发布了面向 2020 年科学技术重要政策的行动计划②，旨在以建设低碳循环型社会为目标，2011 年先行设置 4 个重要课题。在能源供给方面，设置再生能源的转换，以及能源的供给、利用的低碳化项目；在能源需求方面，设置能源利用的节能项目；在制度与基本建设方面，设置绿色的社会基本建设项目。

近年来，日本综合科学技术会议在制定政府科技预算时均把绿色技术创新作为重点进行布局（表 3-5）。日本政府 2011 年 8 月通过的"第四期科学技术基本计划"确定将推进绿色技术创新和生命科学创新作为国家战略支柱。绿色技术创新的目标是建设环境大国与能源大国。计划提出"环保、能源"、"医疗、护理、健康"及"灾后恢复与重建"三项重要任务，强调预计未来可能发生严重的电荒，可再生能源的开发等将不可或缺。③

表 3-5　2010～2013 年日本政府科技预算重点课题

时间	名称	重点课题
2010 年 8 月	2011 年度科技预算分配方针	推进绿色技术创新，构筑日本的先进环境技术，内容包括可再生能源转换、能源供给与利用、节能技术等；推进生物技术创新，将日本构建为健康大国，内容包括推进预防医学、诊断与治疗方法的开发等④
2012 年 2 月	2012 年科技预算的行动计划与重点政策课题	4 个重点领域：灾后重建与灾害预警；绿色技术创新，包括保障绿色能源的供给、能源利用的创新；生物技术与生命科学的创新；基础研究与人才培养⑤
2012 年 7 月	2013 年度科技预算重点及推进方案	仍然集中在复兴与重建、绿色技术创新、生命科学创新，以及基础研究和人才培养方面⑥
2013 年 7 月	2014 年科技预算资源分配方针	重点领域之一是：建设绿色经济的能源体系，以实现能源安全、经济增长和环境保护的共同发展

健康与能源研究也是德国政府未来科研布局的重要战略领域。2010 年 5 月，德国联邦教研部发布《未来领域新布局》研究报告⑦，主旨在于推进高质量的未来研究，为应对全球性挑战做出贡献。报告提出创建 14 个未来研究领域（健康、能源、环保和可持续发展、工业生产系统、信息与通信技术、生命科学和生物技术、纳米技术、物质、材料及其工艺方法、神经科学与教学学习、优化技术、服务科学、系统复杂研究及水力基础设施），健康、能源、环保和可持续发展位居榜首。2010 年年初，德国联邦经济技术部发布《2050 能源技

① METI. 新成長戦略実現 2011. http://www.npu.go.jp/policy/policy04/pdf/20110125/20110125_01.pdf［2010-12］.

② CSTP. 平成 23 年度科学技術重要施策アクション・プラン. http://www8.cao.go.jp/cstp/pubcomme/action-plan/action.pdf［2010-06］.

③ CSTP. 科学技術基本計画（案）. http://www8.cao.go.jp/cstp/siryo/haihu99/siryo1.pdf［2011-09］.

④ 日本綜合技術会議. 平成 23 年度の科学・技術に関する予算等の資源配分の方針. http://www8.cao.go.jp/cstp/siryo/haihu91/siryo1-2.pdf［2012-02］.

⑤ CSTP. 平成 24 年度科学技術関係予算案におけるアクションプラン、重点施策. http://www8.cao.go.jp/cstp/gaiyo/yusikisha/20120209/siryoi-1.pdf［2012-02］.

⑥ CSTP. 平成 25 年度科学技術関係予算の重点化の具体的進め方について. http://www8.cao.go.jp/cstp/gaiyo/yusikisha/20120705/siryoino-1.pdf［2012-07］.

⑦ BMBF. Foresight-Prozess_BMBF_Zukunftsfelder_neuen_Zuschnitts. http://www.bmbf.de/pub/Foresight-Prozess_BMBF_Zukunftsfelder_neuen_Zuschnitts.pdf［2010-05］.

术研究与发展重点》报告，提出加强对非核能源技术领域研究与发展的资助，包括：进一步提高可再生能源的比例；大力开发和创新碳捕获与封存技术；通过网络智能化绑定分散的能源生产者和长距离的可混合直流/交流电的电流传输结构；发展存储技术，研发重点之一是使分散的大容量电池能提供稳定的电流；能源有效利用相关新技术的研发等。2010 年 7 月，德国政府出台"高科技战略 2020"。该战略将气候/能源、健康/营养等设立为政府新的战略重点领域。确定的"未来项目"包括：建设碳中立的节能城市；能源供应的智能化改造；再生原料与石油交替使用；通过个性化医疗更好地治疗疾病；更有效地保护通信网络；借由互联网降低能源消耗；使世界知识数字化并得到体验等[①]。2011 年 8 月，德国联邦政府通过了"第六能源研究计划"——面向环保、可靠和廉价的能源供应研究。德国希望借此研究计划进一步加快向可再生能源时代前进的步伐，实现能源转型政策目标。计划实施的期限为 2011～2014 年，总经费投入为 35 亿欧元。

法国"未来投资计划"将卫生保健、再生能源、生物技术和核能等作为国家战略性投资的重点领域。2009 年 6 月，法国总统萨科齐宣布，国家将公开发行一笔"大额国债"，用于资助经济危机之后对国家未来的战略性投资。"未来投资计划"的投资总额为 350 亿欧元，其重点投资领域包括：高等教育与研究、卫生保健、再生能源、工业部门和中小企业贷款、数字经济、生物技术和核能。[②]

英国政府拟推进英国向绿色经济转型。2011 年 8 月，政府发布了《推进向绿色经济转型：政府与企业共同合作》的政策文件，优先领域包括气候变化、资源节约、水保护、碳捕获与储存、海岸风力发电、绿色交易等。[③]

韩国政府将绿色增长与健康研究作为战略投资核心领域和实现新增长的动力源。2010 年 9 月，韩国国家科学技术委员会公布由教育科学技术部制定的"国家会聚技术地图"[④]，在预测 2040 年韩国发展全貌的基础上，从推动未来科技发展的众多核心技术中，遴选出生物医疗、能源环境、信息通信三大领域必须进行战略投资和管理的 15 个优先课题。2010 年 9 月，韩国教育科学技术部、知识经济部等 8 个部委联合制定"可再生能源研发战略"[⑤]，提出"通过可再生能源的研发创新，加快绿色增长"的愿景，并提出在 2020 年前将韩国可再生能源领域的整体技术水平与世界最高水平的比值从 2010 年的 76.7% 提高到 96%，将太阳能、风能、燃料电池领域的技术水平提高到世界最高水平。2011 年 10 月，韩国政府新

---

① BMBF. Ideen. Innovation. Wachstum: Hightech-Strategie 2020 für Deutschland. http://www. bmbf. de/pub/hts_2020. pdf [2010-07].

② Premier Ministre. François Fillon: "assurer sans attendre un véritable haut débit pour tout le monde". http://www. gouvernement. fr[2010-12].

③ Department for Environment. Food & rural affairs. Enabling the transition to a green economy. https://online. businesslink. gov. uk/Horizontal_Services_files/Enabling_the_transition_to_a_Green_Economy__Main_D. pdf [2011-08].

④ 국가과학기술심의회. NBIC 국가융합기술지도 (안). http://nstc. go. kr/index. html[2010-09].

⑤ 지식경제부. 국가적 차원의 신재생에너지 R&D 추진전략 및 추진체계 마련. http://www. mke. go. kr[2010-09].

增长动力支援理事会公布了 10 项开发产业生态系统的新增长动力项目，其中包括绿色增长领域 6 项，即培育二次电池核心材料产业、开发高效薄膜太阳能电池技术、开发高效节能半导体、开发智能 LED 照明系统、建设海上风力发电产业化基础设施、培育膜过滤水处理产业和综合水管理技术的出口；健康领域 2 项：卫生保健系统的出口和建设干细胞产业化基础设施[①]。2011 年 11 月，韩国国家科学技术委员会大会通过"第二次能源技术开发计划"（2011～2020 年），提出到 2020 年要通过能源技术的创新使韩国发展成为世界五大绿色能源产业强国之一。韩国政府将把能源技术研发的预算增长 2 倍以上，主要集中于新能源与再生能源、核电、温室气体减排、能源与资源开发四大技术开发领域。

2010 年，欧盟发布"能源 2020：保障能源竞争力、可持续和安全的战略"[②]，意图"提高欧洲在能源技术与创新方面的领导地位"，并提出了加速能源技术发展的具体行动方针：①抓紧实施"战略能源技术计划"，特别是欧洲能源研究联盟联合计划及风能、太阳能、生物能源、智能电网、核裂变、碳捕获与封存 6 个欧盟产业计划。②启动 4 个新的大规模项目：推进重大智能电网发展、开发电力存储新技术、进行大规模可持续生物燃料生产、"智能城市"创新合作伙伴计划。③保障欧盟长期的技术竞争力：通过一项 10 亿欧元的计划来支持实现低碳能源突破的前沿研究。④在国际热核聚变实验堆（ITER）计划中保持欧盟的领导地位。⑤制订能源材料研究计划，使欧盟能源部门在稀土资源日渐不足的情况下保持竞争力。

（四）小结

分析各主要国家政府出台的科技规划可以看出，近几年来，各国重大的综合性科技与创新规划和计划均以促进本国经济增长和应对全球性挑战为目标，重点促进健康和能源领域的研究，以推动绿色技术创新和向绿色经济转型；高度重视基础研究，特别是应用导向的战略性基础研究。各国在科研投入政策方面表现出如下趋势：在财政困难的情况下仍保持或增加科技投入，并强化科技投入的战略导向是各国的必然选择。

三、重点科技领域的计划与项目

近年来，为了促进各国的经济增长和应对全球性的挑战，各主要国家都把基础与前沿、生命与健康、能源与环境等重点科技领域置于科学与创新议程的首位，为推动这些科技领域的发展而制订了相关的科技计划，并立项支持了众多的具体科研项目。

（一）基础与前沿

基础与前沿研究是人类认识客观世界基本规律的科学活动，是新知识的源泉，是新技

---

① 대통령. 생태계발전형 신성장동력 프로젝트 선정. http://www. president. go. kr/kr/president/news/news _ view. php?uno＝1619［2010-10］.

② European Commission. Energy 2020：A strategy for competitive，sustainable and secure energy. http://ec. europa. eu/energy/strategies/2010/doc/com(2010)0639_en. pdf［2010-11］.

术、新发明的先导，一旦取得重大突破，往往会催生新的科技革命，以至推动人类社会的变革。近年来，各国一直十分重视基础研究与前沿研究，对一系列领域进行了超前部署（表 3-6）。

表 3-6 各国在基础与前沿研究领域启动的计划与项目

年度	国家机构	计划与项目名称
2011	美国国家科学基金会	变革性交叉研究计划
2012	美国商务部经济发展署	第三轮 i6 挑战计划
2012	俄罗斯政府	2013～2020 年国家科学院基础科学研究计划
2010	韩国教育科学技术部	全球前沿研发项目
2010	韩国教育科学技术部	2010 年度理工类基础研究项目实施计划
2010	韩国教育科学技术部	2010 年原创技术开发项目实施计划
2012	韩国教育科学技术部与研发特区支援本部	基础研究成果后续研发资助项目
2013	韩国国家科学技术审议会	2013～2017 年基础研究振兴综合计划

2011 年 11 月，美国 NSF 宣布在促进交叉学科研究与教育综合计划（INSPIRE）下新设"变革性交叉研究计划"[①]，该计划要求申请项目必须是具有变革性潜力的交叉学科。项目资助周期为 5 年，若涉及 NSF 的 2 个学部共同资助，资助额度为 80 万美元；若涉及 3 个学部共同资助，则资助额度为 100 万美元。该计划的目标是：创造目前不存在的新的跨学科机会；吸引非凡的、有创意的、高风险的、高回报的跨学科申请；使新奇想法不再停留在探索阶段；不设优选主题，向 NSF 资助的所有科学、工程与教育领域开放。

2012 年 6 月，奥巴马政府宣布为商务部经济发展署（EDA）负责的"第三轮 i6 挑战计划"提供 600 万美元的资助，通过资助概念验证中心和创新专家网络，向创新者与研究人员提供支持，以促进美国创新、培育企业家精神、加大对新思想的商业化可行性支持。麻省理工学院德许潘（Deshpande）科技创意中心等 6 个团队各获得 100 万美元的资助，通过帮助企业制定规划，提供企业顾问和企业早期进入资本等多种形式，提供从技术到市场评估等多种服务，加快创新成果从实验室到市场的转化，从而促进清洁能源、医药、先进制造、信息技术等领域的创新与创业活动。[②]

2012 年 12 月，俄罗斯政府公布了"2013～2020 年国家科学院基础科学研究计划"。该计划由俄罗斯教育科学部会同俄罗斯科学院、医学科学院、农业科学院、建筑科学院、教育科学院、艺术科学院 6 个国家科学院联合制订，确定了每个国家科学院的基础研究方向、各方向的预期目标、每年的联邦预算拨款方案。2013～2020 年，联邦政府预算将为该计划投入 6320 亿卢布，以保障俄罗斯的基础科学研究获得稳定支持，集中使用基础研究优先领

---

① NSF. CREATIV: Creative research awards for transformative interdisciplinary ventures. http://www.nsf.gov/pubs/2012/nsf12011/nsf12011.jsp[2011-12].

② EDA. Obama administration launches ＄6 Million i6 Challenge to promote innovation, commercialization and proof of concept centers. http://www.eda.gov[2012-06].

域的资源，并促进研究成果的开放共享。①

韩国教育科学技术部自 2010 年以来启动了若干基础研究的计划与项目，主要包括以下四个。

（1）全球前沿研发项目②。目的是建设开展世界一流水平基础与原创研究的研究基地，掌握原创技术，并使其在 10 年后实现商业化、20 年后能够普及，使韩国成为基础与原创技术强国。其资助方向包括：打造具有世界一流科技水平的顶级品牌，开展面向未来 10 年的中长期基础与原创研究，开展战略性的团队交叉研究，掌握原创技术以保障未来经济增长动力。计划在未来 10 年间资助 15 个研究团队，平均每个团队每年资助约 100 亿韩元，期限为 9 年，到 2021 年，从中培养 5 个以上世界一流的研究团队，建设 5 个以上世界一流的研究基地，掌握 5 项以上世界一流的原创技术。

（2）2010 年度理工类基础研究项目实施计划③。2010 年，韩国教育科学技术部的理工类基础研究预算比 2009 年增长了 26.9%，达到 8131 亿韩元。其中，对基础研究基本建设的投入增长 3.6%，达到 479 亿韩元；对团队研究项目的投入增长 22%，达到 1152 亿韩元；而对个人研究项目的投入则增长 30%，达到 6500 亿韩元，资助的课题数量从 2009 年的约 6200 个增加到 2010 年的约 8300 个。对个人研究项目中的"青年科研人才项目"的投入增长 55.3%，达到 621 亿韩元，资助的课题数量从 2009 年的 968 个增加到 2010 年的 1133 个。对此类项目中的"国际级科学家项目"的投入更是增长 144.4%，达到 110 亿韩元，资助的科学家从 2009 年的 3 名增加到 2010 年的约 7 名，资助期限也从原有的 6 年延长至 10 年。为了支持挑战型和创意型研究，该计划还提出从 2010 年起，在个人研究项目中新设"风险研究项目"进行示范，计划资助 100 个课题，总预算为 40 亿韩元。

（3）2010 年原创技术开发项目实施计划④。其预算比 2009 年增长了 18.1%，达到 3549 亿韩元。该计划提出从 2010 年起新设以下 5 个年度总预算为 808 亿韩元的原创技术开发项目：全球前沿项目、成立新药开发支持中心、提高网络交叉研究与教育水平、基础型交叉绿色研究、公共福利安全研究。为使韩国成为世界一流的基础与原创技术强国，该计划将全球前沿项目的目标确定为：到 2021 年将建成 15 个世界级的基础与原创研究基地，并确保韩国在相关领域的竞争力排名全球第 4 位。2010 年，首先投入 150 亿韩元建设 2~3 个基地，资助年限为 9 年。

（4）2012 年 4 月，韩国教育科学技术部与研发特区支援本部联合启动了"基础研究成果后续研发资助项目"，主要针对国际科学商业区内的大学和科研机构的基础研究成果进行

---

① Правительство Российской Федерации. Об утверждении Программы фундаментальных научных исследований государственных академий наук на 2013—2020 годы. http://правительство. рф/gov/results/21805[2013-01].

② MEST. 세계적 과학기술자로 시작하는 교육과학기술부 글로벌프론티어 연구개발사업. http://mest. korea. kr[2010-08].

③ 한국연구재단. 2010 년도 이공분야 기초연구사업 시행계획. http://www. nrf. go. kr/htm/popup/100112_1/img/3. pdf [2010-02].

④ 한국연구재단. 2010 년도 이공분야 기초연구사업 시행계획. http://mest. korea. kr[2010-02].

技术验证，探索其产业化的可行性，发掘未来利用可能性高的基础研究成果，并在介于纯基础研究和产业化之间的定向性基础研究、纯应用研究、应用研究和开发研究四个阶段，对基础研究成果的研究规划和后续研发进行资助。项目资助的对象可以是产学、产研、产学研合作联盟等形式，而且必须有国际科学商业区内的企业参与，以提高国际科学商业区对基础研究成果的吸收和应用能力，目标是将国际科学商业区建设成为以科学为基础的、世界一流的创新集群。2012 年，该项目的预算为 20 亿韩元，平均每个课题每年资助 3 亿韩元，资助期限为 2 年。2012～2017 年，该项目的总投入将达到 220 亿韩元。[①]

（二）生命与健康

关爱生命、维护健康是人类永恒的主题。世界各国特别是发达国家对生命与健康领域的研究都给予了高度重视，并出台了一些相关的计划与项目（表 3-7）。

表 3-7　各国在生命与健康领域启动的计划与项目

年度	国家与机构	计划与项目名称
2011	美国农业部与能源部	生物质研发计划
2011	美国国立卫生研究院	旨在激励创新性科学思想的 79 个资助项目
2013	美国白宫	脑研究计划
2011	德国联邦教研部	4 个新的国家健康研究中心（组织）
2011	德国联邦教研部	老年人的前景——联邦政府人口变化研究议程
2012	德国科学联席会	常见疾病国家长期研究计划
2013	德国联邦教研部	医学健康研究计划
2011	英国政府	英国生命科学战略
2011	以英国研究理事会为首的几家主要公共研究资助机构	食品安全联合研究战略
2012	英国技术战略委员会	生物医学催化计划
2011	法国	2011～2020 年生物多样性国家战略
2013	巴西卫生部	创新卫生计划

为实现奥巴马总统提出的到 2025 年美国石油进口减少 1/3 的目标，2011 年 4 月，美国农业部（USDA）与 DOE 宣布联合发起"生物质研发计划"，以支持先进生物燃料、生物能源与高附加值生物基产品的研发。该计划 2011 财年总资助经费为 3000 万美元，USDA 资助 2500 万美元，DOE 资助 500 万美元，项目资助时间为 3～4 年。项目申请者必须能够整合对生物燃料生产至关重要的 3 个关键技术领域的科学与工程研究：①给料开发，资助可改善生物基给料和供应的研究、开发与示范活动；②生物燃料与生物基产品的开发，资助可提高纤维素生物质在生物燃料与生物基产品生产过程中的使用程度，使其具有成本效益的技术研究、开发与示范活动；③生物燃料开发分析，以改善生物质技术的可持续性、

---

① MEST. 과학벨트, 기초연구성과의 후속 R&D 지원 착수. http://mest. korea. kr[2012-05].

环境友好性、成本效率、安全性及对农村经济发展的带动性。①

2011 年 9 月，美国国立卫生研究院（NIH）宣布了其"旨在激励创新性科学思想的 79 个资助项目"②，以推进学科前沿，促进研究转化，增进国民健康。2011 财年这些资助项目投入总额为 1.438 亿美元。预计所有资助项目在整个 5 年期的全部投资将达到 2.456 亿美元。本次资助对象不是常规与渐进式的研究项目，其目的是促进生物医学研究任何领域出现大的飞跃，以使研究人员可以进入全新的研究方向和领域。

2013 年 4 月，美国白宫公布了全称为"使用先进的创新性神经技术开展脑研究"的计划。计划的目标是：更好地理解帕金森等脑疾病的机理，从而改善脑疾病的治疗、预防与护理；推动计算机与人类思想交互技术的进步，从而减少语言障碍；开发可防止、治疗与逆转创伤后压力心理障碍症或创伤性脑损伤的新方法，从而减轻其对退伍军人的不良影响。2014 财年，美国联邦政府为该计划提供共 1.1 亿美元的资助，参与该计划的主要联邦机构及其资助重点为：国防部先进研究计划署（5000 万美元）资助对大脑动态功能理解与展示这些认知的突破性应用活动；NIH（4000 万美元）资助开发新工具、新的培训机会与其他资源；NSF（2000 万美元）支持物质科学、生物学、社会学与行为学的跨学科研究。③

作为德国政府"健康研究框架计划"的核心部分，德国联邦教研部 2011 年决定投资建立 4 个新的国家健康研究中心（组织）④，即肺病研究中心、心血管疾病研究中心、传染性疾病研究中心和癌症联合研究组织，目的是把新的医学研究成果更快地推广到医院和大学诊所，以造福人类。2011～2015 年，联邦政府为 4 个新研究中心（组织）提供 3 亿欧元的专项经费。

2011 年 11 月，德国联邦内阁通过了由教研部提交的"老年人的前景——联邦政府人口变化研究议程"。该议程是教研部制定的一项专门资助有关人口老龄化各领域研究的综合研究计划，是德国首个就人口老龄化问题制定的跨部门研究纲领。德国政府希望通过该研究议程推动有利于提高老年人生活质量和社会参与度的新解决方案及新产品、新服务的开发，为全社会的福祉去发掘老龄化社会的优势。联邦政府计划从 2012 年至 2016 年为研究议程的实施提供 4.15 亿欧元的经费，并优先资助包含所有必要学科的联合项目。⑤

2012 年 6 月，德国科学联席会启动了"常见疾病（如癌症、糖尿病、心血管疾病、阿尔茨海默病）国家长期研究计划"。该计划旨在研究这些疾病的起因，找寻风险因子，同时

---

① DOE. U. S. departments of agriculture and energy announce funding for biomass research and development initiative. http://www. energy. gov/news/10268. htm[2011-04].

② NIH. NIH announces 79 awards to encourage creative ideas in science. http://www. nih. gov/news/health/sep2011/od-20. htm[2011-10].

③ White House. Brain initiative challenges researchers to unlock mysteries of human mind. http://www. whitehouse. gov/blog/2013/04/02/brain-initiative-challenges-researchers-unlock-mysteries-human-mind[2013-10].

④ BMBF. Startschuss für vier neue Zentren der Gesundheitsforschung. http://www. bmbf. de/press/3080. php [2011-05].

⑤ BMBF. Bundeskabinett beschließt Forschungsagenda für den demografischen Wandel. http://www. bmbf. de/press/3183. php[2011-12].

进行有效的预防。这项研究计划未来 10 年的总资助额为 2.1 亿欧元，其中 1.4 亿欧元由德国联邦政府和州政府各自承担 75％和 25％，另外的 7000 万欧元由联邦政府和州政府共同资助的亥姆霍兹联合会承担。此外，参与该研究计划的大学附属医院、莱布尼茨学会所辖研究所也将为项目提供资金。[1]

德国联邦教研部于 2013 年 7 月启动德国迄今规模最大的"医学健康研究计划"。从 2014 年年初起，德国 40 万公民将收到该计划协助参与研究的邀请信。科研人员将通过 20 多年的研究，以获取关于遗传因素、自然环境、社会环境、生活方式等影响糖尿病、阿尔茨海默病、心血管疾病、癌症等常见疾病发生的新知识。德国联邦教研部、14 个联邦州和亥姆霍兹联合会将对该研究计划提供共 2.1 亿欧元的资助。德国的 13 所大学、亥姆霍兹联合会的 4 个研究中心、莱布尼茨学会的 4 个研究所和政府部门的 2 个研究机构将参与研究。该计划旨在将德国在流行病学领域的研究与国际顶尖的研究接轨。[2]

2011 年 12 月，英国商业、创新与技能部（BIS）发布了"英国生命科学战略"[3]，提出要对生命科学及其产业加大投资，以改善对患者的治疗手段，并推动医学研究的突破性进展。该战略提出的具体行动主要包括：①由英国药品和健康产品管理局（MHRA）建立新的"提早进入项目"，以帮助创新性、突破性的治疗方法尽早进入市场；②投资 3.1 亿英镑支持生物医学的研究、开发与商业化；③在 2012 年伦敦奥运会前发布一系列政策与投资计划，推进英国在医疗保健和生命科学方面的世界领先地位等。

2011 年，以英国研究理事会为首的几家主要公共研究资助机构共同发布"食品安全联合研究战略"，介绍了 2011～2016 年英国有关食品安全研究的主要行动计划。该战略指出，未来英国食品安全研究主要集中在以下 4 个主题领域：①经济弹性：深入理解为什么经济缺乏弹性会导致饥饿、贫穷和环境恶化。②节约资源：水、能源、食物和土地的可持续使用。③可持续的食物生产与供应：农场系统、食物生产、食品加工与运输。④可持续的健康与安全的饮食：供应链、营养学、消费者行为及食品选择与获取方面的安全问题。[4]

英国技术战略委员会（TSB）于 2012 年启动资助总额为 1.8 亿英镑的"生物医学催化计划"，以帮助创新型中小企业和学术界开发医学领域的创新性实用技术。该计划由英国医学研究理事会和技术战略委员会共同负责，目的是推动英国在生物医学方面的突破性研究和商业化活动，使医学领域中有前景的创意和研究成果能够跨越创新活动的"死亡之谷"。对一个企业的可行性实验项目资助额度最高为 15 万英镑，前期开发或后期开发项目最高资

---

① GWK. Den Volkskrankheiten auf der Spur: Bund und Länder beschließen die Nationale Kohorte. http://www. gwk-bonn. de/fileadmin/Pressemitteilungen/pm2012—11. pdf[2013-01].

② BMBF. Nationale Gesundheitsstudie beginnt. http://www. bmbf. de/press/3480. php[2013-08].

③ BIS. Strategy for UK life sciences. http://www. bis. gov. uk/assets/biscore/innovation/docs/s/11-1429-strategy-for-uk-life-sciences. pdf[2011-12].

④ RCUK. Global food security: Strategic plan 2011—2016. http://www. foodsecurity. ac. uk/assets/pdfs/gfs-strategic-plan. pdf[2011-02].

助额度为 300 万英镑。[①]

　　法国"2011～2020 年生物多样性国家战略"[②] 投入资金达 5000 万欧元，并设定了六大战略方向：①为生物多样性而行动；②保护已有生物及其进化能力；③保证对生态领域的投资；④保证持续与平衡地利用生物多样性；⑤保证政策的协调及行动效率；⑥生物多样性知识的发展、分享与再利用。

　　巴西卫生部于 2013 年公布了"创新卫生计划"及其一系列措施，其目的是在促进经济发展的同时带动公民生活水平的提高、国家工业技术的发展和卫生领域生产供应链的强化。主要措施包括公共和私营部门的合作、政府采购药品、改善实验室的基础设施、提供卫生领域的创新资金、缩短新药品的注册时间等。政府将在 5 年内出资 3.54 亿雷亚尔进行支持。[③]

（三）能源与环境

　　在气候变化日益受到关注的背景下，低碳经济不但是未来世界经济发展结构的大方向，更已成为全球经济新的支柱之一。因此，绿色技术、新能源成为各国新兴产业发展的重中之重，并且各国出台了相关的计划与项目（表 3-8）。

表 3-8　各国（组织）在能源与环境领域启动的计划与项目

年度	国家机构与组织	计划与项目名称
2010	美国政府	能源区域创新集群计划
2010	美国能源部	大学能源技术商业化推广计划
2011	美国能源部	超级能源创新者挑战计划
2011	美国能源先进研究计划署	第四轮资助计划
2010	美国能源部、农业部、国家科学基金会	气候变化预测研究计划
2010	日本综合科学技术会议	推进绿色创新技术的主要项目
2010	德国联邦教研部	可持续发展研究框架计划
2011	德国联邦政府	第六能源研究计划
2010	法国政府	实施 13 个竞争力示范项目
2011	法国环境与可持续发展部	限制生活用水中药物残留国家计划
2011	加拿大自然资源部	生态能源创新计划
2011	韩国国家科学技术委员会	第 2 次能源技术开发计划
2010	印度政府	国家太阳能计划
2013	巴西科学研究与发展项目资助署、巴西国家经济社会发展银行和国家电力能源机构	创新能源计划
2010	欧洲能源研究联盟	3 项能源联合研究新计划

---

　　① TSB. £ 180m government funding to bridge the 'valley of death' for medical breakthroughs. http://www. innova-teuk. org/content/news/180m-government-funding-to-bridge-the-valley-of-de. ashx［2012-05］.

　　② Premier Ministre. La nouvelle Stratégie nationale pour la biodiversité sous le signe de la reconquête. http://www. governement. fr/gouvernement/la-nouvelle-strategie-nationale-pour-la-biodiversite-sous-le-signe-de-la-reconquete［2011-06］.

　　③ MCTI. Inova Saúde busca economia，inclusão e fortalecimento da produääo. http://www. mct. gov. br/index. php/content/view/346155/Inova_Saude_busca_economia_inclusao_e_fortalecimento_da_producao. html［2013-04］.

美国政府于 2010 年宣布发起联邦跨机构联合资助的"能源区域创新集群计划"①。DOE、商务部经济发展署、NIST、小企业管理局、劳工部、教育部、NSF 7 个机构为该项 5 年计划联合资助 1.29 亿美元。该计划的目标是:建立和示范可持续的、具有能源效率的典型,实现国家战略目标,其重点是建立、扩展能源效率建筑系统的创新技术、设计与最佳实践并实现商业化,减少美国的碳足迹;创造并保留高收入工作岗位;通过培训与教育活动,填补"能源区域创新集群计划"技能工人的供需差距;促进能源区域创新集群相关的科技创新,推广能源效率建筑系统的设计与最佳实践;提高美国能源效率建筑的经济、技术与商业化竞争力等。

美国 DOE 于 2010 年宣布投资 530 万美元资助"大学能源技术商业化推广计划"②。其目的是将急需资金的研究和开发活动相连接,以提高美国绿色技术商业化发展的速度和规模。项目遴选标准包括:支持并指导创业;保护技术创新的知识产权;整合大学的可持续创业精神与创新意识;吸引商业与风险投资的参与。资助计划选定了位于 5 个州的 5 个项目,汇集了大学、私营部门、联邦与 DOE 国家实验室共 80 个合作伙伴。每个项目将获得联邦拨款 105 万美元,各项目均有匹配投资,资助总额合计 900 万美元。

美国 DOE 2011 年发起的"超级能源创新者挑战计划"③ 是"美国创业计划"的一部分,使初创企业以 1000 美元就可获得 DOE 国家实验室的突破性技术的使用许可。每个初创公司一次最多可以申请 3 个技术许可,这样平均每个初创公司将节省 1 万~5 万美元的技术许可费。除了减少初创企业获得 DOE 17 个国家实验室的 15 000 个专利许可与专利应用的成本,DOE 还简化了其文书要求。目前,DOE 国家实验室仅有 10% 的专利获得了可进行商业化的技术许可。该计划将使国家实验室的衍生初创公司数量翻番,其目标是推动创新活动,并赢得清洁能源的全球竞争。

2011 年 4 月,美国 DOE 部长公布了能源先进研究计划署总投资近 1.3 亿美元的"第四轮资助计划"④。本轮资助聚集五大技术领域:①可替代石油的植物工程,目标是通过基因工程创造可捕获更多太阳光并能够将太阳能转换为燃料的新植物品种,从而降低生物燃料成本,计划总资助经费为 3000 万美元;②高能先进热存储计划,目标是能够建立变革性的具有成本效率的热能存储技术,计划总资助经费为 3000 万美元;③稀土替代物的关键技术,目标是资助可减少对稀土材料依赖的早期替代技术,为电动车辆发动机与风能发电机开发稀土替代物,计划总资助经费为 3000 万美元;④绿色电网整合,目标是资助能够可靠

---

① DOE. Energy efficient building systems regional innovation cluster initiative. http://www. energy. gov/hubs/eric. htm[2010-05].

② DOE . DOE awards ＄5.3 million to support the development of university-based technology commercialization. http://www. energy. gov/news/9500. htm[2010-10].

③ DOE. Department of Energy launches "America's next top energy innovator". http://www. energy. gov/news/10202. htm[2011-04].

④ DOE. Secretary Chu announces ＄130 million for advanced research projects. http://www. energy. gov/news/10283. htm[2011-05].

控制电网的创新性的控制软件与高电压软件，计划总资助经费为 3000 万美元；⑤太阳能快捷传输电力系统技术，目标是对磁学、半导体开关、充电存储器创新进行投资，计划总资助经费为 1000 万美元。

美国 DOE、USDA 与 NSF 于 2010 年 3 月联合发起"气候变化预测研究计划"①，建立预测气候变化及其影响的高分辨率模型，即"利用地球系统模型预测十年区域气候"。该联合计划在 2010—2014 财年资助 20 个项目。2010 财年，NSF 为该计划提供大部分资金，拨款约 3000 万美元；DOE 和 USDA 分别出资 1000 万美元和 900 万美元。该计划汇集了生物学、化学、计算机科学、地球科学等多方面的知识。期望模型可以帮助政府制定气候变化适应战略、缓解严重灾情，同时使地方可以在更短的时间内制订计划，用于解决粮食和供水管理、基础设施建设、生态系统维护及其他紧迫的社会问题。

日本综合科学技术会议于 2010 年发布"推进绿色创新技术的主要项目"，总体目标是建设低碳社会。日本政府针对这些绿色创新项目预计到 2020 年将投入和追加经费达 30 万亿日元，提出的主要推进领域包括：①可再生能源的转换，包括：太阳能发电、生物燃料技术、风力发电、地热发电、水力发电、海洋能源。②能源供给的低碳化，包括：原子能发电、高效率火力发电、二氧化碳捕获与封存、高性能电力储藏、高温超导送电、石油相关技术。③能源利用效率与市场，包括：新一代电动汽车、燃料电池汽车、高效率运输机械、节能家电与信息通信系统、节能住宅等。④先进环境的基本建设，包括：高速公路交通系统、节能性住宅及隔热系统的技术开发、非破坏性检查技术、地球观测与气候变化预测、水资源管理、粮食生产适应气候变化的技术开发、森林与生物多样性适应气候变化的技术开发、传染病的对策等。②

德国联邦政府于 2011 年 8 月通过了"第六能源研究计划"——面向环保、可靠和廉价的能源供应研究。借此研究计划，德国将进一步加快向可再生能源时代前进的步伐，实现能源转型政策目标。该计划实施的期限为 2011～2014 年，计划投入总经费 35 亿欧元。该计划中有超过 70% 的经费集中在能源转型的两大重点领域：可再生能源研究（13 亿欧元）和能源效率研究（12 亿欧元）。该计划还重点支持了可再生能源与能源供应系统整合，以及可再生能源系统转换。③

德国联邦教研部 2010 年启动的"可持续发展研究框架计划"提出，到 2015 年，教研部将至少为此提供 20 亿欧元的研究经费。新的框架计划涵盖了广泛的研究领域：改善能源经济效益和提高原料生产率将是主要课题，这项工作将有助于应对气候变化。同时，教研

---

① DOE. DOE, USDA, and NSF launch joint climate change prediction research program. http://www. energy. gov/news/8777. htm[2010-04].

② CSTP. グリーン・イノベーションの主要推進項目. http://www8. cao. go. jp/cstp/budget/aptf/green2/siryo1. pdf[2010-05].

③ BMWI. Forschung für eine umweltschonende, zuverlässige und bezahlbare Energieversorgung. http://www. bmwi. de/BMWi/Redaktion/PDF/E/6-energieforschungsprogramm-der-bundesregierung, property = pdf, bereich = bmwi2012, sprache = de, rwb=true. pdf[2013-02].

部不仅将为制定"防止气候变化影响的调整战略"的科学家提供特别资助,还将为扩建其他有助于继续研究地球系统的科研基础设施提供资助。该计划的另一个资助重点是国际研究合作,首先是与新兴国家和发展中国家的合作。[①]

法国总理于 2010 年 5 月宣布实施 13 个竞争力示范项目[②],以促进优势工业项目与环保技术的结合,所涉及的领域包括:水资源开采、利用与管理;陆地水域水质、卫生、生态系统与污染物等管理;水与环境;二氧化碳与深层地热的存储;建筑和塑料废物、污染土壤等的再利用;可持续建筑和能源利用效率;未来物流服务;可持续使用的材料;朗鲁地区农产品的可持续发展;下一代电力系统;香料产业;海产品开发;核电站机械和合金产业。

2011 年 8 月,加拿大自然资源部公布了新的生态能源创新计划,计划投入 9700 万加元用于清洁能源技术的研究、开发和实施。生态能源创新计划将提高能源技术,从而使能源得到更有效、更环保的开发与利用,为加拿大创造高品质生活。此项计划是加拿大经济行动计划的补充计划,加拿大政府期望通过在清洁能源技术方面的投资,降低加拿大的碳排放量,为加拿大创造高质量的就业机会,从而改善加拿大的就业现状,实现加拿大的经济复苏。计划的资助领域包括:①建筑、社区、工业和交通领域的能源使用效率;②清洁、可再生电力;③生物能源;④电动车的研究与开发;⑤非传统的石油与天然气。[③]

韩国国家科学技术委员会于 2010 年审议并通过了由韩国教育科学技术部、知识经济部等 8 个部委联合制定的"可再生能源研发战略"。该战略提出通过可再生能源的研发创新加快绿色增长的愿景,并提出在 2020 年前将韩国可再生能源领域的整体技术水平与世界最高水平的比值从 2010 年的 76.7% 提高到 96%,将太阳能、风能、燃料电池领域的技术水平提高到世界最高水平。[④]

韩国国家科学技术委员会大会"第二次能源技术开发计划"(2011~2020 年)提出到 2020 年要通过能源技术的创新使韩国发展成为世界五大绿色能源产业强国之一,韩国政府将把能源技术研发的预算增长 2 倍以上,主要集中于新能源与再生能源、核电、温室气体减排、能源与资源开发四大技术开发领域。根据该计划,到 2020 年,韩国绿色能源产业将占据世界 10% 的市场份额,能源效率提高 12%,减少 15% 的温室气体排放,并将绿色能源核心零部件的国产化率提高到 85% 以上。[⑤]

印度总理在 2010 年第 97 届印度科学大会上的讲话[⑥]提出,世界各国都在制定战略

---

① BMBF. Rahmenprogramm "Forschung für Nachhaltige Entwicklung". https://www. fona. de/de/17833[2014-02].

② Premier Ministre. François Fillon annonce la labellisation de six pöles de compétitivité dédiés aux éco-technologies. http://www. gouvernement. fr/premier-ministre[2010-05].

③ Natural Resources Canada (NRCan). The ecoenergy innovation initiative. http://www. nrcan. gc. ca/energy/funding/current-funding-programs/eii/4985[2014-10].

④ MKE. 국가적 차원의 신재생에너지 R&D 추진전략 및 추진체계 마련. http://www. mke. go. kr[2010-10].

⑤ MKE. 20 년 그린에너지산업 5대 강국 도약. http://www. mke. go. kr/news/coverage/bodoView. jsp? seq=70372&pageNo=1&srchType=1&srchWord=&pCtx=1[2011-12].

⑥ Manmohan Singh. Science and technology challenges of 21-century national perspective. http://dst. gov. in/scie_congrs [2010-01].

以提高能源效率并向可再生能源转变，也在制定战略来适应不可避免的气候变化，印度在这些领域不能落后，应该在开发缓解和适应气候变化的科学技术中成为领导者之一。未来可再生的和清洁能源将发挥出更重要的作用。未来需要大量增加核能和太阳能供应。印度决定启动 Jawaharlal Nehru 国家太阳能计划，预计到 2020 年产生的太阳能将达到 2 万兆瓦。

巴西科学研究与发展项目资助署（FINEP）、巴西国家经济社会发展银行和国家电力能源机构于 2013 年 4 月宣布制订电力领域的技术创新资助计划——创新能源计划。该计划总预算为 30 亿雷亚尔，重点资助 3 个领域：智能电网和特高压输电、太阳能和风能等替代能源发电、混合动力汽车和节能汽车。[①]

2010 年 11 月，欧洲能源研究联盟（EERA）正式启动 3 项能源联合研究新计划[②]，即二氧化碳捕获与储存、新的核材料和新的生物能材料。加上 2010 年 6 月已启动的 4 项能源计划，这 7 项计划集中了全欧洲近 70 家国立研究机构的 1000 多名研究人员，投资约 1 亿欧元。

（四）信息与网络

信息与网络技术的进步对人与社会的发展产生了巨大影响，深刻改变着人与社会生活的方方面面。信息与网络技术的发展是各国经济竞争力的关键推动力，是实现能源与运输、教育与终生学习、医疗保健、国防与国土安全等国家目标的关键，可以加速各相关领域的科学探索步伐。为此，各国在信息与网络领域也纷纷出台了相应的科技计划与项目（表 3-9）。

表 3-9　各国在信息与网络领域启动的计划与项目

年度	国家机构	计划与项目名称
2010	美国国家网络与信息技术研发计划（NITRD）国家协调办公室	NITRD 5 年战略规划
2010	美国国会众议院	网络安全提高法案
2012	美国白宫科技政策办公室和其他联邦部门	大数据研发计划
2012	美国国家科学基金会	大数据计划 8 个基础性研究资助项目
2013	英国政府	信息经济战略
2010	法国总理府	首批 14 个"未来投资"项目
2011	法国能源、工业与数字经济部	数字法国 2020 计划
2013	法国教研部	高等教育数字化计划
2011	韩国知识经济部	云计算扩散和竞争力强化战略

① FINEP. Governo lança plano para incentivar inovação no setor de energia. http://www.finep.gov.br/imprensa/noticia.asp?noticia＝finep-bndes-e-aneel-assinam-plano-conjunto-para-incentivar-inovacao-no-setor-de-energia［2013-04］.

② EERA. L'alliance europeenne de la recherche energetique（EERA）lance trois nouveaux programmes de recherche conjoints. http://www.cea.fr/le_cea/actualites［2010-12］.

美国国家网络与信息技术研发计划（NITRD）国家协调办公室于 2010 年发布了"NI-TRD 5 年战略规划"①。该规划旨在推动信息技术取得重大进展以满足国家优先领域的需求（包括国家安全、国防、科学发现、教育与生活质量等）。该规划为 NITRD 提出了 21 世纪数字世界的总体愿景：绝对安全、安心、可靠、多模式、易操作的高速网络、系统、软件、设备、数据和应用程序。

美国国会众议院于 2010 年 2 月通过国家网络安全研发计划的科技立法——《网络安全提高法案》②。国家网络安全研发计划主要涉及的机构与计划有：NSF、NIST、NITRD。NSF 主要负责支持网络安全研发与教育活动；NIST 主要负责制定联邦信息处理标准和网络安全测试要求；NITRD 主要负责协调联邦政府各部门的网络与信息技术研发投资活动。国家网络安全研发计划的主要目标是促进公共部门与私营部门之间建立网络安全领域的合作伙伴关系。

美国白宫科技政策办公室（OSTP）和其他联邦部门于 2012 年 3 月共同发起"大数据研发计划"，其目的是：①发展搜集、储存、保护、管理、分析和共享大型数据所需的尖端核心技术；②管理这些技术，以加快科学与工程发展的步伐，强化国家安全，促进教学变革；③壮大开发和利用这些技术所需的劳动力。NSF 和 NIH 将联合支持推进大数据科学和工程所需的核心方法与技术；除与 NIH 联合支持大数据项目外，NSF 正在实施一项全面、长期战略，建立从数据中获得知识的新方法和有效管理数据并为社区提供数据服务的基础设施，以及促进相关教育和劳动力发展的新途径；国防部每年将在大数据上投资约 2.5 亿美元。此外，国防部高级研究计划局（DARPA）计划每年投资约 2500 万美元（持续 4 年），用于开发分析大型半结构化与非结构化数据的计算方法和软件工具；能源部将提供 2500 万美元资金建立可扩展数据管理、分析与可视化（SDAV）研究所；美国地质勘探局将重点资助与地球系统科学有关的大数据项目等。③

美国 NSF 于 2012 年 10 月发布了"大数据计划 8 个基础性研究资助项目"名单及其承担者，项目资助金额约 1500 万美元。这些项目致力于研究用于提取和利用知识的新工具和方法，从巨大数据集的收集到加速科学与工程研究与创新的进步。8 个项目的具体研究内容主要涉及：大数据管理；新的数据分析方法；e-science 合作环境及在物理、经济学和医学等领域的未来可能应用。④

2013 年 10 月，英国政府发布新的由政府、工业界和学术界联合制定的"信息经济战

---

① The National Coordination Office of Networking and Information Techno－logy Research and Development（NITRD）Program. NITRD 2010 strategic plan. http：//www. nitrd. gov[2010-09].

② The White House Sciences and Technology Committee. House approves S&T legislation to improve cybersecurity R&D by overwhelming majority. http：//science. house. gov[2010-03].

③ OSTP. Obama administration unveils "big data" initiative. http：//www. whitehouse. gov/sites/default/files/microsites/ostp/big_data_press_release_final_2. pdf [2012-04] .

④ NSF. NSF announces interagency progress on administration's big data initiative. http：//www. nsf. gov/news/news_summ. jsp?cntn_id=125610&org=NSF&from=news [2012-10].

略"，确定了政府与工业界持续合作使英国在信息经济领域取得更大成功的路线图，旨在打造强大、创新的信息经济产业，以便将英国在该领域的卓越成果输出到世界。政府将重点支持高等教育机构的数字教学；政府与工业界将联合发起相关计划帮助中小企业利用在线市场；着手总投资为 12 亿英镑的数字基础设施投资计划等。此外，作为该战略的先期行动，政府还发布了"抓住数据机会：英国数据能力战略"，以提高英国的数据能力，建立数据分析领域的高技能劳动力队伍，并促进数据共享。①

法国首批 14 个"未来投资"项目获资 1.375 亿欧元，主要集中在高宽带网和海洋可再生能源领域，其中的 7 个项目为在人口稀少的 7 个城市或地区应用高宽带网（包括光纤、有线网 ADSL 技术、宽带移动网或卫星等技术）。"未来投资计划"对全法应用高速宽带网的投资总额为 20 亿欧元，对可再生能源和绿色化学领域的投资总额为 13.5 亿欧元，对智能电网的投资总额为 2.5 亿欧元，对社会经济领域的投资总额为 1 亿欧元。②

法国能源、工业与数字经济部于 2011 年 11 月发布"数字法国 2020 计划"愿景，并决定实施"数字法国 2020 计划"，以进一步推动法国数字经济的发展。该计划设立了 57 个优先发展目标，主要分属于五大方向：①通过数字经济增强法国经济竞争力；②使全体国民连入数字网络；③扩展数字服务内容；④扩展数字服务用途；⑤改革数字经济的管理方式。③

法国教研部部长宣布于 2013 年 10 月正式启动"高等教育数字化计划"，即法国未来 5 年建设数字化大学计划，建成首个在线课程平台等，数字化将作为法国大学发展的有力杠杆，提升法国大学生培养的质量并有效促进其学业成功。为配合该计划，教研部在未来 5 年将在大学匹配 500 个相关岗位，从"未来投资计划"中拨出 1200 万欧元支持高质量数字化课程建设，在"未来校园计划"中设立专门的数字化发展模块。④

2011 年 5 月，韩国知识经济部决定大力发展云计算产业，并发表了"云计算扩散和竞争力强化战略"，计划向云计算领域投入 6000 亿韩元，争取实现国内云计算市场规模翻两番和提高国内相关企业在全球市场的占有率。韩国希望利用发展云计算产业的契机，将韩国发展成为全球信息网络的枢纽，在 2015 年前成为世界云计算强国。⑤

（五）先进制造业

相对于传统制造业而言，先进制造业不断吸收电子信息、计算机、机械、材料及现代

---

① BIS. Information economy strategy. http://www.gov.uk/government/uploads/system/uploads/attachment_data/file［2013-11］.

② Premier Ministre. François Fillon："assurer sans attendre un véritable haut débit pour tout le monde". http://www.gouvernement.fr［2010-12］.

③ MEIN. France numérique 2012—2020 bilanet perspectives. http://www.economie.gouv.fr/france-numerique-2012-2020-bilan-et-perspectives［2011-12］.

④ France numérique 2020 perspectives. Lancement de France université numérique. http://www.enseignementsup-recherche.gouv.fr［2013-10］.

⑤ 韩国知识经济部. 올해를 원년으로, 5년 내 클라우드 강국으로 도약. http://www.mke.go.kr/news/coverage/bodoView.jsp?pCtx=1&seq=67552［2011-12］.

管理技术等方面的高新技术成果，并将这些技术综合应用于制造业产品的全过程。近年来，发达国家在先进制造业领域先后启动了一系列的计划与项目（表 3-10）。

表 3-10　各国在先进制造业领域启动的计划与项目

年度	国家机构	计划与项目名称
2011	美国联邦政府	先进制造伙伴关系计划
2012	美国国防部、能源部、商务部与 NSF	制造业创新国家网络计划
2012	美国商务部经济发展署、国家标准与技术研究院、劳工部就业与培训署	鼓励美国制造企业在美国扩大生产业务并培训当地劳动力掌握满足这些业务所需技能的挑战计划
2013	美国商务部	制造业社区伙伴投资计划（IMCP）
2011	英国政府	成立第一个 TIC
2013	加拿大科技部、加拿大国家研究理事会和产业界的合作伙伴	智能印刷计划
2013	加拿大政府	在"经济行动计划 2013"中提出了支持制造业创新的具体措施

奥巴马总统于 2011 年 6 月宣布发起"先进制造伙伴关系计划"[①]，以及将采取一系列重要行动：①在重要国家安全产业发展本国的制造能力，从 2011 年起，国防部、国土安全部、DOE 等机构将联合行动，初期投资 3 亿美元，资助高性能电池、先进合成材料、金属加工等领域；②缩短开发和部署先进材料所用的时间，"材料基因组计划"将投资 1 亿多美元用于相关研究、培训和基础设施；③投资下一代机器人技术，NSF、NIH 和国家航空航天局（NASA）等将联合投资 7000 万美元；④开发节能的创新型制造工艺，能源部初期将投入 1.2 亿美元，以研发可使企业降低制造成本并节约能耗的新的制造工艺和新型材料。

2012 年 3 月，奥巴马宣布由美国国防部、DOE、商务部与 NSF 联合投资 10 亿美元发起"制造业创新国家网络计划"，在全美建立由 15 个制造业创新研究所组成的创新网络。15 个研究所每个都将聚焦于企业相关制造业挑战的一个技术重点，如开发碳纤维轻质材料，开发 3D 打印材料、设备与标准，创建智能制造设备与方法等。奥巴马表示将通过竞争性申请程序遴选出制造业创新先导研究所，并对其提供 4500 万美元的投资，其中国防部、DOE 与商务部投资 3000 万美元资助先进制造设备与研究活动，NSF 投资 500 万美元资助先进制造基础研究与劳动力发展活动，国防部投资 1000 万美元支持规模化生产。[②]

美国商务部经济发展署、NIST 于 2012 年 9 月宣布联合劳工部就业与培训署拨款 4000 万美元资助"鼓励美国制造企业在美国扩大生产业务并培训当地劳动力掌握满足这些业务所需技能的挑战计划"。该计划通过竞争程序资助 4 类项目：吸引新企业或鼓励企业扩大或

① The White House. President Obama launches advanced manufacturing partnership. http://www.whitehouse.gov/the-press-office/2011/06/24/president-obama-launches-advanced-manufacturing-partnership［2011-06］.

② The White House. President Obama to announce new efforts to support manufacturing innovation, encourage insourcing. http://www.whitehouse.gov/the-press-office/2012/03/09/president-obama-announce-new-efforts-support-manufacturing-innovation-en［2012-03］.

升级生产的物理基础设施的"公共工程项目";吸引新企业或鼓励企业扩大生产的新战略或新措施的"技术援助项目";支持企业提高销售量与扩大就业机会的创新技术、产品与服务投资的"技术援助项目";可使当地劳动力掌握雇主所需技能的针对性培训或就业活动的支持项目。[①]

美国商务部于 2013 年 4 月发起"制造业社区伙伴投资计划"(IMCP),目的是加速制造业复苏,并帮助社区创造高收入制造业岗位。2013 年,制造业社区伙伴投资计划资助 25 个社区制订实施准备计划,商务部经济发展署将向每个社区提供 20 万美元的资助。2014 年,制造业社区伙伴投资计划从 25 个社区中遴选资助 5~6 个先导项目,向每个项目提供 2500 万美元的资助。此外,农业部、劳工部、交通部、DOE、国防部、NSF、环保署与小企业发展署等也为该计划提供资助。为保证联邦资助的收益最大化,先导项目要求社区提供匹配资助,其遴选标准是:①社区在认识自身比较优势的基础上制订实施准备计划;②能够吸引大学或研究机构进行公私联合投资;③能够鼓励社区内部的合作,从而增强其吸引投资者在社区内开展商业化活动的能力。[②]

2011 年 3 月,英国宣布成立第一个 TIC[③],这是计划耗资 2 亿英镑建设的 TIC 网络中的第一家机构。该中心的重点是高附加值制造业,它将连接全英国一系列的研究与技术机构,提供技术集成能力(重点领域包括制造用金属与化合物、加工技术、生物工艺),促使大学的研究成果加速商业化。为了配合该中心的工作,英国政府同时还提供了 4500 万英镑在 9 个大学建立创新型制造业研究中心,负责制造业的基础研究及前商业化开发工作。TIC 网络建设计划的目标是与大学、企业合作,促进各 TIC 负责领域的研究成果商业化,建立世界级的前商业化阶段开发能力和全球性影响力。TIC 将为企业提供最好的技术专家、基础设施、设备及相关支持。这些中心的工作受英国技术战略委员会监督,它们稳定运行所需要的长期稳定投资将由技术战略委员会提供其中 1/3 的核心资助,另外有 1/3 来自政府的竞争性科技项目拨款,还有 1/3 来自与企业的合同。

2013 年 9 月,加拿大科技部、加拿大国家研究理事会(NRC)和产业界的合作伙伴共同宣布实施一项新计划——"智能印刷计划",并计划成立产业联盟。该计划旨在通过在打印材料上附加电子智能技术,来开发能与用户交互的打印产品,从而使加拿大的智能印刷产业跻身于全球领导地位,联邦政府与来自学术界、产业界等多个部门的合作伙伴将展开合作,以支持超薄、超弹性及廉价的电子产品的开发。国家研究理事会将向该计划投入为期 5 年的 4000 万加元,用于支持开发智能社会所需要的前沿技术和轻型设备。加拿大的企

---

① US Department of Commerce. The make it in America challenge. http://www.commerce.gov/news/fact-sheets/2012/09/25/fact-sheet-make-it-america-challenge[2012-10].

② US Department of Commerce. Deputy Secretary Blank announces new federal partnership to promote manufacturing investment in american communities, create jobs. http://www.commerce.gov/news/press-releases/2013/04/17/deputy-secretary-blank-announces-new-federal-partnership-promote-manu[2013-05].

③ BIS. Government boosts UK manufacturing. http://www.bis.gov.uk/news/topstories/2011/Mar/technology-and-innovation-centres[2011-04].

业和研究中心将组成产业联盟，并自筹 5 年期资金 1600 万加元，用于战略研发、技术服务、试验设计和制造技术等方面，同时还将帮助产业客户克服开发新产品过程中所遇到的技术障碍和商业挑战，为其他创新者提供稳定的技术支持平台。①

加拿大政府在"经济行动计划 2013"中提出了支持制造业发展与创新的具体措施，包括：为新机械设备提供减税，将资本成果补贴延长至 2 年，加大对制造业的资金支持力度；加大对航空产业的支持力度，对加拿大战略航空与防御计划提供 10 亿加元投资；支持大型科技计划，2014～2015 年度向新制订的"航空技术演示计划"投入 1.1 亿加元，之后每年投入 5500 万加元，以展示航空技术的商业潜力，并促进跨行业合作；帮助中小企业快速转化其产品和服务，通过国家研究理事会的"产业研究援助计划"，对大型和非营利研究机构的研究、计划及商业发展服务提供资助。此外，政府还先后向安大略省、魁北克省及不列颠哥伦比亚省的制造企业提供支持，例如，向南安大略提供 9.2 亿加元以支持该地区的联邦经济发展机构，在安大略省设立新的先进制造基金，提供 2 亿加元用于促进该省的制造业创新等。②

（六）其他重点领域

近年来，各国除了在以上 5 个领域启动了一些新的计划与项目外，在使能技术、纳米技术等先进制造业领域也开始了研发部署（表 3-11）。

表 3-11　各国在先进制造业领域启动的计划与项目

年度	国家机构	计划与项目名称
2011	美国国家科学基金会	创建 4 个新的工程研究中心
2010	澳大利亚创新、工业、科学与研究部	国家使能技术战略
2010	英国工程科学院	提出英国未来在工程领域的五大优先政策重点
2012	英国技术战略委员会	《2012～2015 使能技术战略》报告
2010	韩国知识经济部	服务机器人产业发展战略
2013	巴西科技与创新部	巴西纳米技术计划

2011 年 8 月，美国 NSF 宣布投资 7400 万美元创建 4 个新的工程研究中心③，以促进在跨学科研究和教育领域与工业界建立伙伴关系。在未来 5 年中，这些工程研究中心的共同目标是创造知识和在重大社会问题解决方面的创新，如健康和可持续发展的挑战，同时推动美国企业的竞争力。4 个新建的工程研究中心将分别支持太阳能、城市水利基础设施、神经工程和能量传输的研究与创新。

---

① NRC. Government of Canada partners with industry for next generation printing innovations with electronic intelligence. http://www. nrc-cnrc. gc. ca/eng/news/releases/2013/pe_nrc. html ［2013-09］.

② Government of Canada. Promoting jobs, growth and prosperity in Canadian manufacturing. http://news. gc. ca/web/article-eng. do? nid＝729139; http://news. gc. ca/web/article-eng. do? nid＝729019; http://news. gc. ca/web/article-eng. do? nid＝729229［2013-04］.

③ NSF. NSF launches new engineering research centers with awards totaling ＄74. 0 million. http://www. nsf. gov/news/news_summ. jsp?cntn_id＝121042&.org＝NSF&.from＝news ［2011-09］.

为促进使能技术的发展，澳大利亚创新、工业、科学与研究部在国家纳米技术战略和国家生物技术战略的基础上推出了"国家使能技术战略"[①]。该战略主要包括如下主题与目标：①在全国范围内开展行动。鼓励联邦与地方政府及机构以及广泛的利益相关者密切合作并协调行动。②平衡风险与回报。发展相关政策和制度框架，使其能够覆盖使能技术，并惠及有关使能技术的卫生、安全、环境、社会与经济考量。③发展测度能力。开发纳米技术和生物技术测度基础设施、测度能力和测度标准，与研究实验室和国际机构开展合作将是发展测度标准的重要内容。④与公众交互。公众参与使能技术的讨论、公众态度研究、公众教育及信息交流。⑤使能技术的合理应用。促进对使能技术合理应用方式的了解并加强其意识，以应对未来重大全球性挑战和澳大利亚本国的挑战，提高工业生产力。⑥规划未来。通过开展预见活动和支持相关政策与制度框架的开发，帮助政府、研究人员、工业界和其他利益相关者做好准备，以迎接新技术时代的到来。

英国技术战略委员会《2012~2015使能技术战略》报告确认了未来支撑所有行业技术创新与发展的基础支撑性使能技术，其包括：先进材料技术；生物技术；电子、传感器与光子技术；信息与通信技术。具体行动包括：对早期高风险创新活动每年新增2000万英镑的投资，其中一半用于克服以上4个领域的技术挑战，另一半用于其他特定产业的早期技术开发；继续推行国家技术创新成果巡回展示，建立创新者与投资者的合作关系；进一步开放英国技术战略委员会的企业孵化、资助和技术转移平台，鼓励微小型企业的创新；通过TIC网络强化跨学科创新活动与技术转移；强化与欧盟和其他国家的合作，保障针对英国企业的创新战略顺利执行。[②]

韩国知识经济部于2010年12月发布了"服务机器人产业发展战略"，提出了2018年使韩国成为世界三大机器人强国的目标。目前，韩国与发达国家在机器人领域存在约2.5年的差距，但是在服务机器人方面具有可以抢占市场的充分潜力，所以韩国政府将从政策方面予以积极扶持，最晚于2018年达到与发达国家并肩齐驱的水平。同时，要扩展海外市场，将2009年只有10%的全球市场份额在2018年提高到20%以上。

2013年8月，巴西科技与创新部发布"巴西纳米技术计划"（IBN）。该计划包括了一组以创新为核心、促进纳米技术领域科技发展的行动，加强科研和私营部门之间的联系，使纳米技术成为巴西更具竞争力的创新产业。计划预计在未来两年投入4.507亿雷亚尔，其中的1.787亿雷亚尔用于国家纳米技术实验室系统（SisNano）的扩大和完善，其余资金用于资助企业的研发创新活动、人才培养、国际合作、法律框架的完善、纳米技术在社会上的传播、知识产权的管理。IBN的战略领域包括：纳米材料、综合卫生产业、个护用品、纳米传感器、纳米器件、纳米系统、能源、航空航天、防御、纺织和服装、环境。[③]

---

①　Department of Industry. National enabling technologies strategy. http://www. innovation. gov. au/Industry/Nano-technology/Documents/NETS_booklet_web. pdf［2010-03］.

②　TSB. Enabling technologies strategy 2012-2015. http://www. innovateuk. org/_assets/enablingtechnologies_strat-egywebfinal. pdf［2012-12］.

③　MCTI. Iniciativa Brasileira de nanotecnologia estimula inovaäão em empresas. http://www. mct. gov. br/index. php/content/view/348986［2013-09］.

（七）小结

分析各主要国家政府启动的重点科技领域的计划与项目可以看出，由于能源、环境、气候变化、人口健康等问题是人类面临的共同挑战，所以以能源技术领域、环境与可持续发展技术领域、生命科技与医疗保健领域等是各国共同关注的优先发展领域。由于要抢占未来信息知识社会竞争发展的制高点，美国、欧盟等科技发达国家或地区均希望在信息通信技术、先进制造领域取得突破性进展，并纷纷加大投入。此外，为了实现上述科技优先领域的突破，投资于基础与前沿研究、科学基础设施建设也是各国共同的战略选择。

四、总结

主要国家和组织都非常重视通过制定科技规划对科技事业的发展实行宏观调控，综合运用科技路线图、技术预测等战略研究方法，并在各国的科技发展规划与计划中明确地提出科技发展的优先领域和重点方向，其主要依据是当代科学自身发展的新规律、新特点与新趋势，科技与经济、社会相互作用的范式变迁，各国的基本国情和国家政治、经济、军事发展目标，以及服务于国家未来发展的总体战略目标。

总体而言，目前各国科技发展优先领域的选择有趋同的现象，信息技术、纳米技术、生物技术、材料科技、能源科技等成为各国科技优先领域的选择焦点；但各国追求国家目标和国际利益的特殊性使各国确定和选择科技发展优先领域和重点方向的排序有较大差别，例如，美国将先进制造业作为其近年来重点发展的科技方向，人口众多的印度将农业科技、水资源可持续利用作为本国科技发展的优先领域，巴西将生物多样性保护、可再生能源作为其科技发展的优先领域，并启动了相关科技领域的计划与项目等。

（执笔人：任　真　汪凌勇　胡智慧　王建芳）

第四章 科技创新体制与机制

一、宏观科技决策与管理体系

对宏观科技决策与管理体系的改革调整是优化国家创新体系的重要任务之一。近年来，各国在宏观科技决策与管理体系方面的主要改革措施（表4-1）显示，面向创新并以实现教育、科技、经济一体化布局为目的的重组与改革得到各国的普遍重视，其目标是强化政府对科技与创新活动的统一规划和协调管理，提升创新效率，以更好地实现科学技术的经济和社会价值。

表 4-1　各国近年来主要宏观科技决策与管理体系改革方向

国家	时间	发布机构	文件类型	内容要点
美国	2011 年	美国进步中心	咨询报告	重组政府以提升竞争力负责机构的执行力，使其肩负更大的职责并掌握更多的资源
日本	2010 年	日本综合科学技术会议	咨询报告	明确国家与研发机构在研发体制中的职能，并根据职能分工不同而协同合作
	2012 年	日本综合科学技术会议	咨询报告	按照目标导向改革现有体制，强化政府对科技计划的规划、立案到推进政策的职能
俄罗斯	2010 年		总统令	撤销俄联邦科学与创新署和俄联邦教育署，两部门的职能转交俄联邦教育科学部
法国	2012 年	法国科学院	咨询建议	撤销国家高等教育与研究评估署，将国家科学与技术高级理事会、研究与技术高级理事会、全国高等教育与研究委员会三个国家层面的咨询评估机构合并为研究与高等教育高级理事会
韩国	2012 年		新政府计划	新设未来创造科学部，整合现有教育科学技术部的科技管理职能、知识经济部对新技术的资助职能、企划财政部对国家级长期项目的管理职能
丹麦	2011 年			丹麦科学、技术与创新部改为科学、创新与高等教育部，负责研究、创新与高等教育领域相关的政策制定、管理和协调任务
西班牙	2011 年			科技创新部被并入经济和竞争力部，改为研究开发和创新国务秘书处，以精简部门、节省开支
智利	2013 年	总统科技顾问委员会	咨询报告	成立新的负责科技创新和高等教育事务的部委，以促进高等教育和科技、创新活动间的互动和联系，制定科技领域的战略政策，统筹公共和私营科研部门的参与

（一）提升管理效率，调整政府机构设置

随着各国社会经济形势的发展，特别是 2008 年以来全球金融危机的持续发展，对建立节约和高效能政府提出了更严格的要求。为此，若干国家调整了原有的科技与创新管理部门设置，或新建或整合或重组，以提升政府机构在科技与创新管理方面的效率和执行力。

2011 年 3 月，美国进步中心发布《为提升美国的竞争力而重组政府机构》的分析报告，认为美国政府部门在执行促进竞争力的政策与计划方面是分散的，需要重组政府相关机构，以提升这些机构的执行力，使其肩负更大的职责并掌握更多的资源。报告建议：首先进行小规模重组，作为大规模改革的先导，整合国务院与商务部的相关业务，进而创建商务、贸易与技术部及竞争力部，由它们负责以经济发展为目的的科学促进计划，以及政府的科技政策协调职责。①

2011 年 12 月，西班牙政府本着精简部门、节省开支的原则，内阁原有的 15 个部被缩减至 13 个，原科技创新部被并入经济和竞争力部，改为研究开发和创新国务秘书处②。

2012 年 3 月，日本综合科学技术会议提出按照目标导向改革现有体制的思路，内容包括：综合科学技术会议根据科技基本计划设置"科技创新本部"，以强化政府从规划、立案到推进政策的职能；改组综合科学技术会议，确立战略协议会制度，针对重要课题设立战略协议会，在产学官广泛参与的基础上进行决策。③

2013 年，韩国新设了未来创造科学部，整合了原有教育科学技术部的科技管理职能、知识经济部对新技术的资助职能、企划财政部对国家级长期项目的管理职能。同时，废除了国家科学技术委员会，而原有的教育科学技术部被改为教育部。此外，朴槿惠政府还恢复和加强了 5 年前李明博政府执政时被废除的海洋水产部、信息通信部的职责。④

2013 年 9 月，普京总统签署"关于联邦科研组织署"的总统令，批准由联邦政府成立联邦科研组织署。该署将直接隶属于联邦政府，而不属于联邦教育科学部。经俄罗斯联邦总统同意后，由联邦政府任命该署的负责人。该署成立后所面临的首要任务是俄罗斯科学院、俄罗斯医学科学院、俄罗斯农业科学院的"三院合一"问题。⑤ 10 月，俄罗斯政府公

---

① Center for American Progress. Reorganizing government to promote competitiveness. http://www. american-progress. org/issues/2011/03/pdf/competitiveness_brief_1. pdf [2011-03].

② BOLETÍN OFICIAL DEL ESTADO. Aprobación de las nuevas estructuras ministeriales. http://www. boe. es/boe/dias/2011/12/22/pdfs/BOE-A-2011-19939. pdf [2012-04].

③ CSTP. 科学技術イノベーション政策推進専門調査会ミッション及び期待される成果等. http://www8. cao. go. jp/cstp/tyousakai/innovation/1kai/siryo1-2. pdf[2012-05].

④ hankooki. com. 정부 조직개편, 과욕은 금물이다. http://news. hankooki. com/ArticleView/ArticleView. php?url=opinion/201212/h2012122319533076070. htm&ver=v002[2013-01].

⑤ Администрация Президента РФ. Указ «О Федеральном агентстве научных организаций». http://www. kremlin. ru/news/19301[2013-09].

布了总理梅德韦杰夫签署的联邦科研组织署工作条例,并任命当时的联邦财政部副部长科秋科夫担任该署署长。该署对俄罗斯科学院、俄罗斯医学科学院、俄罗斯农业科学院移交的国有资产行使所有权,负责任命其下属科研机构的负责人,对其下属科研机构的所有工作进行评估。该署内部将成立科学协调委员会,负责协调该署及其下属科研机构与重组后的俄罗斯科学院之间的关系。科学协调委员会的成员均为知名学者,由联邦政府指定人员、俄罗斯科学院院士代表,以及来自科研机构、高校和高科技企业的代表组成。[①]

(二)促进科研、教育与创新的联系和整合

高效的研究开发需要跨越各研发相关部门之间的壁垒,对各部门的研发活动进行统一协调。近期最重要的改革趋势是,将科研、教育与创新集成在一个政府部门的统一规划、协调和领导之下。

2011 年,丹麦科学、技术与创新部改为科学、创新与高等教育部,从教育部接管高等教育职能,从经济与商业事务部接管航海教育有关事务,负责研究、创新与高等教育领域相关的政策制定、管理和协调任务。

2012 年,法国科学院建议:撤销法国国家高等教育与研究评估署,将国家科学与技术高级理事会、研究与技术高级理事会、全国高等教育与研究委员会三个国家层面的决策咨询与评估机构合并为研究与高等教育高级理事会。[②]

2013 年,智利总统科技顾问委员会向总统提交了《智利科技创新体制改革建议》报告,提出为解决当前科技管理体制过于分散,无专门负责科技事务的部委,相关部委下属机构间的战略目标及措施缺乏统一和协调等问题,建议成立一个新的负责科技创新和高等教育事务的部委,旨在促进高等教育和科技、创新活动间的互动和联系,制定科技领域的战略政策,统筹公共和私营科研部门的参与。[③]

(三)强化科技咨询机构的建设与建制

科技咨询机构是各国科技决策与管理体系中的重要一环。近年来,一些主要国家特别重视加强政府科技咨询机构的建设,并采取措施对其建制进行优化,以更好地支持政府的科技与创新决策(表 4-2)。

---

① Правительство Российской Федерации. О Федеральном агентстве научных организаций. http://government. ru/docs/7778[2013-10].

② Académie des Sciences. Remarques et propositions sur les structures de la recherche publique en France. http://www. academie-sciences. fr/activite/rapport/rads0912. pdf[2012-09].

③ CORFO. Comisión Asesora en Ciencia, Tecnología e Innovación entrega informe al Presidente. http://www. corfo. cl/sa-la-de-prensa/noticias/2013/mayo-2013/comision-asesora-en-ciencia-tecnologia-e-innovacion-entrega-informe-al-presidente[2013-05].

表 4-2 各国近年强化科技咨询机构建设的主要措施

国家	时间	咨询机构的建立与调整
法国	2013 年	创建战略与预见总署
澳大利亚	2012 年	改组澳大利亚最高科学咨询机构总理科学委员会，更名为总理科学、工程与创新委员会，由首席科学家领衔，制定确保澳大利亚科学可持续发展的战略
西班牙	2012 年	建立科技与创新政策理事会、科技与创新咨询委员会
德国	2010 年	由国家科学院与工程科学院下设的协调委员会承担科学政策咨询和公众咨询

最为突出的是，在这些国家组建或改建政府科技咨询机构的过程中，它们都对科技咨询机构的职能及管理和运行机制做出了明确规定，从而强化了其在实际决策咨询中的作用，而不只是"装饰性"机构。

2010 年 11 月，美国发布了奥巴马总统关于建立总统科技顾问委员会（PCAST）的行政命令[①]，就 PCAST 的职能、管理等做出了规定。根据该命令，在法律许可范围内，应 PCAST 联合主席的要求或为执行 PCAST 的职能，其他各行政部门与机构的首脑应向 PCAST 提供相关的科技事务信息；经与科学顾问协商，PCAST 可授权建立执行分委员会和顾问组，以协助 PCAST 工作；应 PCAST 要求，科学技术政策办公室应为其提供资助、管理和技术等方面的支持。

2012 年 1 月，澳大利亚时任总理吉拉德将澳大利亚最高科学咨询机构——总理科学委员会更名为总理科学、工程与创新委员会，其成员由总理，高等教育、技能、科学与研究部部长，工业与创新部部长，首席科学家，澳大利亚研究理事会（ARC）主席，国立健康与医学研究理事会（NHMRC）主席，其他部长，以及 6 个对澳大利亚科学有重大贡献的个人常设成员组成。规定新委员会每年召开 3 次会议，就澳大利亚必须应对的新老问题提供独立的科学政策建议，其重要使命之一是由首席科学家领衔，制定确保澳大利亚科学可持续发展的战略。[②]

2012 年 9 月，西班牙新建科技与创新政策理事会，目的是有效利用现有资源，解决目前存在的科技创新分散、重复等问题。其主要职能包括：协助制定科技创新发展战略，建立相关监督评估机制；为国家和地方政府机构研究和发布科技报告，为科技计划的制订提供有效的资源和解决办法；促进政府各部门的信息交流，并协调中央和地方政府的合作；促进和开展知识转移等相关创新活动等。11 月，西班牙成立科技与创新咨询委员会。该委员会由经济和社会领域的专家、科技创新领域的专家学者及企业代表组成，具体职能包括：研究分析西班牙科技创新战略和国家科技计划等，提出修改意见并提交报告；履行咨询职能，向政府及科技与创新政策理事会提供建议，尽可能广泛地代表各领域和部门的意见；

---

① The White House. Executive order—President's council of advisors on science and technology. http://www. whitehouse. gov[2010-11].

② Department of Innovation, Australian Government. Revitalised prime minister's science council. http://minister. innovation. gov. au/chrisevans/MediaReleases/Pages/REVITALISEDPRIMEMINISTERSSCIENCECOUNCIL. aspx[2012-01].

完善西班牙科技创新体系的评价机制。[①]

2013 年 1 月，为引领创造型经济的发展和培育新兴产业，韩国教育科学技术部宣布成立会聚技术研究政策中心，目的是避免部委间对领域的重复投资，发挥国家层面的政策指挥中心的作用。该中心的职能包括：作为国家级智囊团，制定涵盖纳米技术、生物技术、信息技术、认知科学在内的国家层面的会聚技术研究战略与政策；发掘与规划有发展潜力的技术；为相关的机构、企业、研究者提供领域综合信息；培养领域专门人才；构建领域的国内外专家网络。该中心将由韩国科学技术研究院（KIST）和高丽大学联合组建，挂靠在 KIST 之下，年度预算为 24 亿韩元，其中的 12 亿韩元来自教育科学技术部，另外 12 亿韩元来自 KIST 和高丽大学的匹配经费。[②]

2013 年 7 月，法国创建隶属于总理府的战略与预见总署（CGSP），取代原法国战略分析中心。著名经济学家 Jean Pisani-Ferry 任战略与预见总专员，主要通过联合社会伙伴与相关利益方对法国未来发展进行会诊，撰写分析报告，为政府决定国家未来重大发展方向和确定经济、社会、文化、环境等领域的中长期发展目标提供意见与建议。在工作机制上，由总理决定 CGSP 的年度工作计划，CGSP 每年向总统、总理与议会提交年度报告；CGSP 通过与 8 个不同领域的政府机构的协调来开展工作。[③]

（四）促进决策中的公开咨询及公众参与

国外科技咨询机构近期发展的一个重要特征是强化决策过程中的公开咨询及公众参与，以提升决策的科学性、执行效果和公众认知与认可度。

2010 年 7 月，英国政府科学办公室在《政府首席科学顾问关于在决策中利用科学与工程建议的指导方针》文件中阐明了各部门和决策者寻求科学与工程建议并加以利用的一般指导原则，包括：及早发现需要吸收科学与工程建议且宜于公众参与的问题；广开专家建议源，特别是在面临不确定性时；采用公开、透明的科学咨询程序，尽早发布有关证据和分析结果；公开解释决策的理由；通过集体协作以确保将科学工程证据和建议有机整合到决策过程中。在咨询程序方面，该文件指出，各部门应考虑其自身的咨询安排和工作实践，以确保公众参与的有效性，并强调各部门应特别确保在如下情况下的建议汲取：该议题引发的问题超出了内部员工的知识范围；对该议题的责任跨越了多个部门；对公共政策领域具有重大潜在影响；可借此强化公众对科学咨询的信心等。[④]

2010 年 10 月，德国科学联席会确定，应该由国家科学院与工程科学院下设的协调委员

---

① MINISTERIO DE ECONOMÍA Y COMPETIVIDAD. Se constituye el Consejo de Política Científica，Tecnológica y de Innovación. http://www. mineco. gob. es/stfls/mineco/prensa/ficheros/noticias/2012/120918_NP_Consejo_Ciencia_vfff. pdf[2014—10].

② 교육과학기술부. 국가 융합정책을 전담할 융합연구정책센터 설립. http://mest. korea. kr/gonews[2013-05].

③ France Stratégie. Bienvenue sur le site du commissariat général à la stratégie et à la prospective. http://www. strategie. gouv. fr/blog/2013/07/bienvenue-sur-le-blog-du-commissariat-general-a-la-strategie-et-a-la-prospective/[2013-07].

④ BIS. The government chief scientific adviser's guidelines on the use of scientific and engineering advice in policy making. http://www. bis. gov. uk [2010-07].

会按照专业范围承担基于科学的政策和公众咨询。更重要的是要对事关社会政策的迫切问题做出有效的答复。①

2011 年 3 月，美国白宫跨部门新兴技术政策协调委员会发布的联邦部门层面的《新兴技术监管指导原则备忘录》要求：对新兴技术的管理与监管应基于科学证据，保障信息充分公开并吸纳最新知识，保障科学判断与政策判断间的独立性；保障重要利益相关方与公众的参与，改善决策、增进信任，保障政府官员获得广泛信息；积极向公众宣传新兴技术的潜在利益与可能风险。②

（五）小结

主要国家宏观科技决策与管理体系调整有如下特征和趋势。

（1）通过政府科技主管部门合并重组促进科技与工业相结合，加强其创新和竞争力促进功能。为了更加突出科技服务于经济和提高竞争力的目标，促进知识向技术的转移和产业化，主要国家，包括美国、韩国、英国、澳大利亚、丹麦、巴西、西班牙、智利等，更加强调政府科技管理机构的创新促进功能，其政府科技主管部门表现出与工业相结合或融入工业部门的趋势。例如，美国进步中心建议整合国务院与商务部的相关业务，进而创建商务、贸易与技术部及竞争力部；西班牙原科技创新部被并入经济和竞争力部。其他一些国家则成立了相应职能的准部级管理机构，如意大利国家创新局、丹麦科技创新署、南非技术创新局等。

（2）在科技咨询机构的建设方面，主要国家近年来也明显加强了针对创新的战略布局。例如，西班牙成立科技与创新咨询委员会，该委员会由经济和社会领域的专家、科技创新领域的专家学者及企业代表组成，履行咨询职能，向政府及科技与创新政策理事会提供建议；澳大利亚总理科学委员会更名为总理科学、工程与创新委员会；负责芬兰科学技术政策战略制定的科技政策委员会改为研究与创新委员会等。

（3）科技决策咨询强调面向社会和公众参与。例如，美国 PCAST 的主要职责包括面向社会广泛搜集信息和思想，应国家科学技术委员会要求向其提供来自联邦政府以外的建议；英国政府首席科学顾问的职责包括搜集和综合来自各方面的各种科技政策建议等。

二、科研资助体系

各国都在积极探索改革和调整科研资助模式，重点引导科研服务于经济和社会发展，凝练资助的重点目标和优先领域，完善科研经费分配管理体系与制度，探索针对特别领域（如变革性研究）的针对性资助机制，并通过建立公私合作计划引导企业投入，以实现政府

---

① GWK. Vom Nutzen wissenschaftlicher nationalakademien. http://www. gwk-bonn. de/fileadmin/Pressemitteilungen/pm2010-14. pdf [2010-10].

② The White House. Emerging Technologies Committee lays out principles for guidance. http://www. whitehouse. gov/blog/2011/03/16/emerging-technologies-committee-lays-out-principles-guidance [2011-03].

研发投入价值和效益的最大化。

（一）引导科研服务于社会经济发展

全球经济的持续萧条，使得通过科技促进经济与社会发展成为许多国家的共识，由此也促成了各国政府与之相关的诸多刺激性政策和战略性布局的出台。

2010 年 2 月，德国联邦政府发表了《2010 研究、创新和技术能力鉴定报告》，其指出：面对金融与经济危机的影响、国际竞争的挑战，为促进德国创新能力，新的研究与创新政策将继续聚焦于高科技战略和促进中小企业发展的措施等方面，支持社会各团体的密切联合，从而在国家层面上确保在孕育未来的领域产生有效的创新价值链。[1]

2011 年 5 月，NSF 发布名为"通过发现与创新壮大美国——NSF 2011～2016 年战略规划"的报告，为 NSF 未来 5 年的优先领域和投资确立了路径，并对 NSF 的远景做了精练的概括。报告提出，指导 NSF 所有短期和长期计划与活动的战略目标是：① 转变前沿，注重研究与教育的无缝集成、研究基础设施与科学发现的紧密结合。包括四大绩效目标：加强革新性研究；培养造就多样化的 STEM 劳动力；通过加强国际合作增强美国在知识前沿领域的国际竞争力；通过加强基础设施建设和方便数据访问，支持研究人员和教育人员的能力建设。② 创新服务于社会。包括三大绩效目标：使投资有益于社会；通过科学与工程发展美国公民应对社会挑战的能力；支持创新型学习系统的开发。[2]

2011 年 6 月，日本内阁府决定在东日本地震和福岛核电站事故后重新考虑"第四期科学技术基本计划"的实施。修订的主要内容包括：将调整能源相关技术的方向、强大的社会应急基础技术、放射物质的调查技术等纳入最优先的研究课题。[3]

2011 年 10 月，澳大利亚研究理事会发布 2011～2012 年到 2013～2014 年战略规划：①研究。重点战略包括：通过竞争性投资框架支持卓越研究；鼓励研究人员、研究团队之间及研究人员与研究成果用户之间的合作；鼓励国际合作和人才流动；重视克服重大社会挑战的跨学科研究等。2011～2012 年度优先行动包括：继续简化和标准化投资规则与投资协议等。②能力。重点战略包括：帮助澳大利亚吸引世界级的研究人员；为研究生和早期生涯研究者提供更多的机会；促进本土研究，提高本土研究人员的研究能力；建设并加强国家研究基础设施，支持国家和国际研究基础设施的共享等。2011～2012 年度优先行动包括：制定加强产业界和研究共同体之间联系的新计划等。[4]

2011 年 10 月，法国国家科研署（ANR）行政委员会通过了该署的 2012 年计划，其中

---

① EFI. Gutachten zu Forschung, innovation und technologis-cher Leistungsfähigkeit 2010. http://www. e-fi. de[2010-03].

② NSF. Empowering the nation through discovery and innovation—NSF strategic plan for fiscal years（FY）2011-2016. http://www. nsf. gov/news/strategicplan/nsfstrategicplan_2011_2016. pdf［2011-05].

③ CSTP. 第 4 期科学技術基本計画の再検討について. http://www8.cao. go. jp/cstp/siryo/haihu93/haihu-si93. html［2011-06].

④ ARC. Strategic plan 2011-2012 to 2013-2014. http://www. arc. gov. au/pdf/strategic_plan_11_14. pdf［2011-10].

专题项目（指定研究方向）与非专题项目（自由申请，面向基础研究）各占 50％ 的预算。该署 2012 年的项目主要集中在公共卫生、气候变化与生态系统、能源控制、可持续城市建设、生态技术与生态理念、增强企业创新能力、未来网络发展与信息安全、软件工程、纳米技术、可持续食品系统、人文社会科学、国家安全与军民两用技术研究 12 个领域，其中前两个领域的项目数量最多。2013 年 7 月，ANR 确立了其在 2014 年的工作重点。新工作重点将兼顾基础研究和技术研究，发展公共科研机构与企业之间的伙伴关系，保障基础研究、技术研究、应用研究与向企业成果转化的统一。ANR 2014 年投入超过 50％ 的资金在以下四个方面：应对法国"2020 战略议程"中提出的九大社会挑战；设立"研究前沿"模块，资助面向所有科学知识的基础研究项目；投入有助于增强法国科研的国际吸引力、建设欧洲研究区的科研设备；设立"研究的经济影响与竞争力"模块，以加强法国科研在工业复兴与增强企业竞争力方面的作用。[①]

2012 年 11 月，挪威研究理事会提议 2014 年的国家预算增加 10 亿挪威克朗，其中 8 个战略优先领域预算总计 4.68 亿挪威克朗。这 8 个战略优先领域旨在克服研究界、商业界、产业界和社会整体面临的最紧迫挑战。[②]

2013 年 1 月，丹麦科技与创新署发布《战略研究原则与机制》报告，强调服务于重大社会挑战解决方案的战略研究，并为战略研究提出三种资助机制：5～7 年期的战略研究中心，资助服务于战略目标、为复杂问题找到解决方案的高水平科研平台；5 年期的战略研究联盟，资助目前研究相对分散且需要联合起来找到解决方案的研究计划；3～5 年期的战略研究项目，针对相对有限的若干研究问题的计划，但要服务于公私部门利益相关者的创新。[③]

2013 年 3 月，英国研究理事会发布《创新与研究理事会》报告，指出科学研究是英国通过创新推动经济与商业增长的关键，研究理事会应通过各种形式支持创新活动并推广科研成果的应用。主要内容包括：① 加强对各级创新人员的培训，满足用户需求。促进科研界与企业界之间的人员交流，包括吸引来自海外的创新者，特别是要促进研究人员向企业用户的流动。② 建立广泛的合作研究项目，合作伙伴应包括大学、研究所、企业、其他科研资助机构及政府机构等。研究理事会将通过与各类伙伴之间的协调与合作，确保企业界对通用基础知识和针对企业的专门技术的吸收，并通过合作加速新技术在所有企业之间的扩散。③ 对创新成果推广及商业化能力项目进行投资，如创新与知识中心、研究与创新园区等。

2013 年 3 月，巴西科学研究与发展项目资助署（FINEP）出台了"2013～2014 行动政策"。该行动政策优先支持通信技术、防御技术、航天技术、石油和天然气、可再生能源、

---

① ANR. 2014 Un équilibre entre recherche fondamentale et recherche technologique. http://www. enseignementsup-recherche. gouv. fr/cid73237/a. n. r. -2014-un-equilibre -entre -recherche -fondamentale -et -recherche -technologique. html [2013-08].

② The Research Council of Norway. Priorities for Norwegian research for 2014. http://www. forskningsradet. no/en/Newsarticle/Priorities_for_Norwegian_research_for_2014/ 1253981813807 [2012-11].

③ Danish Agency for Science Technology and innovation. Strategic research-principles and instruments. http://en. fi. dk/publications/2013[2013-01].

清洁技术、综合卫生产业、社会发展和辅助技术、航空技术、生物技术、纳米技术、新材料的发展。此外，重点支持微小型企业在可持续生产领域的研发。[①]

2013 年 9 月，芬兰政府批准关于 2014～2017 年全面改革研究机构和研究资助的决议，在研究资助方面，将按政府部署，集中各方面的研究资助经费，设立新的战略研究资助计划，在此计划下重组竞争性资助经费和支持社会政策研究、社会服务的资金，使得到 2017 年战略研究基金的经费达到 7000 万欧元，用于应对芬兰社会面临的主要挑战、提高经济竞争力等方面的研究。[②]

（二）促进公私合作

主要国家科研资助机构近期出台的资助计划以促进公私合作为主要目标，其目的有两方面：一是促进技术转移和商业化，实现科技的经济和社会价值；二是通过公私合作计划引导企业提供匹配资金，从而在政府预算紧张的形势下最大化全社会科技投入。主要国家科研资助机构在 2011～2013 年设立的新的公私合作资助计划见表 4-3。

表 4-3　2011～2013 年主要国家科研资助机构促进公私合作的计划

计划发布时间	资助机构	计划名称	资助力度
2011 年 7 月	NSF、Kauffman 基金会、Deshpande 基金会	创新团队计划（innovation corps program，I-Corps）	每年支持 100 个创新团队项目，每个项目 5 万美元，资助 6 个月
2011 年 11 月	NSF	学术与工业联系重大机会计划（GOALI）	资助 3 类项目，资助额一般为每年 3 万～7.5 万美元
2011 年 11 月	加拿大科技部与自然科学与工程理事会	"大学创新思想专项资助"项目（CU-I2I）	5 年提供总计 1200 万加元的资助。每年为每所大学提供 25 万加元，资助可持续 3 年
2013 年 2 月	NSF	"创新联盟节点"（innovation corps"nodes"）项目	资助 3 个"大学创新联盟节点"项目，资助周期为 3 年，每年资助经费为 35 万～125 万美元

2011 年 7 月，NSF 宣布与 Kauffman 基金会、Deshpande 基金会联合发起新的产学研合作伙伴关系计划——创新团队计划（innovation corps program，I-Corps）。这是一项鼓励公私合作的计划，目的是使 NSF 所资助的研究能够与技术、企业与商业群体建立联系，使科学发现与技术开发和社会需求相结合，从而增强美国的全球竞争力。NSF 每年计划支持 100 个创新团队项目，每个项目 5 万美元，资助期限为 6 个月[③]。2013 年 2 月，NSF 宣布，在 I-Corps 计划下资助 3 个"创新联盟节点"（innovation corps "nodes"）项目，促进学术

① Financiadora de Estudos e Projetos. FINEP política operacional 2013-2014. http://download. finep. gov. br/politica-Operacional/politica_operacional_finep_2013_2014. pdf [2013-04].

② Finland Government. Government approved resolution on comprehensive reform of research institutes and research funding. http://government. fi/ajankohtaista/tiedotteet/tiedote/en. jsp?oid=393357[2013-10].

③ NSF. I-Corps:To strengthen the impact of scientific discoveries. http://www. nsf. gov/news/news_summ. jsp?cntn_id=121225&org=NSF&from=news [2011-07].

研究人员与技术、企业和商业人员的合作并促进创新教育，项目资助周期为 3 年，每年的资助经费为 35 万～125 万美元。各项目开展的活动主要包括：提供区域创新培训活动；提供可提高区域创新能力的基础设施与工具；开展"蓝天研究"活动（即没有直接应用价值的基础研究）。[1]

2011 年 11 月，NSF 发布了"学术与工业联系重大机会计划"（GOALI），意图通过项目资助和培训来促进大学与工业界的合作，资助工业界不支持的变革性研究。该计划以高风险、高回报研究为主要目标，重点支持领域包括基础研究、解决一般性问题的新方法、发展创新性的大学-工业界合作教育计划、新知识在大学和工业界之间的直接转移。该计划着重支持以下情况：教师、博士后和学生在工业界从事研究并获得经验；企业的科学家和工程师将来自工业界的视角和技能带到学术界；建立大学与工业界合作从事研究项目的跨学科团队。其项目分为三类：① 工业界-大学合作项目。针对来自高校的个人或小组，鼓励项目研究人员和学生在企业从事部分研究项目。② 工业界的教师和学生项目。针对来自高校的个人，鼓励科学、工程与数学领域的教师或学生在企业从事 3～12 个月的研究，资助额一般为 3 万～7.5 万美元。③ 大学的工程师和科学家项目。为企业员工在大学从事研究提供支持，包括两种类型：企业工程师和科学家访问大学 2～12 个月，资助额为每年至多7.5 万美元；在企业有固定职位的非全时科学与工程领域的学生继续攻读其学位，资助额为每年最多 3 万美元。[2]

2011 年 11 月，加拿大科技部部长和自然科学与工程理事会主席联合发布了一项新的资助项目——"大学创新思想专项资助"项目（CU-I2I），这是在大学和集群创新项目（CCI）框架下鼓励大学与当地企业合作的最新措施，支持将知识转化为生产力。大学与当地企业群体具有较强的联系，因此该项目将对加拿大大学和企业之间的合作与联系提供支持，加速有前景技术的开发和商业化。CU-I2I 专项资助在未来 5 年为成功的大学与企业间合作提供总计 1200 万加元的资助，每年为每所大学提供 25 万加元的资助，而合作企业应匹配相应的资金或条件。资助可持续 3 年，大学和企业可在任何时候自由组合进行申请。[3]

（三）重视变革性研究，探索针对性资助机制

重视应用不意味着基础研究遭到忽视，能带来潜在性重大突破的高风险高回报研究一如既往地得到一些国家政府资助机构的高度重视和支持，这就是所谓的变革性研究。与此同时，这些国家还在不断探索针对变革性研究的专门资助机制。

---

① NSF. New grants to innovation corps "nodes" further enhance public-private partnership. http://www. nsf. gov/news/news_summ. jsp?cntn_id=127011&org=NSF&from=news [2013-02].

② NSF. Grant opportunities for academic liaison with industry (GOALI) http://www. nsf. gov/pubs/2012/nsf12513/nsf12513. htm?org=NSF [2011-07].

③ NSERC. Government of Canada launches new grants to support community-based research partnerships. http://www. nserc-crsng. gc. ca/Media-Media/NewsReleases-CommuniquesDePresse_eng. asp [2011-12].

美国 NSF 支持潜在变革性研究的机制主要有三种，分别是：①"探索性研究早期概念资助"，即支持早期未经测试，但具有潜在变革性的研究思想和研究途径，并可能带来新的学科或跨学科视角；②"基于成就的再支持"，主要支持过去因 NSF 资助（或与 NSF 资助密切相关）取得重要成果的研究；③"创造性扩展"，即为最富创意的研究人员提供延长项目周期的机会，其研究方向应在原申请的同一大类范畴但不局限于起初的申请。①

2010 年，NSF 通过修订价值评议程序来实现支持变革性研究的目标。除了一般的评审小组外，NSF 专门成立了"影子评审小组"来发现变革性研究项目提案。此外，还要由专家小组对变革性研究项目提案做出综合评审以外的第二次独立评估，即所谓的"二维评审"。②

2012 年，NSF 实施 CREATIV（Creative Research Awards for Transformative Inter-disciplinary Ventures）项目，以资助高风险、交叉学科的变革性研究。CREATIV 项目不设优选主题，向 NSF 所资助的所有科学、工程与教育领域开放。在提交项目申请前，申请人需要获得 NSF 至少 2 个学部的书面授权，以表明经过"NSF 学部初步判断，项目符合 CREATIV 的拨款机制"。项目不需外部同行评审，只需要通过 NSF 的内部评审。项目的学术价值判定标准包括：①以新的方式把多个学科领域的概念或方法结合在一起；②形成一个之前很少互动的新的研究群体；③提出面向问题的研究，这些问题需要采用综合的方法才能解决；④提出新的基本问题或者在学科交叉中提出新的研究方向；⑤在理解和使用现有概念或方法解决复杂问题时做出重大改变。2～3 个月后，NSF 会向申请人反馈评审结果。CREATIV 项目资助期限不超过 5 年，且资助必须来自 2 个以上的具有明显差异的学部。对于涉及 2 个学部的项目，资助额为 80 万美元，涉及 3 个或 3 个以上的学部，最高资助额为 100 万美元。③

（四）建立统一的经费分配管理体系

全球经济萧条的持续造成了各国政府研发预算的相对紧张，因此就要求改革科研经费分配管理体系与制度，以实现研发经费的高效分配和利用，提高政府研发投资的使用效率。

2013 年 1 月，美国白宫行政管理与预算办公室（OMB）发表了题为"OMB 对联邦资助的成本原则、审计与管理统一要求指导建议"的报告，主要包括：①协调并简化 OMB 的联邦资助指导，将 OMB 对联邦资助的 8 个指导文件整合为一个，同时澄清对不同实体的要求；②简化联邦资助接受者的汇报要求，受资助者从资助中支付薪水与工资必须遵循正当性；③确保联邦机构在提供资助前能够更好地评估资助申请的财务风险与申请的价值；④更加注重审计，从而防止浪费、欺诈和滥用；⑤确保联邦机构获得受资助者取得的结果，

---

① NSF. Empowering the nation through discovery and innovation—NSF strategic plan for fiscal years（FY）2011-2016. http://www.nsf.gov/news/strategicplan/nsfstrategicplan_2011_2016.pdf［2011-05］.

② NSF. National science foundation's merit review 2010. http://www.nsf.gov/nsb/publications/2011/nsb1141.pdf ［2011-05］.

③ NSF. CREATIV：Creative research awards for transformative interdisciplinary ventures. http://www.nsf.gov/pubs/2012/nsf12011/nsf12011.jsp［2011-11］.

并解决对受资助者管理不足的问题。[①]

2013 年 7 月,《自然》发文讨论了日本拟建立类似美国 NIH 的机构,通过对一系列研究机构经费的统一管理来效仿 NIH 的集中管理方式。日本生物医学研究资金管理存在效率低下的问题,三大部委各自独立地分配研究资金,相互之间缺乏协调,各大部委之间的壁垒阻碍了从基础研究到治疗方法的转化。[②]

2013 年 10 月,日本科技振兴机构的研究开发战略中心(CRDS)发表了题为"主要国家基金资助体系"的会议报告,指出日本科技基金资助存在的问题主要包括:研发资助项目过多,变化频繁,使研究人员难以把握。一些研究人员仅以获取资助为目的,对研究质量缺乏重视[③]。为此,将政府研发资金进行分类:①以国家和社会需求为主导的竞争性资金,由相关省厅进行招募、审查和分配。②以研究人员的自主性为主导的资金,包括竞争性资金,如科学研究费补助金;非竞争性资金,如大学科研基础设施运行费等。

2013 年,英国政府组织独立委员会对七大研究理事会的工作进行每 3 年一次的评估,目标是考核它们目前的管理体制,发现其未来面对的挑战,考虑是否合并部分或全部研究理事会。报告认为,七大研究理事会各自为政,每个研究理事会都拥有自己的行政管理机构、监督机构和独立的预算,希望能够将七大研究理事会每年共计 30 亿英镑的科研资助经费合并放入一个统一的框架进行管理和监督,即建立类似于美国 NSF 的单一综合性资助机构或合并其中某些研究理事会,以提高科研资助工作的效率。[④]

2011 年 11 月,韩国国家科学技术委员会公布了"提高政府研发投资效率计划",希望"实现研发预算的战略性分配和有效利用",高效地管理规模不断扩大的政府研发预算。该计划的具体改革方案包括:①加强研发规划。加强研发前期规划和跨部门协调;针对基础与原创研究、新增长动力等关键领域进行战略性投资;制定为期 5 年的国家中期研发投资战略路线图。②增强研发预算分配的合理性。提高全国 27 家国立科研机构的运营效率,将政府对国立科研机构的稳定支持比重从 2011 年的 42.6% 提高到 2014 年的 70%;利用国家科技信息系统,整顿重复研发项目;调整政府的研发资助结构,有效支持中小企业研发和基础研究。[⑤]

(五)简化项目申报及审批程序

各国相继出台一些简化科研项目的申报及审批程序的政策措施,其目的是提高最优秀

---

① OMB. Proposed OMB uniform guidance: Cost principles, audit, and administrative requirements for federal awards. http://www.whitehouse.gov[2013-01].

② Nature. Outcry over plans for 'Japanese NIH'. http://www.nature.com/news/outcry-over-plans-for-japanese-nih-1.13353[2013-07].

③ JST. 要国のファンディング・システム研究会報告書. http://www.jst.go.jp/crds/pdf/2013/WR/CRDS-FY2013-WR-06.pdf[2013-10].

④ Nature. UK Research Councils could face mergers. http://www.nature.com/news/uk-research-councils-could-face-mergers-1.12319[2013-01].

⑤ NSTC. 정부R&D투자 효율화 추진계획(안). http://www.nstc.go.kr/nstc/civil/report.jsp?mode=view&article_no=3234&pager.offset=0&board_no=17 [2011-11].

的研究人员和企业申报科研项目的积极性，使研究人员可以有更多时间用于研究工作而不是应付审批程序，使其主要关注最终科研成果而不是申请过程中的繁文缛节。

2010 年 4 月，欧盟发布《简化研究框架计划的实施》报告，拟简化参与欧盟资助的研究项目的程序，以减轻项目管理负担。简化措施包括三个部分：① 在现有的法律和规范框架下简化提案与基金管理，如更加一致的申请规则，通过更好的用户支持减少项目审批与拨款的时间等；② 在现有基于成本的体制下改变财务规则，如广泛接受通用的会计实践，采用平均人员成本，使国家研究计划利用与欧盟项目同样的核算方法等；③ 未来框架计划考虑由基于成本的资助转向基于成果的资助。①

在此基础上，2011 年，欧盟提出研究与创新资助统一战略框架，提出了欧盟研究与创新资助拟采取的重大变革，以简化参与机制，增强对科学与经济的影响力②。此外，2013 年，有消息称欧盟委员会将建立"统一支持中心"来协调"地平线 2020"计划的申请和评估程序，并将法律、审计和 IT 服务等整合到一起。"地平线 2020"项目管理的责任机构将由科研总署转移到若干执行委员会，由竞争力与创新执行委员会负责气候与能源社会挑战领域，研究执行委员会负责食品研究相关领域，卓越科学主题下的项目及产业导向的研究将进行外包管理，以节约经费。③

2013 年，巴西科学研究与发展项目资助署出台了"FINEP 30 日计划"，以简化对创新的资助流程，提高透明度，提高 FINEP 资助的速度和质量，从而使项目资助申请的回复时间由 112 天缩短至 30 天④。

（六）小结

全球金融危机和由此带来的预算压力对各国政府提高公共资助研究的效益提出迫切要求。在此环境下，战略性研究由于直接结合国家目标，并服务于重大经济与社会挑战需求，所以在面临更大的预算压力和问责要求的今天更为各国政府所高度重视。各国科研资助体系的改革调整均围绕上述目标，并表现出以下特征和趋势：加强研究资助的战略导向和国家目标牵引，通过战略规划凝聚重点目标和优先领域，更加强调投资的实际产出及其经济与社会贡献；设立新的公私合作资助计划，以促进产学研合作与成果转移转化，同时引导企业的研发投入；在基础性研究资助方面则强调对变革性研究的支持，并探索针对性的资助机制；建立统一、协调的研发经费分配管理体系与制度，以实现研发

---

① European Commission. Simplifying the Implementation of the Research Framework Programmes. http://ec. europa. eu/research/fp7/pdf/communication_on_simplification_2010_en. pdf[2010—05].

② European Commisson. From challenges to opportunities：Towards a common strategic framework for EU research and innovation funding. http://ec. europa. eu/research/csfri/[2011-02].

③ Laura Greenhalgh. Single support service planned for Horizon 2020. http://www. researchresearch. com/index. php?option=com_news&template=rr_2col&view=article&articleId=1339094 [2013-10].

④ FINEP. Glauco Arbix lanäa FINEP 30 dias，uma vitória do financiamento à inovaääo no Brasil. http://www. finep. gov. br[2013-09].

经费的高效分配和利用；在科研项目管理上强调简化项目的申报及审批程序，以减轻项目管理负担。

三、科研评估体系

科研评估是国家发挥科技管理职能和提高科研绩效的重要手段。近年来，主要国家一方面加强了对重大科技政策与计划及政府资助的研究的绩效与影响评估，并将评估作为完善科技政策和计划的手段与资源分配的依据；另一方面，各国在对个体研究人员和具体科研项目的资助和评价方面，又采取了尽量简化流程的做法，以减轻研究人员、评估专家及相关管理人员的负担。与此同时，对评估的局限和适应性问题的认识也在不断深化。全球科研评估在总体上出现了强化评估框架条件、代理机构化和加强协调，以及加强评估能力建设等趋势。

（一）科技评估的总体特征和趋势

《OECD 科学、技术与工业展望 2012》通过问卷调查方法分析总结了全球科学、技术与创新（STI）评估出现的强化评估框架条件、代理机构化和加强协调，以及加强评估能力建设等的重要特征和趋势（表 4-4）。

表 4-4　近年的科学、技术与创新（STI）评估发展趋势

趋势	具体内容	实施国家
评估框架条件的强化	促进评估文化的建立	比利时、巴西、波兰、葡萄牙、俄罗斯、土耳其
	通过立法强化评估	比利时、加拿大、匈牙利
	同中央政府签订绩效协议和合同	法国、芬兰、卢森堡
代理机构化和加强协调	建立新的评估机构	波兰、南非
	加强对评估单位的协调	波兰
加强评估能力建设	在政策评估和影响评估（IA）中执行整体性政府路径与框架	澳大利亚、加拿大、芬兰、爱尔兰、日本、俄罗斯、南非、英国
	为评估确定标准、指导原则和方法框架	阿根廷、日本、荷兰、西班牙、瑞士、英国
	发展和强化 STI 评估重要绩效指标	澳大利亚、比利时、丹麦、芬兰、西班牙等
	建立 STI 政策数据基础，如美国 NSF 的"科学与创新政策的科学"计划	美国、日本
加强评估能力建设	建立评估与 IA 专家团体	美国

资料来源：OECD Science, Technology and Industry Outlook 2012

（二）加强重大政策及计划评估

一些国家近年来加强了对重大科技政策及计划的评估工作，包括这方面长期建制的建立，主要目的是通过评估找出潜在的瓶颈和问题，从而为下一年的政策优化提供依据。

2012 年 6 月，巴西成立国家评价常设委员会，主要进行科技创新政策与计划的宏观评价工作。国家评价常设委员会将对科技与创新部进行监督和评价，每年 12 月发布公开报告评价科技与创新部的政策，找出潜在的瓶颈和问题，为下一年的政策优化提供依据。[①]

2013 年 1 月，巴西科技与创新部出台了首个科技政策年度监督与评价计划，明确了对政府科技政策、方案和行动的评估与跟踪的优先行动和方法，内容包括：①评估行动。考察科技政策、方案和行动所取得的效果和影响，评价过程将在借鉴国内外经验的基础之上，通过技术会议、同行评议并结合定性分析进行。②监测行动。制定和分析科技政策、方案和行动的监测指标，系统监测和跟踪行动中的物力财力执行情况及可能的限制等。③对监测与评估政策的支持措施，如审核国家科技创新指标的制定方法、巩固国家科技指标网络、更新国家科技发展基金资助项目的数据等。

2013 年 2 月，墨西哥科技咨询委员会公布了墨西哥《2008～2012 科技与创新特别计划》评估报告，分析了以下问题：①科研基金。对不同级别（如国家级和地方级）的科研机构未采取不同的资助政策；对科技研发、人才培养、基础设施建设等不同项目未规定明确的资助比例。②科技研发与创新计划。管理效率低下，较重视科学研究和人才培养，不重视技术开发和产品创新；政府科技投入低，并缺乏执行科技创新政策的持久意愿。③人才培养。自主创业人员中研究生学历人数较少。④科研队伍建设。人才流动性差。⑤国立科研中心。应加强对高附加值产业的研究和开发，更多地开展外部评价，将人员绩效考核与项目影响力挂钩。⑥企业发展。多数中小型企业因劳动力素质较差缺乏外来技术吸收能力。[②]

为制定"澳大利亚卫生与医学研究 10 年战略规划"，澳大利亚专门进行了卫生研究评估，评估聚焦于澳大利亚在从发现到转化的所有领域产生世界级卫生与医学研究成果的能力。

（三）强化研发绩效与影响评估

主要国家近年来日益强化对政府资助的研发的绩效评估，特别强调研发对实现经济和社会目标的贡献与影响，并将评估结果作为指导未来资源分配的重要依据，反映了各国对政府研发投资实际收益的高度重视及对相关机构更严格的问责要求。

---

① Ministério de Ciência, Tecnologia e Inovação do Brasil. MCTI implanta políticas de monitoramento e avaliaãão. http://www. mct. gov. br/index. php/content/view/341711. html[2012-07].

② Marco Aurelio Jaso, Salvador Estrada, etc. Metaevaluación del programa especial de ciencia, tecnología e innovación (PECiTI 2008-2012) http://www. foroconsultivo. org. mx[2013-02].

2011 年 4 月，美国联邦首脑备忘录"政府计划问责和 GPRA 执行改革方案"提出联邦绩效管理框架的改革要点，包括：①加强评估，要求各机构首脑和首席运行官（COO）在公共信息官（PIO）的协助下就近阶段优先领域目标实现情况至少每季度开展一次评估。②OMB 应同联邦各机构协作，在有限数量的跨部门政策优先领域就结果导向的优先目标及政府范围的管理优先目标制定联邦政府绩效规划。③加强透明性，包括对机构和联邦跨部门优先领域目标进行季度更新，要使机构战略规划、年度规划、年度报告等相关绩效信息以标准的、机器可读的格式通过中心网站可获得等。①

NSF 2011～2016 年战略规划提出评价 NSF 投资绩效应包括短期（1 年）、中期（2～5年）和长期（5 年以上）评估。最大胆的尝试是长期评价框架的革新，包括支持科学与工程研究、教育的回溯性评估及投资影响研究等。

2012 年 5 月，美国 OMB 发表备忘录，要求联邦机构以证据与评价结果为依据制定 2014 年预算申请。备忘录指出联邦预算将优先考虑分配给那些运用证据的联邦机构。备忘录呼吁各联邦机构开展以下行动：①利用现有数据（如工资、就业与就学人数等）或新技术，低成本地开展新的评估，并扩大对现有计划的评估工作；②利用可比较的成本效率数据来分配资源；③资助机构在资助计划设立过程中要考虑已有证据；④增强各机构的评价能力，制定和管理各机构的研究议程，开展并监督严谨客观的评价活动，为各机构的资源分配决策者与项目管理者提供独立的外部意见，完善项目绩效评价指标等。②

德国对科研与高等教育机构的资助越来越趋向于以指标为依据的基于绩效的途径。多数联邦州如今建立了绩效评估程序，并增加了根据绩效来分配的那部分经费的份额③。

澳大利亚研究理事会"2011～2012 年和 2013～2014 年战略规划"确定了以评估为决策和资源分配依据的原则，提出：要确保政策建议基于证据，具有创新性和战略性；要对战略领域进行评估监测，确保最有效地分配资源等。

韩国国家科学技术委员会 2011 年 11 月公布了"提高政府研发投资效率计划"，希望实现研发预算的战略性分配和有效利用，高效管理规模不断扩大的政府研发预算。该计划特别提出根据评估结果分配下一年度的研发预算。

俄罗斯总统科学与教育委员会 2013 年 4 月召开会议，普京在会上提出评估结果应与科研机构的拨款挂钩，应在目前由各领域专家积极参与的部门评估的基础上，建设国家级的科研机构客观评估体系，评估对象不仅仅是整体性的科研机构，还应包括其下属分支机构、

---

① OMB. Delivering on the accountable government initiative and implementing the GPRA modernization act of 2010. http://www. whitehouse. gov/omb/memoranda_default［2011-04］.

② OMB. Memorandum to the heads of executive departments and agencies: Use of evidence and evaluation in the 2014 budget. http://www. whitehouse. gov/sites/default/files/omb/memoranda/2012/m-12-14. pdf［2012-05］.

③ OECD. OECD Science, Technology and Industry Outlook 2010. http://www. oecd-ilibrary. org/docserver/download/ 9210051ec006. pdf? expires = 1361867183&id = id&accname = ocid56017385&checksum = 183FE15835DC498C17BD70F4CBCD1963 ［2011-01］.

实验室等。

研究影响区别于衡量学术贡献的研究产出，是指研究对经济、社会、文化、国家安全、公共政策与服务、健康、环境、生活质量等的贡献。基于对研究作为长期生产率重要贡献者的价值的认识及其事关国计民生方面的作用的重视，一些国家特别强化了科研影响在绩效评估中的地位和作用，并明确了科研影响评估的相关规范和要求。

美国加强了对联邦资助的研究的影响的全面测度与评估。2010 年 5 月，白宫科技政策办公室会同 NSF 和 NIH 联合资助和领导了一项旨在测度联邦资助的研究的影响的计划——STAR METRICS 计划[1]，该计划以过去从未达到的程度记录联邦政府研发投资的价值，以便可以对投资执行情况进行严格、透明的评估。该计划分两个阶段：第一阶段是计算联邦科学投资对就业的影响；第二阶段是测度科学投资在经济增长、劳动力成果、科学知识、社会成果 4 个重点领域的影响。其中，经济增长将通过诸如专利和新创企业来测度；劳动力成果将通过学生进入劳动力队伍的情况和就业市场来测度；科学知识将通过出版物和引文来测度；社会成果将通过投资的长期健康和环境影响来测度。

2011 年 6 月，NSF 公布价值评价原则与标准改革意向，其评价原则在学术价值外重点突出了影响和国家目标的实现：NSF 所有项目都应有助于推动一系列重大国家目标的实现，包括提高美国的经济竞争力，发展具有全球竞争力的 STEM 劳动力，增强学术界与产业界间的伙伴关系，改善 STEM 本科教育，提高公众的科学素养与参与度，增强国家安全，提高研究与教育基础等；通过研究项目自身、与项目直接相关的活动或由研究项目支持的其他相关活动，能够对推动重大国家目标实现产生广泛影响。[2]

2013 年 11 月，美国国会众议院提出《美国竞争力重授权法案 2013》之《保持美国联邦政府对研究、科学技术与跨部门教育计划的投资法案》（简称《FRIST 法案》），其第 104 条款提出改革美国 NSF 资助管理，把科技促进发展明确纳入评价标准[3]。

英格兰高等教育资助委员会（HEFCE）2010 年 11 月发布了利用同行评议小组评估英国大学研究影响的一年期试验结果报告[4]。该试验在 29 所高校进行，包括物理学、临床医学、地球与环境科学、社会政策学、英语文学 5 个领域。试验结果表明：①参与试验的高校证实，评估其研究的各种影响是可行的；②专家评议是可以用于评估研究影响的合适手段；③未来应根据本次试验的结果继续改进对研究项目的评议程序；④试验涉及 5 个不同学科内的各类研究影响，但是评估研究影响的方法基本类似，说明建立一种适应所有学科

---

① OSTP. STAR METRICS: New way to measure the impact of federally funded research. http://www. whitehouse. gov/ [2010-06].

② NSF. NSB/NSF seeks input on proposed merit review criteria revision and principles. http://www. nsf. gov/nsb/ publications/2011/06_mrtf. jsp [2011-06].

③ Lamar Smith. Subcommittee on research and technology hearing-keeping America FIRST. http://science. house. gov/hearing/subcommittee-research-and-technology-hearing-keeping-america-first-federal-investments[2013-11].

④ HEFCE. Research excellence framework impact pilot exercise: Findings of the expert panels. http://www. hefce. ac. uk/research/ref/pubs/other/re01_10/re01_10. pdf [2010-12].

的通用评估方法是可能的；⑤2014 年，新的"研究卓越框架"（REF）评估体系启动，研究影响应占 25% 的权重，以后将视情况逐步提高。

澳大利亚研究理事会等 8 家研究资助机构 2013 年 6 月发布了统一的研究影响评估原则与框架，明确了对研究影响进行测度和报告的要求与相关规范。具体内容包括：促进与研究影响相关的统一术语的运用；在论证研究影响时尊重学科与领域多样性；开发通用、经济且高效的研究影响数据收集与报告参数；鼓励、承认并奖励规划、监测和评价研究影响的行为；早期设立明确的研究影响进度监测里程碑；确定与投资规模相适应的报告要求；定期向利益相关者通报研究影响；在利用影响测度报告来指导未来投资时与多方利益相关者磋商。

（四）建立科学、规范和简化的评估程序与机制

一些国家或地区，如欧盟、美国、澳大利亚等，在简化评估程序、革新评估机制方面推出了若干重要举措，以提高评估效率，减轻研究人员、评估专家及相关管理人员的负担。

2010 年 3 月，欧盟的《对欧洲研究理事会（ERC）结构与机制评议的结论》报告[①]提出了改进 ERC 评估机制的具体建议，包括：为保证评估的最佳质量，建立专门的分委员会来指导建设用于选择和维护评议专家数据的数据库；为保证 ERC 管理的专业程度，聘用高素质的科学家和专家参与 ERC 执行委员会的科研管理和评估；简化聘用和补偿评议专家的流程等。

2010 年 5 月，欧盟竞争部长理事会通过了"关于简化对欧盟研究与创新项目的支持"的决议[②]。该决议在如下方面达成共识：①降低复杂性。优化征集提案的组织和时间控制，强调有关研究的提案应该是面向问题的，给予自下而上的、跨学科的研究更多的空间。②减少审计。要求欧盟委员会集中力量改善项目周期管理，降低事后审计的要求；对于未来的框架计划，考虑转向更趋于以成果为导向的资助的可能性。③提高质量、可获得性、透明度并改善程序。要求欧盟委员会继续提高可能成为评估者的专家数据库的质量，保证背景、学科和学术思想的多样性；要求欧盟委员会提高申请、评估和协议过程的速度；要求欧盟委员会就审计程序提出更加细致和透明的规则等。

澳大利亚研究理事会 2010 年 11 月发布了"ARC 发现计划咨询稿"[③]。其建议建立靶向发现项目框架，简化发现项目的申请与评估程序。具体措施包括：发现项目向未获得 ECR

---

① Council of the European Union. Council conclusions on the review of the European Research Council's structures and mechanisms. http://www. proinno-europe. eu/sites/default/files/page/10/03/I981-DG%20ENTR-Report%20EIS. pdf [2010-03].

② Council of the European Union. Conclusions on simplified and more efficient programmes supporting European research and innovation. http://www. consilium. europa. eu/uedocs/cms_Data/docs/pressdata/en/intm/114640. pdf [2010-05].

③ ARC. ARC discovery program consultation paper. http://www. arc. gov. au/pdf/DP_consultation_paper. pdf [2010-11].

特别支持的所有阶段的研究人员开放；修订和简化评估程序，并使基于研究的创新实践项目也具有申请资格；重新审定发现项目中研究首席（CI）的资格，修订有关兼职和分段时间聘用方面的规定；所有发现项目资助周期将限制在全时 3 年，特殊情况下可延期 2 年，至多不超过 5 年。

（五）注意评估的适用性和可能的负面影响

在科研评估日益受到各国重视并不断扩大影响面的同时，学界对评估的过度运用（特别是在微观层面）和不良影响进行了讨论和研究，提出需科学和慎重地对待评估，避免评估作用的夸大和被滥用。

2010 年 3 月，《自然》杂志发表社论文章，指出需慎重对待评估，重新考虑评估在一些场合的适用性问题。该文指出，上海交通大学 2003 年开发的国际大学排名系统，对生物医学类大学给予过高的评价，因为忽视了生物医学类文章的引用率高，而工程学或社会学类的文章引用率相对低的事实。另外，该文还对大学是否可以作为合适的评价单元提出质疑。该文认为：学院与实验室应该是更合适的评价单元；新的评估系统应该包括研究、教学、区域与企业参与等多维指标；此外，大学必须避免评价结果过度影响政策制定等。①

2010 年 4 月，*PloS One* 期刊发表文章②，分析了日益增加的论文出版压力对科研质量的不良影响。文章作者谈到，学术界的竞争日益激烈，以及不发表论文就没有出路的氛围，使得科学家不惜任何代价发表文章，这与研究的客观性和真实性相冲突。

2010 年 6 月 9 日，《自然》杂志发文讨论科学研究经济影响的不确定性。文章指出，当政治家要求研究机构定量确定其科学研究的经济价值时，自然而然，研究机构会将它们能够找到的任何数据都拿过来。尽管这些数据被人们所接受，但它们却不是基于可靠的基础。基础科学研究对促进创新具有重要作用，能够促进新的技术、服务与商业模式的产生，但既不能预测哪个学科领域的科学研究能够导致未来的创新，也不能追踪额外的研究投入能够对社会创新能力产生多大的影响。原因在于，创新不是简单的线性系统，而是复杂的非线性生态系统，因而无法量化。

2010 年 6 月 16 日，《自然》杂志发表了科学计量学专家对如何改善科学计量指标以更公平地对研究人员个人进行评价的文章，指出科学计量指标只能作为一种辅助工具，而不是捷径，试图用一个指标去解释所有的事情是不正确的。

（六）小结

各国科研评价体系与机制的改革调整表现出以下特征和趋势：通过评估更严格地执行

---

① Nature. The ratings game：International university rankings need to be improved and interpreted more wisely. http://www. nature. com/［2010-03］.

② PloS One. Do pressures to publish increase scientists' bias? An empirical support from US states data. http://www. plosone. org［2010-04］.

对政府资助机构和研发执行机构的问责和监管，以保证资金的使用效率；加强对重大科技政策、科技计划包括国家创新体系的评估，并将评估作为完善科技政策和制定下一步科技规划的手段；重视政府资助的研究的绩效评估，特别是研究影响（区别于衡量学术贡献的研究产出，是指研究对经济、社会、文化、国家安全、公共政策与服务、健康、环境、生活质量等的贡献）评估，并将评估结果作为资源分配的依据；基础性研究项目评审强化对变革性研究的支持及建立针对性评价机制；在微观的针对具体项目的评估上则力求简化评估流程和减轻评估各方的负担；此外，也要注意评估的局限性和防止其被滥用，特别是在微观的层面及对研究人员个体的评价上。

四、科研机构体系

在全球竞争不断加剧的情况下，世界各国无不重视改革科研机构及其管理体系。科研机构除了自身的研发资源需要加以整合以求实现最佳效益之外，还需要将有限的经费用于战略目标和与经济社会密切相关的研究开发方面，更需要与产业界、学术界及国际研发机构合作，以吸引各方面的人才，并适应国际产业技术的发展及产业竞争需求的快速变化。为此，科研机构的改革与调整出现以下趋势：或以国家目标和产业界需求为导向进行重组和重新定位，或新建前沿研究所以抢先布局新的研究方向和领域，或建立全球性研发机构以吸引世界顶级人才，或创建各类技术创新与技术转移中心以促进研发成果商业化。主要国家调整与建设科研机构体系的措施见表 4-5。

表 4-5　主要国家调整与建设科研机构体系的措施

措施	国家	时间	内容
改革、重组与重新定位	美国	2010 年 3 月	NIST 重组法案，基于任务重组实验室，使实验室负起完成向用户提供从产品到测量服务的基础研究与应用研究的全部职责
		2013 年 6 月	美国信息技术与创新基金会等对 DOE 国家实验室的改革提出建议，以提高实验室运行效率
		2013 年 7 月	美国政府和国会积极酝酿 DOE 国家实验室改革方案
	日本	2013 年 4 月	日本理化学研究所重新定位。根据研究领域，将 RIKEN 的研究单元分为四组：根据国家和社会需要，推进重点课题的解决；尖端科研设施的共用和研发；发挥综合力量，开展课题解决型研究；创新研究集群
		2013 年 7 月	日本拟建立类似美国 NIH 的机构
	加拿大	2013 年 5 月	加拿大重新定位国家研究理事会为面向产业的研究与技术组织
	俄罗斯	2013 年 8～9 月	出台重组俄罗斯科学院法案，进行三院合一改革
合并科研机构	芬兰	2013 年 9 月	芬兰政府批准关于 2014～2017 年全面改革研究机构的决议，具体措施是把研究机构合并成更强大的机构（将农业食品研究院、林业研究院和渔业研究院合并成为自然资源研究院），从而在获取资助、与研究机构及大学之间开展合作等方面，能与欧洲其他研究机构竞争

续表

措施	国家	时间	内容
新建科研机构	德国	2010 年 3 月	马普学会在韩国浦项工业大学设立其第二个国外研究所
		2010 年 5 月	马普人口老龄化生物学研究所成立
		2010 年 6 月	新建 2 个亥姆霍兹研究联盟
		2010 年 11 月	德国联邦教研部建立德国糖尿病研究中心
		2011 年 4 月	德国联邦教研部新建 4 个健康研究中心
	法国	2011 年 5 月	建立 6 个新技术研究院
	俄罗斯	自 2010 年起	建设引领性大型科研机构和大装置
	韩国	2010 年 7 月	韩国教育科学技术部设立 6 个全球实验室
	智利	2013 年 9 月	智利经济部生产力促进委员会与跨国公司合建 4 个国际卓越科研中心
	美国	2010 年 1 月	DOE 新建 3 个能源创新中心
	英国	2010 年 3 月	创建新的网络科学研究所
	丹麦	2013 年 6 月	丹麦科学、创新与高教部与丹麦外交部合作将在巴西、印度和韩国新建创新中心

（一）根据国家目标和产业需求重新定位科研机构

基础研究与工业、商业应用之间的联系和互动日益密切，为适应这种新的形势，各国纷纷推出其综合性科研机构的相关改革举措。这些改革表明，国家大型综合性研究机构（无论应用型还是开发型，甚至包括基础类研究机构）都必须重视其研究与机构使命和国家目标的相关性，它们必须也能够承担技术转移与商业化使命，以服务于产业界需求，贡献于经济增长和就业目标。

2010 年 3 月，美国国会众议院科学技术委员会通过 NIST 重组法案，将 NIST 成立于1988 年的建筑与防火研究实验室、化学科学与技术实验室、电子学与电工学实验室、信息技术实验室、制造工程实验室、材料科学与工程实验室、物理学实验室、纳米尺度科学与工程中心、中子研究中心、测量服务部共 10 个单元改组为物理测量实验室、材料测量实验室、信息技术实验室、工程实验室、中子研究中心、纳米研究中心 6 个单元以更好地响应产业界的需求。这是 NIST 近 20 年来的首次重大调整，基于任务重组实验室，使实验室负起完成向用户提供从产品到测量服务的基础研究与应用研究的全部职责，从而提高了 NIST各实验室的效率和效能。[①]

针对 DOE 对实验室管理繁文缛节过多的问题，出于对预算紧缩的担忧与提高实验室管理效率的需要，国会与白宫都着手对国家实验室进行改革，目标是建立更灵活的实验室管理模式和促进技术商业化。

2013 年 6 月，美国信息技术与创新基金会、美国进步中心、美国传统基金会联合对DOE 国家实验室的管理改革提出建议，主要内容是：减少能源部层面对实验室的微管理，转向更多地由承包商担责，增加实验室在基础设施投资、运作、人力资本管理、外部合作

---

① Lamar Smith. Reorganization could help NIST better meet industry's needs in the 21st century, committee hears. http://www.science.house.gov[2010-03].

等方面的自主权和灵活性；将主管能源的副部长和主管科学的副部长两个职位合二为一，建立垂直集成的管理体系和系统层面的统一规划与绩效评估体系；提高技术转移在评估中的权重，并将早期、前商业化技术示范活动等纳入技术转移范畴。

2013 年 6 月 27 日，参议院预算小组选举由 9 名成员组成改善国家实验室运行的国家委员会；7 月 10 日，能源部部长表示将组建由能源部官员与部分实验室主任组成的国家实验室政策委员会，帮助确定国家实验室在能源部整体研究与技术发展战略中的作用，并委托现有的能源部顾问委员会评估实验室结构。①

2014 年 1 月，美国 Chris Coons 和 Mark Rubio 两位参议员在思想库建议基础上向国会提交名为《美国应对新的国家机遇，大力促进技术、能源和科学的法案》（简称 *The America INNOVATES Act*）。法案以改善管理和促进公共投资科学研究的商业化为宗旨，提出了革新能源部国家实验室体系的目标与具体行动措施，主要包括：建立垂直集成的管理体系，将能源副部长和科学副部长两个职位合并，整合对基础科学与能源应用实验室及计划的布局、规划、管理与评估；简政放权，增加实验室在基础设施投资、运作、人力资本管理、外部合作等方面的自主权，以最小化能源部行政负担，并更好地满足市场需求；促进公私商业化合作和技术转移，以及加强问责与评估等。②

日本理化学研究所（RIKEN）重新定位：自 2013 年 4 月 1 日起，RIKEN 开始执行第 3 期中期计划（2013～2017 年），并相继实施了相关改革，主要内容包括：①在发展方向方面，根据第 3 期中期计划目标"改变范式，促进尖端跨学科研究的发展"的要求，提出"确立新制度，发挥综合力量"的总体目标。②在研究单元的整合方面，改组基础研究所，成立物质科学中心、环境资源科学研究中心和光量子工学研究中心；改组植物科学研究中心，将其并入环境资源科学研究中心；将基因组医学研究中心和过敏免疫研究中心合并，成立统合医学研究中心；将组学科学中心、系统与结构生物学中心和分子成像科学中心合并，成立生命科学基础研究中心；在创新研究集群中，设立"预防医疗和诊断技术开发项目"。③在科研布局方面，淡化研究单元的地域划分。根据研究领域，将 RIKEN 的研究单元分为四组：根据国家和社会需要，推进重点课题的解决；尖端科研设施的共用和研发；发挥综合力量，开展课题解决型研究；创新研究集群。③

加拿大国家研究理事会重新定位：2013 年 5 月，加拿大政府宣布重新定位国家研究理事会，使其转变为面向产业的研究与技术组织。国家研究理事会将改革其组织结构、人员和研究项目，一些研究所或研究团队可能被转移到其他政府部门或学术团体，与国家研究理事会方向不符的另一些机构可能被撤销。重新定位的国家研究理事会将通过投资面向企

① Science. As budgets tighten, Washington talks of shaking up DOE labs. http://www. sciencemag. org/content/341/6142/119. full[2013-07].

② U. S. SENATOR. The America INNOVATES (Implementing New National Opportunities to Vigorously Accelerate Technology, Energy and Science) Act. http://www. coons. senate. gov/download/innovates-legislation[2014-01].

③ RIKEN. 理研の総合力を発揮する——第 3 期中期計画スタート. http://www. riken. jp/～/media/riken/pr/publications/news/2013/rn201304. pdf, http://www. riken. jp/research/labs/[2013-07].

业的大型研发项目来支持加拿大的产业，并发展国际合作网络，确保及时开展前沿研究、获取世界一流的科研基础设施和人才。其改革思路是，从原有支持多种对象的计划群转变为集中于面向产业的计划群，从而为企业提供一套完整的技术解决方案。将通过4种途径建立与产业界的联系：一是战略研发，与产业界建立长期合同，通过有目的的研发活动，解决企业所面临的各种挑战；二是技术服务，通过提供测试、认证、原型设计等方面的服务，解决企业直接面临的问题；三是加强国家科技基础设施管理，保证加拿大的大型工程和科学设施达到世界标准，帮助加拿大企业制造专业化的科学基础设施；四是产业研发援助计划，为中小企业提供咨询服务和资金支持，帮助其成长与发展。①

俄罗斯科学院重组：2013年8月，俄罗斯出台重组俄罗斯科学院的联邦法案。9月18日，俄罗斯国家杜马通过了该法案，并提交俄罗斯联邦委员会（议会上院）审议批准，然后由总统签署后生效。通过的法案文本中照顾到了科技界（尤其是俄罗斯科学院）的不满和诉求，在许多方面进行了完善，如保留俄罗斯科学院远东分院、乌拉尔分院、西伯利亚分院作为联邦预算机构的法人地位，地方分院不移交给即将成立的联邦权力执行部门管辖，分院的经费将不继续在年度联邦预算中单独列支，而是包含在该院的总经费中，由该院分块下拨给各分院。此外，该院各地区科学中心的地位也将得到保留。②

（二）新建前沿研究所以抢先布局新研究方向和领域

德国、美国和俄罗斯等国近年来新建了一批前沿研究所和大科学装置，重点在于布局新的研究方向和开辟新的研究领域。其中，卫生领域是建立新所最集中的，反映了这些国家对关系人类疾病与健康的研究的高度重视。

2010年5月，马普人口老龄化生物学研究所在科隆奠基。研究所每年的运行费用大约为1500万欧元，联邦教研部将为其提供所需经费的50%。

2010年11月，德国糖尿病研究中心（DZD）在柏林落成。该中心由5个来自不同地区的研究机构组成，包括慕尼黑亥姆霍兹中心下属的国家糖尿病中心、杜塞尔多夫糖尿病中心、波茨坦-Rehbrücke人类营养研究所、图宾根大学及德累斯顿大学附属医院。在该研究中心建设的早期阶段，这些机构都会获得每年3300万欧元的资助。这些资金的90%来源于联邦政府，其余的10%来源于地方政府。

2011年4月，根据国际专家委员会的建议，德国联邦教研部决定投资建立4个新的健康研究中心，分别开展传染病、心血管疾病、肺病和癌症的专门化研究。它们是：国家肺病研究中心（DZL）、国家心血管疾病研究中心、国家癌症研究临时性联合组织和国家传染

---

① NRC. Open for business：Refocused NRC will benefit Canadian industries—The government of Canada launches refocused National Research Council. http://www. nrc-cnrc. gc. ca/eng/news/releases/2013/nrc_business. html［2013-05］.

② Государственная Дума Федерального Собрания Российской Федерации. Законопроект № 305828-6，О Российской академии наук，реорганизации государственных академий наук и внесении изменений в отдельные законодательные акты Российской Федерации. http://asozd2. duma. gov. ru/main. nsf/%28Spravka%29? OpenAgent&RN＝305828-6&02［2015-09］.

病研究中心。建立新研究中心的目的是，要把新的医学研究成果更快地推广到医院和大学诊所，造福人类。在 2011～2015 年，联邦政府为 4 个新中心的建设和运营提供 3 亿欧元的专项经费。①

2013 年 7 月，美国 NIH 宣布之后 4 年每年提供 2400 万美元以资助 6～8 个"从大数据到知识发现的卓越中心"（Big Data to Knowledge Centers of Excellence，简称大数据卓越中心），以开发和推广大数据共享、集成、分析、管理的创新方法、软件与工具，从而帮助研究人员提升利用大规模复杂数据集的能力。此外，大数据卓越中心还将向学生与科研人员提供掌握使用与开发大数据分析方法的培训课程。②

在大科学装置及相关机构的布局方面，俄罗斯自 2010 年起开始启动几个引领性大型科研机构的建设，包括：俄罗斯科学中心"库尔恰托夫研究所"（莫斯科）、彼得堡康斯坦丁诺夫核物理研究所（加特契纳）、高能物理研究所（普罗特文诺）及理论和实验物理研究所（莫斯科）。③

德国亥姆霍兹研究中心以大科学装置而闻名。2010 年 6 月，德国亥姆霍兹联合会评议会决定为新建立的亥姆霍兹天体粒子物理研究联盟提供资助。这是由亥姆霍兹德国电子同步加速器中心、卡尔斯鲁厄技术研究所、15 所大学和其他研究机构的工作组共同组成的一个既有研发实力，又有发展潜力，有望在该领域取得世界领先地位的联合研究组织。④

网络和互联网技术一度引领研究前沿。2010 年 3 月，英国政府宣布将投资 3000 万英镑创建新的网络科学研究所，引领 Web3.0 的研究。该研究所的建立旨在使英国成为下一代网络和互联网技术及商业化研究的国际中心，其主要职能是从事研究和开发，并作为研究与商业之间的桥梁加速新技术商业化。该所将与企业合作开展研究，并寻求有利于社会和经济发展的信息技术机会，帮助政府通过政府采购来刺激需求。⑤

马普学会增设新的研究重点智能系统。2011 年 2 月，马普学会调整金属研究所的研究方向，增设新的研究重点智能系统，其中涉及计算机科学、生物学及该所目前关注的材料学领域，希望在三者的边缘地带创建能够孕育未来的新研究领域。⑥ 根据重新定位的科学方向，马普学会评议会批准了新研究所的命名，即马普智能系统研究所，除设在斯图加特的金属研究所之外，还将在图宾根建设新的分支研究所。智能系统研究所首次把软硬件专业

---

① BMBF. Startschuss für vier neue Zentren der Gesundheitsforschung. http://www. bmbf. de/press/3080. php[2011-04].

② NIH. NIH launches ＄96million initiative for big data centers of excellence. http://grants. nih. gov/grants/guide/rfa-files/RFA-HG-13-009. html[2013-07].

③ 科技部. 俄罗斯建世界级科研机构. http://www. most. gov. cn/gnwkjdt/201107/t20110719_88394. htm[2011-07].

④ Helmholtz. Hermann von Helmholtz-Gemeinschaft Deutscher Forschungszentren. http://www. uni. protokolle. de/nachrichten/id/218300/[2011-06].

⑤ http://nds. coi. gov. uk/content/Detail. aspx?ReleaseID=412457&NewsAreaID=2[2010-03].

⑥ MPG. Neuer Forschungsschwerpunkt "intelligente systeme". http://www. mpg. de/1157498/intelligente_systeme [2011-02].

知识捆绑成智能系统、感知、学习和行为 3 个学科。斯图加特分所将设立细胞混合系统、自组织、微型与纳米机器人技术和智能系统理论 4 个研究室。图宾根分所将设立机器学习、图像识别、机器人制造技术和生物学系统 4 个研究室。智能系统研究所的重点是基础研究，但其研究具有巨大的应用潜力，特别是在机器人制造技术、医疗技术等方面。

（三）建立全球性研发机构以吸引世界顶级人才

一些国家近年来加强了其全球研发实验室、国际卓越研究中心和国际化创新中心等各类全球性研发机构的建设，以吸引世界顶级人才和国际投资。

2010 年 3 月，马普学会在韩国浦项工业大学设立其第二个国外研究所。该研究所第一阶段的任务是从 2010 年 7 月起的 5 年间在韩国浦项工业大学设立"阿秒光谱学"和"复合材料"两个研究中心，并参与建设韩国浦项工业大学校园内浦项加速器研究所的加速器设备。第二阶段是计划到 2015 年建立能够容纳 200 多名博士级研究员的材料领域研究所，并将该研究所发展成为马普学会的独立研究所。[①]

2010 年 7 月，韩国教育科学技术部公布了其 2010 年度新设的 6 个全球实验室清单（表 4-6），并将大幅扩大其"全球实验室"计划的投入规模。该部对新增的 6 个全球实验室平均每年各资助经费最高为 5 亿韩元，资助期限最长为 9 年。

表 4-6　2010 年度韩国新增 6 个全球实验室的首席科学家名单

序号	韩方首席科学家	外方首席科学家	学科领域
1	首尔国立大学生命科学学院程龙根	美国哈佛医学院袁钧英（华裔，女）	生命科学
2	成均馆大学医学院李明植	东京都医学科学研究所 Komatsu Masaaki	生命科学
3	首尔国立大学物理与天文学系鞠阳	美国 NIST Joseph A. Stroscic	纳米技术
4	梨花女子大学化学系南元宇	日本大阪大学 Shunichi Fukuzumi；以色列希伯来大学 Sason Shaik	环境
5	KIST 先进电池中心程京润	美国布鲁克海文国家实验室杨晓青（华裔）	能源
6	鲜文大学环境工程系李修远	日本东北大学 Tohru Sekino	环境

2013 年 6 月，丹麦科学、创新与高教部宣布将在巴西、印度和韩国新建国际化的创新中心。创新中心要吸引那些有益于丹麦经济增长和就业的新知识、人才和投资，并利用全球化所带来的各种机遇，加强与国际伙伴的联系，让丹麦企业和研究机构更容易获取杰出的国际研究成果，为丹麦与国际合作伙伴之间的研究与创新合作做出贡献，吸引全球杰出的研究者和学生，创造世界一流的研究与教育环境。创新中心将提供针对性的咨询、激发灵感、培训和回收反馈等服务，以杰出的国际研究环境帮助签署合作协议，开展吸引人才

---

① 浦项工大新闻. 獨 막스플랑크 한국연구소 유치 "확정적". http://times. postech. ac. kr/news/articleView. html?idxno＝4911[2010-03].

并合作派遣留学生方面的工作，并将与丹麦投资署密切合作以吸引国际投资。①

2013 年 9 月，智利经济部生产力促进委员会宣布将与 4 家跨国公司合作建立 4 个新的国际卓越科研中心。作为"智利国际卓越科研中心计划Ⅱ"的一部分，该计划包括企业类和国立科研机构类，此次创立的卓越科研中心（企业类）偏重于同跨国公司合作，旨在借助国际先进技术推动智利的科技发展，同时增强智利科研的国际地位。生产力促进委员会每年将为每个卓越中心提供 200 万美元的资助，期限为 4 年。具体将创立的卓越科研中心为：①与国际最大的研发型制药公司辉瑞制药公司共同投资建立精密医疗中心，用于癌症诊断的基因组技术研究；②与艾默生公司合作建立采矿研发中心，探索开采技术的解决方案；③与全球第二大水务公司苏伊士环境集团共同建立专注于开发可再生能源的科研中心；④与西班牙国际电讯公司 Telefonica 共同建立中心利用信息和通信技术开发"智能城市"项目。②

（四）创建各类科技创新中心以促进技术商业化

美国、德国、法国、英国等主要发达国家近年来非常重视各类科技创新中心，包括工程研究中心、技术创新中心、技术转移中心和产学研合作研发中心等的建设，其目的是为大学、研究机构和企业之间的合作提供更有效的框架和桥梁，从而促进研发成果的转移转化。

2009 年 12 月，美国能源部部长宣布拟投资 3.66 亿美元新建 3 个能源创新中心，以加快 3 个重要能源领域的研发。每个能源创新中心在 5 年内将获得 1.22 亿美元的支持，从而集聚多学科研究团队，以加快具有潜力的能源相关技术的研究进度，并缩短从科学发现到技术开发与商业化示范的时间。③

2011 年 8 月，NSF 宣布投资 7400 万美元建立 4 个新的工程研究中心，以促进在跨学科研究和教育领域与工业界建立伙伴关系。这些工程研究中心的共同目标是创造知识和在重大社会问题解决方面的创新，如健康和可持续发展的挑战，同时推动美国企业的竞争力。4 个新建工程研究中心分别支持太阳能、城市水利基础设施、神经工程和能量传输的研究和创新。2011 年推出的 4 个中心作为 NSF 第三代工程研究中心更加强调与小型研究公司建立合作伙伴关系，同时加强国际合作和文化交流。④

2011 年 12 月，NIH 宣布建立国家先进转化科学中心（NCATS），以促进将科学发现转变为新的药物、诊断方法和设备。NCATS 将作为全国促进转化科学创新的重要枢纽，并

① Copenhagen Capacity. New Danish innovation centres strengthen ties with international partners. http://www.Copcap.com//News list/2013/new-danish-innouation-centres-Strengthen-ties-with-international-partners[2013-07].

② EduGlobal. Cuatro Nuevos Centros De Investigación Se Instalarán En El País. https://www.eduglobal.cl/2013/09/18/cuatro-nuevos-centros-de-investigacion-se-instalaran-en-el-pais/[2013-09].

③ DOE. Department of Energy to invest ＄366million in energy innovation hubs. http://www.energy.gov/news2009/8409.htm[2010-01].

④ NSF. NSF launches new engineering research centers with awards totaling ＄74.0 million. http://www.nsf.gov/news/news_summ.jsp?cntn_id=121042&org=NSF&from=news [2011-08].

将领导由 NIH、国防先进研究计划局和美国食品药品监督管理局（FDA）共同开展的前沿芯片技术创新项目。NCATS 的主要工作包括：提供发展新的治疗手段所需的关键资源；通过"临床与转化科学资助"计划，支持建立国家医学研究机构联盟；通过"治疗加速网络"计划，以前所未有的创新方式资助研究；建立稀有疾病研究办公室，以协调和支持稀有疾病相关研究；通过"FDA-NIH 监管科学"计划，建立跨机构合作，加速先进工具、标准和手段的开发和利用，以发展和评估诊断与治疗产品；为研究人员提供高通量筛检能力，以识别可用于化学探测确认新治疗标靶的化合物。[①]

2010 年 6 月，德国亥姆霍兹联合会评议会决定为新建立的亥姆霍兹德国航空航天中心与大学研究联盟提供资助。该研究联盟是由德国航空航天中心（DLR）与分布于三地的 3 所大学共同建立的研究网络。每个亥姆霍兹研究联盟每年都能从推进与联合基金获得 250 万欧元的资助，各有关亥姆霍兹研究中心也给予等额的资助。资助期限暂定为 5 年。推进与联合基金是由联邦政府根据研究与创新公约为亥姆霍兹联合会增加的经费（每年 5%）建立的，主要用于扩大科学组织的活动空间或实现某一战略目标。[②]

2011 年 6 月，亥姆霍兹联合会评议会批准了在萨克森州弗赖堡创建亥姆霍兹资源技术研究所的计划。该研究所重点沿着从矿物原材料的勘探直至回收利用这一完整的价值创造链开展专门化的新技术研发活动。创建新亥姆霍兹研究所的目标是：与大学共建亥姆霍兹研究所，使亥姆霍兹研究中心和大学之间产生具有特别强度的战略伙伴关系。建立新研究所的程序是：欲建研究所的中心与合作大学首先提交其创意、理念与实施方案，然后接受国际专家委员会的评估和鉴定，最后由亥姆霍兹联合会评议会做出是否建所的决定。亥姆霍兹研究所每年获得的机构式资助为 300 万～500 万欧元。[③]

2011 年 5 月，法国宣布建立 6 个新技术研究院（IRT）的计划。这 6 个全新的机构结合高等教育机构、科研单位和私人企业，目标是成为"战略性产业领域的世界级卓越中心"。技术研究院通过研究、培训与创新活动，在高等教育机构、科研单位与私人企业之间建立起长久的伙伴关系，促进将知识转移给企业，让学生在企业指定的最接近其需求的高阶平台上进行培训，以便融入就业市场、提高法国对企业与优秀国际研究员的吸引力，以期强化法国竞争力园区的生态系统，在未来领域中获得卓越的表现。[④]

2011 年 3 月，英国大学与科学部部长戴维·威利茨（David Willetts）宣布在工程和物质科学研究理事会下建立 9 个创新制造研究中心，为此将投入 5100 万英镑。这些中心依托英国 6 所大学成立，通过提高制药、航天航空、汽车制造等支柱产业的研究水平保持英国

---

① NIH. NIH establishes National Center for Advancing Translational Sciences. http://www. nih. gov/news/health/dec2011/od-23. htm［2011-12］.

② Helmholtz. Neue Helmholtz-Allianzen. http://www. uni-protokolle. de/nachrichten/id/218300/［2011-06］.

③ Helmholtz. Neue Gründung: Helmholtz-Institut Freiberg. http://www. uni-protokolle. de/nachrichten/id/218315/［2011-06］.

④ MESR. Faire le pari de la recherche et de l'innovation pour réindustrialiser notre pays. http://www. enseignement-sup-recherche. gouv. fr/cid56017/reindustrialiser-notre-pays-par-la-recherche-et-l-innovation. html［2011-05］.

在制造技术方面的优势，推动经济增长。这些研究中心致力于新兴科学的研究，如生物制药、新型合成技术和智能自动化，为经济增长谋求新的出路。这 9 个研究中心除得到政府经费支持外，还获得葛兰素史克、劳斯莱斯、IBM 等大公司和一些中小高新企业的资助。

2011 年 12 月，英国在西南港口城市布里斯托尔成立国家复合材料中心。其功能是为中小企业提供新产品开发实验室。布里斯托尔此前已是世界闻名的复合材料生产基地及国际研发中心，新成立的国家中心将在原有基础上进一步实现以下功能：①为制造技术原型和验证设计理念提供规模化生产设施。②作为英国开发和实施快速复合材料制造技术及系统的国家研究中心，同时协调地区复合材料中心的工作。③面向英国大学建立基础研究与合作网络。④开发与组织针对先进复合材料技术的培训。英国 BIS 共向复合材料中心投入 1200 万英镑的资金。另外，西南地区发展署（SWRDA）及欧洲地区发展基金（ERDF）还将分别投资 400 万英镑和 900 万英镑。[①]

（五）小结

基础研究与工业、商业应用之间的联系和互动日益密切，基础研究、应用研究和试验开发之间的界限日趋模糊，三类研究的传统划分不再具有重要意义。这已成为国际组织和各国智囊机构的共识。在这种背景下，各国科研机构的改革调整表现出以下特征和趋势：综合性科研机构改革主要按照创新和应用目标（而非学科领域）进行重组和重新定位，强调更好、更快地响应国家需要和满足产业界需求；建立前沿研究机构和大科学装置设施，以响应快速发展的研究前沿；建立全球性研发机构，推进研究机构的国际化，以吸引世界顶级人才和国际投资；建立各类技术创新中心、技术转移转化中心和产学研合作研发中心，以加快技术创新、技术转移和技术商业化。

（执笔人：汪凌勇　李　宏　刘　栋）

---

① BBC. Vince Cable opens Bristol carbon fibre research centre. http://www.bbc.com/news/uk-england-bristol-15845631 [2011-12].

第五章 | 科技创新政策与措施

一、科技人才政策

科技人才在研究创新活动中起着关键性的作用，但全球人才危机问题却依然严峻。世界经济论坛与波士顿咨询公司 2011 年 1 月 7 日联合发布的《应对全球人才危机的七大措施》报告[①]显示，2020～2030 年将有 25 个国家、13 个行业和 9 个职业面临人才短缺危机，人才短缺问题将会威胁知识经济的可持续发展，人力资源将取代资金资源成为经济繁荣的引擎。报告指出，应对全球人才危机须通过制定人力资源战略规划、放宽移民政策、鼓励人才流通、提高人才科技素养改善就业状况、扩大人才库等来实现。

为促进本国科技竞争力的发展，世界各国均大力推进本国科技人才培养与他国科技人才的吸引政策，通过设立专门计划、建立激励机制、改革移民政策等方式促进不同层次的科技人才的形成与集聚。

（一）重视本国人才培养

近两年，世界各国展开了全面丰富的人才培养措施，通过培养相关领域的创新人才、为青年研究人员提供职业生涯规划等方式，促进优先领域科技人才与潜在人力资源的开发（表 5-1）。

表 5-1　主要国家重要人才培养计划

国家	发布机构	计划名称	计划公布时间	计划持续时间	内容要点
美国	NIH	主任奖计划	2010 年 10 月	2011～ 2015 年	投资 6000 万美元，资助研究人员早期独立，申请人可通过竞争性申请获得独立研究职位
德国	联邦教研部和德意志学术交流中心	博士研究生促进计划	2010 年 6 月	2011～ 2013 年	提供 3 年的专项资助，推进德国大学博士研究生培养的国际化，建立与国际联合授予博士学位的机制

---

① WEF. Global talent risk seven responses. http://www3. weforum. org/docs/PS_WEF_GlobalTalentRisk_Report_2011. pdf［2010-12］.

续表

国家	发布机构	计划名称	计划公布时间	计划持续时间	内容要点
俄罗斯	联邦政府	2014～2020年科研与科教人才联邦专项计划	2013年5月	2014～2020年	联邦政府拨款，支持知名学者领导的科研团队开展高水平的研究；鼓励年轻的副博士组织自主的研发项目
韩国	国家科学技术委员会	第二次科学技术人才培养与支持基本计划	2011年	2011～2015年	投入资金，培养创造性人才
	韩国国家研究基金会	基础科学未来领军人才培养项目	2011年		向基础科学领域优秀的在读研究生提供研究经费，提升他们的研究能力，将他们培养为世界级的科学家
澳大利亚	澳大利亚研究理事会	发现早期生涯研究人员资助计划	2011年	2011～2013年	为有前途的青年研究人员与其所在机构匹配3年经费，从而帮助优秀的青年研究人员在其职业生涯早期能够在高质量和支持性环境下进行研究
瑞典	瓦伦堡基金会	瓦伦堡学院研究员计划	2011年10月	2012～2017年	5年内在全球范围内无条件资助125名优秀的青年研究人员，支持他们在博士后与获得瑞典大学首个研究职位之间的启动经费

1. 加强研究生人才培养

以研究生为主体的创新性青年人才是各国科技人才培养的重点，各国采用投入奖学金、实施人才培养计划、改革研究生院等方式来实现创新人才培养的目标。

（1）投入奖学金。美国每年为 STEM 领域的本科生与国家需求领域的研究生提供竞争性奖学金。1952 年美国 NSF 开始设立研究生助研奖学金计划（graduate research fellowship program，GRFP），通过该计划每年大约 1600 名研究生可获得 3 年的经费支持，截至 2012 年已资助 4.65 万名研究生，其中有 40 人获得了诺贝尔奖。德国联邦政府逐年提高奖学金与相关项目的额度，在 2012 年增加联邦教研部预算近 10%，达到历史最高水平，重点增加高校就读机会、提高天才资助计划奖学金经费。巴西政府计划到 2014 年投资 20.2 亿美元支持科技领域 7.5 万个奖学金名额，重点解决工程学、健康科学、生命科学与技术领域的人才短缺问题。

（2）改革研究生院。日本综合科学技术会议 2010 年提出科学技术研究生的教育改革建议[①]，建议促进研究生院、文部科学省、产业界等的信息交流；加速构建国际通用的、系统的课程制度；公布研究生院毕业生的质量保证体系与评价等。德国研究联合会 2010 年新设 12 个研究生院项目[②]，将在高水平的专业研究与培训的结构化计划中，为博士研究生提供

---

① 総合科学技術会議. 大学院における高度科学技術人材の育成強化検討 WG 報告. http://www8.cao.go.jp/cstp/siryo/haihu90/haihu-si90.html [2010-04].

② DFG. DFG richtet zwölf weitere Graduiertenkollegsein. http://www.dfg.de/service/presse/pressemitteilungen/2010/pressemitteilung_nr_26/index.html [2010-01].

获得博士学位的机会，同时还将在生命科学和经济学领域的两个项目上进行"快速通道"创新模式的探索，为成绩卓越的学士提供通过项目快速获取博士学位的可能。

（3）实施人才培养计划。2010 年德国联邦教研部和德意志学术交流中心联手推动与国际接轨的"博士研究生促进计划"[①]，提供为期 3 年的专项资助，推进德国大学博士研究生培养的国际化，建立与国际联合授予博士学位的机制，如实现在合作学校的研究停留，共同制订授予博士学位计划，设置相互承认的博士学位联合课程等，从而培养出具有国际化视野的优秀博士生。2012 年 12 月，为庆祝研究生助研奖学金计划启动 60 周年，NSF 宣布设立"研究生全球科研机会计划"（GROW）[②]。NSF 将为现在或未来获得 GROW 资助的研究生提供 5000 美元，作为交通与安置费用。研究生可在挪威、芬兰、丹麦、瑞典、法国、日本、韩国、新加坡等与 NSF 合作的 8 个国家中任选一个开展研究，上述八国将为美国研究生提供 3～12 个月的生活与研究补贴。

2. 促进青年科学家职业生涯发展

美国、日本、德国、英国、俄罗斯等国为促进青年研究人员的发展，均建立了有效的激励机制，通过设立计划、改革体制、提供职业生涯规划等，为他们创造更好的科研环境与上升空间。

2010 年美国 NIH 设立主任奖计划（EIA）[③]，在 5 年内投资 6000 万美元，资助研究人员早期独立，给予博士毕业生很大的求职灵活性。申请人可在与机构学术带头人协商并通过竞争性申请后获得独立研究职位，从而不必经历传统的博士后训练阶段，即可拥有独立研究职位，缩短青年科学家的培养时间。2010 年，NIH 还与 Albert and Mary Lasker 基金会联合发起"Lasker 临床研究学者计划"[④]，拟为医学博士提供临床研究项目资助，使研究人员在早期生涯期间获得在 NIH 临床中心 5～7 年的临床研究机会，并在成功完成第一阶段的实践后，获得作为高级临床研究科学家留在 NIH 工作的机会，或可在大学和其他外部研究机构申请为期 4 年的独立财政支持。2011 年 11 月澳大利亚研究理事会发起的"发现早期生涯研究人员资助计划"，将同时为有前途的青年研究人员与其所在机构匹配 3 年经费，从而帮助优秀的青年研究人员能够在其职业生涯早期在高质量和支持性环境下进行研究。2011 年 10 月瑞典瓦伦堡基金会新设的"瓦伦堡学院研究员计划"，将在 5 年内在全球范围内无条件资助 125 名优秀的青年研究人员，支持他们在博士后与获得瑞典大学首个研究职位之间的启动经费。在此期间瑞典大学将向获奖者提供相当于助理教授的职位与薪酬，并

①　黄群.德国推动国际博士授予计划.科学研究动态监测快报——科技战略与政策专辑(内部资料)，2010 年第 13 期（总第 132 期）

②　NSF. NSF launches GROW to accelerate international research collaborations. http://www. nsf. gov/news/news_summ. jsp?cntn_id=126225&org=NSF&from=news［2012 - 12］.

③　NIH. NIH announces new program to accelerate research independence. http://www. nih. gov/news/health/oct2010/od-06. htm［2010-10］.

④　NIH. NIH to offer new clinical research opportunity. http://www. nih. gov/news/health/dec2010/od-09. htm［2010-12］.

提供实验室等研究设施。同时，其随迁的家属还将得到额外的迁移支持。2013 年 5 月，俄罗斯批准"2014～2020 年科研与科教人才联邦专项计划"，将由联邦政府拨款，支持知名学者领导的科研团队开展高水平的研究；鼓励年轻的副博士组织自主的研发项目；支持有才华的青年科技人才充分发挥其创造力等，将到 2020 年提高对年轻科研人员的资助比例。[①]

与上述支持性的中短期计划不同，日本与德国将把对青年研究人员的支持拓展至获得终身职位的可能。"日本强化基础研究应长期采取的策略"中提出建立"新预备终身制"。被选拔出来的青年研究人员在一定时期内若能继续从事研究并取得成果，就能够在接收单位中获得终身职位。德国亥姆霍兹联合会在 2011 年 9 月选拔出 20 名科学家当选为青年科学家小组的领导人，他们将在相应的研究中心建立起自己的研究小组，获得为期 5 年的支持。其后，小组领导人还将获得在亥姆霍兹研究中心选择无期限职位的机会，从而理想地开始其科学职业生涯。

3. 重视重点领域人才的培养

近两年，各国有针对性地在本国优先发展领域进行相关人才的培养与发展，其中以美国的 STEM 领域，日本、俄罗斯的清洁能源等新兴领域，以及韩国的基础研究领域为重点。

在 STEM 领域，2010 年，美国信息技术与创新基金会主任对《美国竞争法案》提出改进意见[②]，针对 STEM 教育所面临的挑战提出建议，包括设立政府-产业界联合 STEM 博士奖学金等。由国会拨款 2100 万美元，使 NSF 增加资助 1000 名研究生。此外，白宫科技政策办公室主任和美国教育部部长也认为应提供稳定与高度指向性的经费用于支持 STEM 教育，并促进私营部门参与支持。美国 PCAST 在改善 K-12 教育[③]的报告中表示，鼓励所有学生学习 STEM 课程，同时使 STEM 领域的学生精于所学科目，并激励他们展开研究。

在能源领域，2010 年，美国能源部推出"核能大学计划"，帮助教育下一代核科学家和工程师，并加强美国大学和学院的核研究和教育能力[④]。该计划将向相关专业的学生提供奖学金与助学金，并同时向参与该计划的大学与学院投入资金用于购买新设备或升级它们的研究反应堆。日本"第三期科学技术基本计划"将人才培养作为科技体制改革中的重要组成部分，在各领域推进战略中，又将能源领域研究人才的培养作

---

① 俄罗斯总理办公室. О Концепциифедеральнойцелевойпрограммы «Научныеинаучно-педагогическиекадрыинновационнойРоссии» на 2014-2020 годы. http://правительство. рф/gov/results/24283/[2010-05].

② Information technology and innovation foundation. Eight ideas for improving *the America Competes Act*. http://www. itif. org/files/2010-america-competes. pdf[2010-03].

③ The White House. Prepare and inspire：K-12 science, technology, engineering, and math（STEM）education for America's future. http://www. whitehouse. gov/sites/default/files/microsites/ostp[2010-09].

④ DOE. Department of Energy announces more than ＄18 million to strengthen nuclear education at U. S. universities and colleges. http://www. energy. gov/news/9200. htm[2010-07].

为目标之一。

2009 年 8 月，德国推出"国家电动汽车发展计划"① 以促进相关领域新一代青年科学家的培养。联邦教研部与弗劳恩霍夫研究所联合，借由该计划共同启动了电动汽车领域第一个大范围的青年科学家培养计划，在 3 年内资助在研究型大学等高等院校攻读电气工程学、机械工程、机电一体化或相关专业的大学生，并设立"电驱动研究奖"，为在相关范围内撰写论文的学生提供奖金。并且开设电动专科论坛，为大学生提供全国联络平台，帮助他们与来自研究机构和产业界的著名代表建立联系。

在基础研究领域，韩国逐步加大对个人基础研究的资助②，2010 年度个人基础研究项目的总投资规模比 2008 年增加了近一倍。在各类型的个人项目中，对青年研究者项目的投入比 2009 年增长 55％，对国家级科学家项目的投入更是增长了 144％，同时最长资助期限也从 6 年延长至 10 年。2011 年，韩国国家研究基金会新启动了"基础科学未来领军人才培养项目"，旨在向基础科学领域优秀的在读研究生提供研究经费，提升他们的研究能力，将他们培养为世界级的科学家，2011 年度共有 20 位数学、物理、化学、生命科学等领域的优秀在读研究生获得了研究经费资助。俄罗斯也将在未来重点支持数学和自然科学等基础研究领域的人才。2010 年 10 月，俄罗斯总统助理指出未来 10 年资助数学和自然科学领域的人才将是俄罗斯的绝对优先方向，此后，俄罗斯政府投入的大部分补充性经费将用来设立补助金、资助最佳的教育方案、建立鼓励天才青少年的机制，以及与俄罗斯的一流大学合作设立专门的数学教育机构，并利用远程教育的优势，最大限度地发挥全球的开放性和现有技术的优势。

4. 支持女性科学家的发展

如何有效地扩充人才库，充分发挥多种人才的作用也是各国应对人才危机的一种方式。德国与韩国在人才政策上努力促进女性与老年科技人才的发展，充分利用其研究成果，不失为一种方法。

2007 年德国发起女教授计划③，由联邦教研部和州共同负担资助经费，至 2010 年，该计划已经为取得博士学位的妇女提供了 200 个大学教授职位，成功地把更多的妇女送上了科学与研究的领导岗位。截至 2010 年 7 月，德国高校女教授的比例已经从 1999 年的 9.9％升至 2008 年的 17.2％。除了教育领域，德国亥姆霍兹联合会利用战略基金支持杰出女性科学家。例如，积极招募或奖励具有领导能力和高水平的杰出女性科学家，并为她们追加数目可观的配备经费。

韩国"科学技术未来愿景与战略"强调促进对女性研究人员、元老级科学家等潜在研究人才的利用，延长科学家的退休年龄，发挥老科学家的咨询作用与在科技援外中的作用。

---

① BMBF. Elektromobilität:Das Auto neu denken. http://www.bmbf.de/de/14706.php [2009-08].
② 교육과학기술부. 2010 년도 이공분야 기초연구사업 시행계획. http://mest.korea.kr/gonews/branch.do?act=detailView&dataId=155682897&sectionId=b_sec_2&type=news&currPage=1&flComment=1&flReply=0 [2010-12].
③ BMBF. Professorinnenprogrammfördert 400. Berufung. http://www.bmbf.de/press/3780.php[2015-06].

预计将科技领域女性岗位的比重从 2006 年的 6.7％增长至 2040 年的 30％以上。同时，针对女性研究人员的生育与育儿需求，为其提供便利。

2011 年 9 月，美国白宫科技政策办公室也发布其与 NSF 共同制定的新的工作地点灵活性政策，以方便美国科学家尤其是女性科学家照顾家庭，在保障其稳定生活的需求下激励其更好地工作。

（二）加强国外人才吸引

人才的培养是一项长期工作，需要从长远规划布局逐步实现。与之相比，吸引国外的优秀人才显得更为紧迫。各国在争夺人才资源时主要采取人才引进与激励计划、改革移民政策等方式。主要国家重要人才吸引与激励计划见表 5-2。

表 5-2　主要国家重要人才吸引与激励计划

国家	发布机构	计划名称	计划公布时间	计划持续时间	内容要点
俄罗斯	俄罗斯科学院	优秀学术成果奖计划	2013 年		为 33 岁以下杰出青年科研人员提供奖金
韩国	政府	国家级科学家项目	自 2005 年起，2010年进行调整	每年	旨在发掘出世界一流原创性研究成果的领衔学者，并为他们深化和发展其自主研究提供资助。每人每年 15 亿韩元的研究费，最多可提供 10 年的资助
加拿大	政府	班廷博士后奖学金计划	2010 年	每年	每年稳定支持 140 位研究人员，颁发 70 个新奖项，提供 5 年的资金吸纳人才到加拿大工作

1. 推出人才引进与激励计划

为吸引优秀人才，激励其科研发展，各国纷纷推出相关计划。加拿大、俄罗斯、韩国、智利通过设立奖金、专项项目等展开人才引进与激励计划。

加拿大通过 2010 年 7 月创始的"班廷博士后奖学金计划"吸引已获得博士学历的海外优秀人才，每年稳定支持 140 位研究人员，颁发 70 个新奖项，提供为期 5 年的资金吸纳一流人才到加拿大工作并留住他们。

除了吸引国际人才，韩国与德国还对在外国工作的韩裔与德裔优秀科学家进行了专门的回国激励。

韩国的"国家级科学家项目"① 从 2005 年开始启动，旨在发掘出世界一流原创性研究成果的领衔学者，并为他们深化和发展其自主研究而提供资助。自 2010 年起，韩国政府向国家级科学家提供每人每年 15 亿韩元的研究费，最多可提供 10 年的资助。智利国家科技研究委员会公布的"吸引海外科研人才计划"，将为优秀人才提供一次性补贴、每年科研辅

---

① http://mest. korea. kr/gonews/branch. do? act＝detailView&dataId＝155462178&sectionId＝b_sec_2&type＝news&currPage=1&flComment=1&flReply=0.

助经费支持等优惠待遇①。

2011 年 9 月 2 日，德国学术国际网络（GAIN）在旧金山年会上通报了国内职业生涯远景，旨在争取目前在美国和加拿大工作的德籍学者返回德国定居和工作。联邦教研部的国务秘书表示，将把让夫妇二人均能从事学术生涯、科学家职业领域的抉择、创办企业的商业投资和相关的职业指导等主题置于会议的主要议程之中。

2013 年 6 月 13 日，法国国民议会就吸引留学生与专业移民的政策进行讨论②，重点包括：①高校强化针对新兴国家与非洲国家的国际化发展战略；②改善海外留学生与科研人员的生活条件；③保障海外优秀留学毕业生在法工作。具体措施包括：突破语言障碍，以英语及其他外语为授课语言；在非洲撒哈拉以南等重点合作地区设立教育分支机构，进行学生的联合培养；为到访留学生与科研人员开辟统一服务窗口，可一站式办理住房申请、奖学金领取、医疗保险等；简化入学、签证、居留证等办理手续；在 2 年内为学生提供 1.3 万套住房，其中一部分专门留作海外留学生与研究人员使用；延长优秀海外毕业生临时居留证期限，保障其从学生身份过渡至工作身份。

2013 年 3 月 25 日，欧盟委员会向欧洲议会和欧盟理事会提交提案③，建议在欧盟范围内建立更加明晰、一致和透明的规则，以减少欧盟国家吸引人才的障碍，提升欧盟作为世界卓越研究中心的吸引力，解决希望到欧盟学习和研究的人员所面临的困难。欧盟委员会提议对现有的有关外国学生和研究人员的两条法令做出修订，以改进以下环节：使申请程序更加直接和透明，成员国当局决定签证或居留许可申请的时间限制为 60 天；促进欧盟内部的人员流动与知识转移，形成更加简单和灵活的规则，以提高研究人员和学生在欧盟内部流动的可能性，同时允许研究人员家属的流动；改善劳动力市场进入规则，对完成研究或学业的研究人员和学生给予 12 个月的滞留时间，以使他们可在此寻找工作和创立自己的事业。提议的修正令有望在欧洲议会和欧盟理事会达成一致后于 2016 年生效。

2. 改革科技移民政策

为吸引国际优秀科研人才，各国在移民政策、签证政策上均制定了相应的措施，以最大限度地便利国外科技人才的工作、生活，并吸引他们在本国定居。主要国家重要移民与签证政策如表 5-3 所示。

---

① CONICYT. Concurso Nacional Apoyo al Retorno Deinvestigadores/as Desde el Extranjero. http://www. conicyt. cl/pai/2013/07/12/apoyo-al-retorno-de-investigadoresas-desde-el-extranjero[2011-09].

② Assemblée Nationale. Débat sur l'immigration étudiante et professionnelle. http://www. enseignementsup-recherche. gouv. fr[2013-06].

③ European Commission. European Commission Making the EU more attractive for foreign students and researchers. http:// ec. europa. eu/dgs/home-affairs/e-library/documents/policies/immigration/study-or-training/docs/students _ and _ researchers _ proposal_com_2013_151_en. pdf[2013-03].

表 5-3　主要国家重要移民与签证政策

国家	政策名称	政策公布时间	内容要点
美国	2013 移民创新法案	2013 年	对就业移民签证持有者、美国大学 STEM 高学位持有者、高级人才，如具有非凡能力的人员、杰出外国专家与研究人员的绿卡发放额不设限；增加面向高技能工人的 H-1B 工作签证与绿卡发放数量，增加 STEM 留学生签证发放数量
俄罗斯	简化外国高技能专家及其家庭成员入境与居留的联邦法律	2010 年	高素质专业人才中的外国公民，享有在获得俄罗斯工作许可的同时延长临时居住期限的权利，并向他们的家庭成员提供无需使用劳动移民配额便可入境俄罗斯的许可
韩国	科学技术未来愿景与战略	2011 年	改进移民与签证制度、允许拥有双重国籍、改善定居环境等，将大学、研究机构的外籍人员比重提高至发达国家水平

　　《美国竞争法案》改进意见中，允许从美国大学获得 STEM 博士学位的外国学生自动享有获取绿卡的资格。国会应自动对科学和工程高级学位获得者授予永久居住权，以便拥有高技术的外国毕业生在不依赖于雇佣关系的情况下也有机会获得绿卡，使他们可以在高风险的小企业中工作并能立刻为经济发展做出更具创造性的贡献。美国《2013 移民创新法案》还规定对就业移民签证持有者、美国大学 STEM 高学位持有者、高级人才，如具有非凡能力的人员、杰出外国专家与研究人员的绿卡发放额不设限。俄罗斯简化外国高技能专家及其家庭成员入境与居留的联邦法律①规定，被认定为高素质专业人才的外国公民，享有在获得俄罗斯工作许可的同时延长临时居住期限的权利，并向他们的家庭成员提供无需使用劳动移民配额便可入境俄罗斯的许可。韩国"科学技术未来愿景与战略"改进移民与签证制度、允许拥有双重国籍、改善定居环境等，将大学、研究机构的外籍人员比重提高至发达国家水平（20％以上）。2013 年 4 月 29 日，法国企业创新会议提出设立"企业家签证"，以吸引来自法国境外的优秀青年企业家。② 2010 年 10 月，德国召开大学校长联席评议会，会议建议改进德国吸纳国际人才的框架条件，有计划地引进非欧盟国家的高水平者，并使之获得"欧盟蓝卡"。

（三）促进人才流动

　　科技人才在国内外各机构的流动有助于人才的成长。日本、德国、法国、韩国、欧盟等均就人才流动推出过支持政策。

---

　　① ФЕДЕРАЛЬНАЯ МИГРАЦИОННАЯ СЛУЖБА. Государственной Думой принят Федеральный закон о создании дополнительных благоприятных условий для въезда и пребывания в Российской Федерации высококвалифицированных иностранных специалистов и членов их семей. http://www. fms. gov. ru/press/news/news_detail. php? ID=39875 ［2010-01］.

　　② OSEO. Assises de l'entrepreneuriat, ce qu'il faut retenir. http://www. oseo. fr/a_la_une/actualites/assises_de_l_entrepreneuriat_ce_qu_il_faut_retenir ［2013-04］.

　　日本与德国出台人才流动调查报告，均指出科技人才的流动性对人才发展的积极影响，并指出应提高人才流动率。日本"第三期科学技术基本计划"指出：为了引领世界科学技术、进一步推动研究活动，促进人才流动十分重要；创建促进研究人员流动、具有活力的研究环境，以及提高包括民间在内的研究人员整体的流动率等，对提高整个国家科学技术研究人才的流动性是十分必要的。德国联邦教研部大学信息系统高等教育研究所（HIS-HF）对 5500 名来自大学和研究机构科研人员的调查[①]显示：1/4 的青年科学家因研究活动至少在国外停留一个月；1/2 的被调查者曾作为青年科学家在国外工作过；超过 80％的青年科学家有海外居留的经历；自然科学、社会学、政治学及人文科学专业的研究人员流动率极高。而费用、行政体制、缺乏辅导、与家庭的分离是阻碍跨国流动的主要因素。德国联邦教研部部长强调，当今全球研究地区间的相互连接比以往更为重要，因此联邦政府支持德国科学家在国际上的流动，同时在本国创造条件，使科学家更轻松无虑地回到德国。

　　在具体措施上，日本 2013 年出台的国立大学改革计划提出在 2020 年前使日本出国留学人数和海外留学生人数翻番的目标。"腾飞！留学日本"促进行动则呼吁构建"全球化人才培养共同体"，鼓励日本青年出国深造与研修[②③]。德国教研部通过"达·芬奇计划"资助青年人到国外留学，资助德国青年人才在国外企业参加 3～9 个月的生产实践，并获得相应的专业、语言资格证明及附加的工作资质证明。联邦教研部希望借由这种大规模支持年轻人到国外留学的促进措施，来支持与创新相关的职业培训工作。法国推动欧盟新的"伊拉斯谟留学生交流计划"，2014～2020 年预算比上期增加了 30％，以促进青年人才的流动[④]。"韩国科学技术未来愿景与战略"制定产学研之间的人才流动制度，并实现人才流动的最大化；引入"双栖制度"，使研究人员在原单位工作的同时又能在其他机构从事研究工作，并推进现有在职人员的继续教育；此外，通过奖励的方式防止教授、研究员因被派遣到产业界而在评估时利益受到侵害，例如，将大学、政府资助研发机构与企业的人员交流业绩与政府财政支持项目的评估挂钩等。欧盟委员会提议修订有关外国学生和研究人员的两条法令：简化申请签证或居留许可的程序；促进欧盟内部的人员流动与知识转移，同时允许研究人员家属的流动等[⑤]。

①　HIS-HF. Nachwuchswissenschaftler international aktiv. http://www. his. de/presse/news/ganze_pm?pm_nr=862 [2011-06].

②　MEXT. 国立大学改革プラン. http://www. mext. go. jp/b_menu/houdou/25/11/__icsFiles/afieldfile/2013/11/26/1341852_01_4. pdf[2013-12].

③　MEXT. 日本の若者の海外留学の促進に向けて. http://www. mext. go. jp/a_menu/kokusai/global/index. htm [2013-12].

④　MESR. Le gouvernement rend plus accessible la mobilité européenne et internationale des jeunes. http://www. enseignementsup-recherche. gouv. fr/cid73196/le-gouvernement-rend-plus-accessible-la-mobilite-europeenne-et-international-ale-des-jeunes. html[2013-07].

⑤　European Commission. Making the EU more attractive for foreign students and researchers. http://ec. europa. eu/dgs/home-affairs/e-library/documents/policies/immigration/study-or-training/docs/students _ and _ researchers _ proposal _ com_2013_151_en. pdf [2013-12].

（四）小结

作为科技后备军的研究生的培养一直是各国政府科技政策的重点。各国政府不仅设立奖学金资助计划、改革研究生培养体系，还积极推进研究生培养的国际化战略：美国 NSF 早在 1952 年就设立了研究生奖学金计划；德国联邦政府逐年提高天才资助计划的奖学金额度；日本与德国等国家还探索研究生院的改革行动，以此构建与国际接轨的高学历科技人才培养体系；德国联邦教研部与美国 NSF 分别设立专门计划，推进本国研究生培养的国际化战略。

对于本国青年科学家许多国家都设有专门的资助计划，以资助其早期研究独立，为其创造更好的科研环境与上升空间：2010 年美国 NIH 设立的"主任奖计划"缩短了青年科学家的培养时间；2011 年澳大利亚研究理事会发起的"早期生涯研究人员资助计划"帮助优秀的青年科学家能够在高质量和支持性环境下进行研究；日本提出的新预备终身制与德国亥姆霍兹联合会的"青年科学家小组领导人计划"把对青年研究人员的支持拓展至获得终身职位的可能。

改善本国 STEM 领域科技人才培养历来受到美国政府的重视，此外，培养下一代核科学家与工程师也受到美国能源部的重视。在电动汽车领域德国也推出了新一代青年科学家培养计划。韩国与俄罗斯则推出专项计划加强本国数学、物理、化学等自然科学领域的基础研究人才的培养。

为有效扩充本国的科技人才库，德国发起了女教授计划，韩国也提出到 2040 年将科技领域女性工作人员的比重提高到 30％以上的雄伟目标。同时，各国探索制定了针对女性研究人员生育与育儿需求的更加便利的制度，如 2011 年，美国 NSF 制定的工作地点灵活性政策，方便女性科学家照顾家庭，在保障其稳定生活的需求下激励其更好地工作。

各国主要采取人才引进与激励计划、改革移民政策等方式争夺、吸引国外的优秀科技人才。例如，2010 年加拿大设立了"班廷博士后奖学金计划"吸引已获得博士学历的海外优秀人才；2013 年法国国民议会讨论延长优秀海外毕业生临时居留证期限，保障其从学生身份过渡至工作身份；2010 年，韩国改进移民与签证制度，允许拥有双重国籍，改善定居环境等，将大学、研究机构的外籍人员比重提高至发达国家水平（20％以上）；2013 年法国提出设立"企业家签证"，以吸引来自法国境外的优秀青年企业家；2010 年，德国大学校长联席评议会建议改进德国吸纳国际人才的框架条件，有计划地引进非欧盟国家的高水平者，并使之获得"欧盟蓝卡"。

为促进科技人才的快速成长，日本、德国、法国、韩国、欧盟等均就人才流动推出过支持政策。"腾飞！留学日本"促进行动鼓励日本青年出国深造与研修；德国教研部通过"达·芬奇计划"资助青年人到国外留学 3～9 个月；欧盟"伊拉斯谟留学生交流计划"2014～2020 年预算比上期增加了 30％，以促进欧洲青年人才的流动。

（执笔人：王建芳　裴瑞敏　陈晓怡）

二、产业创新政策

2010～2012 年，面对全球金融危机及经济衰退的反复发作，世界主要国家或地区无不将企业创新作为提高经济增长质量的关键，在国家的创新政策与措施中重点突出对企业创新活动的支持。主要国家或地区的产业创新政策如表 5-4 所示。

表 5-4 主要国家或地区的产业创新政策

时间	国家（地区）	机构	计划/措施	要点
2010 年	澳大利亚	政府	实现国家经济无缝伙伴关系计划等一系列计划	促进中小企业创新
2010 年	美国	国家科学基金会	产学合作中心基础研究计划	针对产学合作中心推出，预计提供总计 160 万美元的资助，约资助 10 个项目，平均支持强度为 5 万～20 万美元，这些项目必须有工业界参与合作
2010 年 4 月	美国	政府	能源区域创新集群计划	建立和示范可持续的、具有能源效率的典型，实现国家战略目标，整合能源部的能源创新中心计划，与更广泛的区域经济发展计划相衔接
2010 年 5 月	美国	商务部创新与创业办公室和经济发展署及 NSF 和 NIH	"i6 挑战"计划	旨在通过驱动创新与创业及建立强大的公私合作伙伴关系，促进创新思想进入市场，进而推动奥巴马政府的优先领域
2010 年 9 月	美国	能源部	大学能源技术商业化推广计划	投资 530 万美元，目的是将急需资金的研究和开发活动相连接，提高美国绿色技术商业化发展的速度和扩大其规模
2010 年 12 月	法国	国家科研中心、法国原子能总署、太阳号加速器机构与大科学装置产业合作伙伴协会	科学与产业合作协议	增加大型仪器研究方面联合研发项目的产研合作；增强产研交流，以便更好地了解需求、工具和服务
2011 年 1 月	德国	联邦经济和技术部	技术攻关计划	目的是完善基础条件，加强中小型企业的创新和研究能力，支持关键技术的攻关，并把多种多样的支持有力地结合在一起
2011 年 1 月	英国	技术战略委员会	国家 TIC 网络建设计划	投资额为 2 亿英镑，作为英国新的国家技术转移促进网络
2011 年 3 月	欧洲	欧洲研究理事会	资助新的概念验证的计划	为促进研究成果走向市场提供过渡性经费支持。计划的总资助额度为 1000 万欧元，资助对象为已经获得欧洲研究理事会资助的研究人员，项目资助额度为最高 15 万欧元
2011 年 5 月	法国	政府	成果转化国家基金	投入 10 亿欧元，旨在提高成果转化效率并显著改善其现状
2011 年 6 月	美国	政府	国家先进制造伙伴关系计划	促进美国经济重新向制造业转型，找到产业界、学术界与政府之间的合作机会，促进对新兴制造业技术的开发和投资

续表

时间	国家（地区）	机构	计划/措施	要点
2011 年 10 月	美国	政府	"加速联邦实验室研究成果向市场转化速度"备忘录	要求联邦机构加速建立并简化公私研究合作、资助小企业研发、大学与新创企业合作的程序，从而使技术转移的周期减半；鼓励联邦机构更灵活地与企业合作，与地方建立伙伴关系来支持区域创新集群的发展，与地方企业和其他组织共享研究设施；联邦机构制订促进实验室成果向市场转移的 5 年计划，并提出可对其发展进行测度的指标
2011 年 12 月	美国	国立卫生研究院	建立国家先进转化科学中心	以促进将科学发现转变为新的药物、诊断方法和设备
2012 年 2 月	法国	经济部、战略投资基金（FSI）与法国信托投资银行（CDC）	FSI 法国投资 2020 计划	表明法国政府将加强 FSI 对中小企业的直接投资，以增强法国企业的创新能力与竞争力
2012 年 3 月	美国	国防部、能源部、商务部与国家科学基金会	制造业创新国家网络计划	在全美建立由 15 个制造业创新研究所组成的创新网络，使企业、大学、社区学校、联邦机构、州政府联合起来对企业相关制造技术进行投资，从而为基础研究与产品开发之间的鸿沟搭建桥梁，为企业提供可共享资产，尤其是向中小企业提供前沿技能与设备，并为教育和培训拥有先进制造技能的学生与工人提供优越的环境
2012 年 4 月	英国	技术战略委员会	生物医学催化计划	资助总额为 1.8 亿英镑，以帮助创新型中小企业和学术界开发医学领域的创新性实用技术
2012 年 4 月	韩国	教育科学技术部与研发特区支援本部	基础研究成果后续研发资助项目	主要针对国际科学商业区内的大学和科研机构的基础研究成果进行技术验证，探索其产业化的可行性，发掘未来利用可能性高的基础研究成果，并在介于纯基础研究和产业化之间的定向性基础研究、纯应用研究、应用研究和开发研究四个阶段，对基础研究成果的研究规划和后续研发进行资助。每年资助 3 亿韩元，资助期限为 2 年
2012 年 12 月	瑞士	技术与创新委员会	促进知识与技术转移的新策略	为企业和公立研究机构提供长期合作网络，产生新的创新合作机会
2013 年 1 月	美国	政府	5 项新的技术促进计划	旨在联合教育型非营利机构、学校和技术专业人员，转变年轻人接受和学习技术的方式的美国 2020 计划；设更有活力、更具包容性和更富竞争力的地区创新经济体的行动计划；在线计算机科学教师培训计划；旨在帮助那些被忽视的社区的家长及年轻人有机会接触 STEM 领域的相关机构及参与 STEM 领域的技术接触计划；传统黑人大学（HBCU）技术创业与创新计划
2013 年 2 月	澳大利亚	政府	澳大利亚创业计划	支持澳大利亚公司在本国创造更多就业机会；支持澳大利亚工业界赢得新的海外市场；共同建设澳大利亚的未来，建立"制造与服务领导组"，鼓励工业界与政府合作

续表

时间	国家（地区）	机构	计划/措施	要点
2013 年 3 月	巴西	联邦政府	企业创新计划	投入约 164.5 亿美元用于刺激各经济领域通过技术创新提高生产力和竞争力
2013 年 4 月	加拿大	政府	经济行动计划 2013	提出支持制造业创新的具体措施：为新机械设备提供减税，加大对制造业的资金支持力度；加大对航空产业的支持力度；支持大型科技计划；帮助中小企业快速转化其产品和服务，通过国家研究理事会的"产业研究援助计划"，对大型和非营利研究机构的研究、计划及商业发展服务提供资助
2013 年 4 月	美国	商务部	制造业社区伙伴投资计划	目的是加速制造业复苏，并帮助社区创造高收入制造业岗位。2013 年，IMCP 计划资助 25 个社区制订实施准备计划，商务部经济发展署向每个社区提供 20 万美元的资助
2013 年 4 月	法国		提出促进企业创新的新举措	在高中与大学设立新的教育项目，培养学生的企业创新思想；由法国公共投资银行（BPI）设立一个企业创建基金；制定允许在大学时创建企业的学生在毕业后继续享有学生身份的优惠政策；撤销曾破产的企业家在法国中央银行的破产记录，以帮助其重启职业生涯；设立"企业家签证"以吸引来自法国境外的优秀青年企业家；在美国和亚洲设立相关机构，促进法国中小企业进入当地；鼓励大企业对创新型中小企业进行投资；扩大对创新型新创企业减免费用的范围；为促进法国大众筹资工作的发展而设立立法框架
2013 年 10 月	法国	教研部	促进大学生创新与创业的四大举措	在大学所有领域的本科、硕士、博士阶段开设创业与创新课程；在高校建立共约 30 个"创新、转化与创业学生集群"，在高校内部发展孵化器与学生创业项目；为创建企业的毕业生提供"学生企业家"身份，允许其在创业期间享有学生身份的政策优惠；设立"学生创业"奖，为优秀创业项目提供奖励
2013 年 11 月	法国	教研部	加强卡诺研究所研发活动对经济的促进作用	2014 年在未来投资计划中设立"产业领域卡诺研究所"项目，投入 1.2 亿欧元支持面向中小企业的成果转化，通过帮助同一领域的企业确定技术需求，提供技术平台的使用，促进其产品与服务升级；设立"卡诺研究所三期"指导委员会，集中来自卡诺研究所委员会、法国技术科学院、重要国企的 8 位专家，结合法国科研与产业体系的组织情况，于 2014 年 6 月前对卡诺研究所运行机制与第三期发展提出意见，提高其专业性并扩大其影响力

（一）推进产业升级与转型

全球金融危机及经济衰退让欧美等发达国家或地区重新认识到实体经济的重要性。因此，各个国家或地区开始关注制定新的产业发展战略，力图通过产业升级与转型促进经济复苏与增长。其中，美国的新产业发展战略着重于促进先进制造业的回归。2012 年 1 月，奥巴马总统的国情咨文，更是将制造业与清洁能源和劳工技能并列，作为重振美国经济的三大支柱之一。①

2011 年 6 月，美国总统奥巴马采纳了 PCAST 的建议，启动了"国家先进制造伙伴关系计划"，该战略性计划的主要任务是促进美国经济重新向制造业转型，找到产业界、学术界与政府之间的合作机会，促进对新兴制造业技术的开发和投资。2011 年 12 月，美国商务部部长进一步宣布在美国 NIST 设立"国家先进制造伙伴关系计划"办公室，负责协调与推进该计划，使得这一制造业发展战略的实施得以落实②。2013 年 4 月 17 日，美国商务部宣布发起"制造业社区伙伴投资计划"，目的是加速制造业复苏，并帮助社区创造高收入制造业岗位。2013 年，制造业社区伙伴投资计划资助 25 个社区制订实施准备计划，商务部经济发展署向每个社区提供 20 万美元的资助。2014 年，制造业社区伙伴投资计划从 25 个社区中遴选资助 5～6 个先导项目，向每个项目提供 2500 万美元的资助。此外，USDA、劳工部、交通部、DOE、国防部、NSF、环保署与小企业发展署等也为该计划提供资助。为保证联邦资助的收益最大化，先导项目要求社区提供匹配资助，其遴选标准是：①社区在认识自身比较优势的基础上制订实施准备计划；②能够吸引大学或研究机构进行公私联合投资；能够鼓励社区内部的合作，从而巩固和增强其吸引投资者在社区内开展商业化活动的能力。③

英国的新产业战略则首选了汽车产业，其次是石油和天然气产业。2012 年 2 月，英国 BIS 部长发表了有关产业发展战略的讲话，指出当前经济增长模式的转变需要国家制定全面、可持续的产业发展战略，来推动建立国家的远期产业能力，主要内容包括：①保障国家的基础研究能力，保持英国研究理事会的资助力度，引导科研项目面向国家需求和重大挑战，保持 1/3 左右的项目针对科学家的个人兴趣；②在科研人员与企业间建立更强的联系，推动前沿科学技术开发和新应用；③系统化地寻找发展新技术的优先领域。英国需要长期研发和投资的行业有很多。因此，英国政府虽应避免特定支持某一产业的发展，但要重点支持英国已经表现为最优的产业。英国政府新产业战略明确支持的首先是汽车产业，其次是石油和天然气产业，英国政府随后重点资助了这两个领域的技术培训和研发活动。④⑤

德国的做法则是进一步调整和强化高技术战略。2012 年 3 月，德国联邦内阁通过了"高技术战略行动计划"，新增加 10 个未来项目。这些未来项目遵循未来 10～15 年的科技

①　The White House. State of the Union 2012. http://www. whitehouse. gov/the-press-office/2012/01/24/remarks-president-state-union-address[2012-01].

②　NIST. National Program Office for the Advanced Manufacturing Partnership established at NIST. http://www. nist. gov/public_affairs/releases/ [2011-06].

③　DOC. Deputy Secretary Blank announces new federal partnershipto promote manufacturing investment in American communities, create jobs. http://www. commerce. gov/news/press-releases/2013/04/17/deputy-secretary-blank-announces-new-federal-partnership-promote-manu[2013-04].

④　BIS. Industrial strategy：Next steps. http://www. bis. gov. uk/news/speeches/vince-cable-industrial-strategy-next-steps-2012[2012-10].

⑤　BIS. What's the good of government. http://www. bis. gov. uk/news/speeches/david-willetts-whats-the-good-of-government-2012[2012-12].

发展目标，是落实德国创新政策的重要手段，包括：气候、能源领域、健康、营养领域、交通领域、通信领域和安全领域，计划在 2012～2015 年投资 84 亿欧元。[①]

（二）支持企业创新与创业

良好的创新融资环境是创新型企业创业和发展成功的一个基本关键因素，为此，一些国家非常重视为企业提供良好的创新投资和融资环境。

德国政府非常重视企业的创新融资环境。2011 年 4 月，德国总理默克尔召集了德国第二次"创新对话"会议，讨论了如何改善德国创办创新型公司的融资环境。默克尔强调了"高科技创业者基金"在支持企业创建早期阶段的融资意义，要求通过第二期"高科技创业者基金"继续加强公共部门与经济界的良好合作关系。她要求对以机构作为风险资本参与的方式及其参与度进行检验，并完善天使投资人的框架条件。[②]

法国则通过政府设立的基金强化对企业创新的资助。2008 年年底法国为应对金融危机、振兴工业而设立了 FSI。2012 年 2 月，法国经济部、FSI 与 CDC 共同宣布实施"FSI 法国投资 2020 计划"，加强 FSI 对中小企业的直接投资，以增强法国企业的创新能力与竞争力。该计划将投入 50 亿欧元（40 亿来自 FSI），实行长效投资机制（与企业签订 8 年合约），对新的创新型企业提供长期资助，并为具有国际化视野的成熟中小企业提供支持。[③] 2013 年 4 月 29 日，"法国企业创新会议"提出了一系列新举措：①在高中与大学设立新的教育项目，培养学生的企业创新思想；②由法国公共投资银行设立一个企业创建基金；③制定允许在大学时创建企业的学生在毕业后继续享有学生身份的优惠政策；④撤销曾破产的企业家在法国中央银行的破产记录，以帮助他们重启职业生涯；⑤在美国和亚洲设立相关机构，促进法国中小企业进入当地；⑥鼓励大企业对创新型中小企业进行投资；⑦扩大对创新型新创企业减免费用的范围；⑧为促进法国大众筹资工作的开展而设立立法框架。[④]

2013 年 3 月 20 日，英国财政部发布政府 2013—2014 财年预算案，在保证政府财政平衡的基础上大幅增加对创新活动的支持，通过促进企业和关键产业的创新来拉动经济发展。预算案的主要内容包括：①扩大对小企业研发计划的支持力度，由 2012—2013 财年的 4000 万英镑增加到 2013—2014 财年的 1 亿英镑，2014—2015 财年增加到 2 亿英镑。同时，向各大商业银行提供 10 亿英镑，扩大它们对小企业的长期贷款。②增加对创业贷款计划的支持力度，支持 18～30 岁的创业者创建新企业。2013—2014 财年，该计划的总资助额度比上一

---

① BMBF. Bundeskabinett beschliesst aktionsplan für die hightech-strategie. http://www. bmbf. de/press/3249. php [2012-03].

② Die Bundesregierung. Innovationsdialog begrüßt "High-Tech Gründerfonds II". http://www. bundeskanzlerin. de [2011-04].

③ Premier ministre. Lancement du programme FSI France investissement 2020. http://investissement-avenir. gouvernement. fr/content/lancement-du-programme-fsi-france-investissement. 2020[2012-03].

④ OSEO. Assises de l'entrepreneuriat:Ce qu'il faut retenir. http://www. oseo. fr/a_la_une/actualites/assises_de_l_entrepreneuriat_ce_qu_il_faut_retenir [2013-05].

年度增加 3000 万英镑，达到 4200 万英镑，2014—2015 财年增加到 6000 万英镑。③为进一步支持政府产业发展战略，2013—2014 财年提供 16 亿英镑，主要用于支持汽车、航空、生命科学、农业科技等关键部门的研发。④进一步加大对数字媒体产业的支持力度，将英国建成数字媒体产品的全球中心。支持该产业的技术提升、出口扩大和能力建设。⑤从 2013 年起，未来 7 年，由政府与企业界分别提供 10 亿英镑，建立英国航空技术研究院，支持下一代飞机技术的研发。①

加拿大政府在"经济行动计划 2013"中提出了支持制造业创新的具体措施，包括：为新机械设备提供减税，将资本成果补贴延长至 2 年，加大对制造业的资金支持力度；加大对航空产业的支持力度，对加拿大战略航空与防御计划提供 10 亿加元的投资；支持大型科技计划，2014—2015 财年向新制定的"航空技术演示计划"投入 1.1 亿加元，之后每年投入 5500 万加元，以展示航空技术的商业潜力，并促进跨行业合作；帮助中小企业快速转化其产品和服务，通过国家研究理事会的"产业研究援助计划"，对大型和非营利研究机构的研究、计划及商业发展服务提供资助。此外，政府还先后向安大略省、魁北克省及不列颠哥伦比亚省的制造企业提供支持，向南安大略提供 9.2 亿加元以支持该地区的联邦经济发展机构，在安大略省设立新的先进制造基金，提供 2 亿加元用于促进该省的制造业创新等。②

2013 年 2 月，澳大利亚发布"澳大利亚创业计划"，以求通过以下政策和手段促进澳大利亚的创新，提高生产力与竞争力：①支持澳大利亚公司在本国创造更多就业机会。扩大"澳大利亚工业参与计划"；强化反倾销与反补贴税系统改革。②支持澳大利亚工业界赢得新的海外市场。建立 10 个"工业创新区"，以加强企业和研究机构之间的联系，帮助工业界提高生产力和竞争力，对具有高增长潜力的中小企业提供新的支持；使澳大利亚成为临床研究与新医疗技术商业化的世界领导者。③制订新的"澳大利亚风险计划"，以促进创新驱动和基于知识的企业增长，增强澳大利亚工业竞争力和吸引新的投资；制订"企业解决方案计划"，以便澳大利亚中小企业发展针对公共部门需求的解决方案；将"企业联系计划"扩大到新的行业。④共同建设澳大利亚的未来。建立"制造与服务领导组"，鼓励工业界与政府合作，以共同应对工业与创新挑战，发现新机会和加强基于证据的投资决策。③

2013 年 3 月，巴西联邦政府出台了"企业创新计划"，预计投入 329 亿雷亚尔用于刺激各经济领域通过技术创新提高生产力和竞争力。该计划将以四种方式资助企业的研发与创新：①向企业提供经济补贴（12 亿雷亚尔）；②资助企业与研究机构的合作项目（42 亿雷亚尔）；③在技术性企业入股（22 亿雷亚尔）；④向企业发放信贷（可支配金额 209 亿雷亚尔，贴息率 2.5%～5%）。该计划将设立一个管理委员会，其成员包括：总统府文

① HM Treasury, BIS. Budget 2013. http://www. gov. uk/government/news/budget-2013-2[2013-03].

② Government of Canada. Promoting jobs, growth and prosperity in Canadian manufacturing. http://news. gc. ca/web/article-eng. do?nid=729139;http://news. gc. ca/web/article-eng. do?nid=729019;http://news. gc. ca/web/article-eng. do ?nid=729229[2014-12].

③ Department of Industry, Innovation and Science. A plan for Australian jobs. http://www. aussiejobs. innovation. gov. au/documents/IS%20Full%20Statement. pdf[2013-03].

官长、科技与创新部、工业发展与外贸部、商业部及新成立的小微企业局。①

（三）设立支持中小企业创新的专门计划

由于中小企业具备推动创新的灵活性，当经济衰退时，中小企业是一个国家恢复经济的生命线，近期各国政府的相关政策都在努力使中小企业获得良好的生存和创新环境。

2010 年 5 月，美国商务部创新与创业办公室和经济发展署与 NIH 和 NSF 联合投资 1200 万美元资助新的创新计划——"i6 挑战"计划，旨在通过驱动创新与创业及建立强大的公私合作伙伴关系，促进创新思想进入市场，进而推动奥巴马政府的优先领域。该计划由商务部经济发展署负责管理。商务部经济发展署将为来自全国范围的 6 个获胜团队各提供 100 万美元，NIH 和 NSF 将负责余下的 600 万美元，以作为补充资金提供给与获胜团队有关的 NIH 或 NSF "小企业创新研究计划"资助获得者②。2012 年 6 月 12 日，美国政府又宣布对"i6 挑战"计划再次提供 600 万美元的资助③。

为了促进企业的技术突破，2011 年 1 月，德国联邦经济部宣布实施技术攻关计划，目的是完善基础条件，加强中小型企业的创新和研究能力，支持关键技术的攻关，并把多种多样的支持有力地结合在一起。这一计划保持了企业的主导作用，促进企业研发费用在 2011 年超过了 600 亿欧元。另外，德国联邦经济部还有针对性地持续扶持中小企业的研究创新，把 2011 年对中小企业的技术资助从 3.75 亿欧元增加到了 7.5 亿欧元。④

澳大利亚也出台了一系列新的重要改革计划，包括：从 2012 年 7 月 1 日起将小公司的公司税率减至 29%；通过"实现国家经济无缝伙伴关系计划"消除 27 个地区不协调和不必要的规章；发起"小企业援助计划"，提供一对一的专家支持；雇员不超过 20 人的小企业主可以把澳大利亚国民保健机构当作免费养老金结算所，为雇员交纳养老金并对雇员选择的基金类型进行管理；建立"小企业支持热线"，向小企业提供免费的一站式支持，使其能够获得专家咨询方面的帮助等。⑤

（四）建设服务于企业的国家技术平台

企业创新的发展离不开技术研发平台，但一些企业自己无力建设这样的平台，需要国家的大力投入与支持。

---

① MCTI. Governo federal lanäa Plano InovaEmpresa. http://www. mct. gov. br/index. php/content/view/345708/Governo_federal_lanca_Plano_Inova_Empresa. html［2013-03］.

② EDA. U. S. Commerce. Department，NIH，NSF announce "i6 challenge" to bring innovative ideas to market. http://www. eda. gov［2010-05］.

③ EDA. Obama administration launches ＄6 million i6 challenge to promote innovation，commercialization and proof of concept centers. http://www. eda. gov［2012-06］.

④ BMWI. Zukunftsimpulse statt blockadedenken brüderle startet technologieoffensive. http://www. bmwi. de/BMWi/Navigation/Presse/pressemitteilungen，did＝377778. html［2011-02］.

⑤ Department of Industry，Innovation and Science. Australia tops for starting a small business. http://minister. innovation. gov. au/sherry/Pages/default. aspx［2010-11］.

2010 年 12 月，法国国家科研中心、法国原子能总署、太阳号加速器机构与大科学装置产业合作伙伴协会共同签署"科学与产业合作协议"，该协议吸纳了法国中小企业与大企业集团，对研究基础设施与大装置所需的高级设备进行研究、开发与应用，在研究基础设施、核物理的研发、高能物理和围绕特大辐射中心（如加速器）领域方面加强企业与学术界的结合，加强设备的互助能力，并鼓励研发人员在公立研究机构与企业之间流动，同时研究长期研发项目的资助方法对研究基础设施与大装置、市场开发所产生的益处①。2011 年 2 月，法国国家科研中心、法国原子能委员会、欧洲同步辐射装置、Laue-Langevin 研究所签署协议，在法国格勒诺贝尔市为企业界创立一个开放其专门技能及物质资源的尖端技术平台。4 个合作机构将基于各自的技术优势相互补充来提供国际级服务与分析，使法国的企业得以在一个平台上组织多个项目，并通过协调使用这些机构的大型装置，增强企业自身实验室的能力。②

为了发展先进制造业，美国政府 2012 年 3 月也宣布了由美国国防部、DOE、商务部与 NSF 联合投资 10 亿美元发起的"制造业创新国家网络计划"，在全美建立由 15 个制造业创新研究所组成的创新网络，使企业、大学、社区学校、联邦机构、州政府联合起来对企业相关制造技术进行投资，从而为基础研究与产品开发之间的鸿沟搭建桥梁，为企业提供可共享资产，尤其是向中小企业提供前沿技能与设备，并为教育和培训拥有先进制造技能的学生与工人提供优越环境。③

（五）构建技术转移体系

技术转移体系建设关系到科技成果转移转化的成功率，许多国家出台了旨在改善研究成果转移体系的措施，意在提高国家研发投资的效率，从而促进科研机构的研究成果向产业界转移并实现产业化。

2011 年 10 月，美国总统奥巴马签署了"加速联邦实验室研究成果向市场转化速度"备忘录，要求联邦机构加速建立并简化公私研究合作、资助小企业研发、大学与新创企业合作的程序，从而使技术转移的周期减半；要求联邦机构制定促进实验室成果向市场转移的 5 年计划，并提出可对其发展进行测度的指标。④ 2011 年 12 月，美国 NIH 宣布建立国家先

① CNRS. Très grands équipements et infrastructures de recherche: Une convention pour renforcer la collaboration scientifique et industrielle. http://www2. cnrs. fr/presse/communique/2061. htm[2010-12].

② CNRS. Création d'une nouvelle plate-forme technologique à Grenoble: Des techniques de caractérisation de pointe pour les entreprises. http://www2. cnrs. fr/presse/communique/2111. htm[2011-02].

③ The White House. President Obama to announce new efforts to support manufacturing innovation, encourage insourcing. http://www. whitehouse. gov/the-press-office/2012/03/09/president-obama-announce-new-efforts-support-manufacturing-innovation-en[2012-03].

④ The White House. We can't wait: Obama administration announces two steps to help businesses create jobs, strengthen competitiveness. http://www. whitehouse. gov/the-press-office/2011/10/28/we-cant-wait-obama-administration-announces-two-steps-help-businesses-cr[2011-11].

进转化科学中心，以促进将科学发现转变为新的药物、诊断方法和设备。国家先进转化科学中心作为全国促进转化科学创新的重要枢纽，领导了由 NIH、国防先进研究计划局和美国食品药品监督管理局共同开展的前沿芯片技术创新项目。①

为了建立针对国立科研机构研究成果的技术转移体系，2010 年 4 月，韩国国家科学技术委员会公布了《国立科研机构研究成果转移体系先进化方案》②，方案的目标是：将研发投资的效率从 2008 年的 3.65％提高到 2015 年的约 7％；在知识产权的产出方面，将平均每 1 亿韩元研究经费的优秀专利的申请件数从 0.11 件提高到 0.15 件；在知识产权的利用方面，将技术转移率（转移件数/注册件数）从 31％提高到 39％；在知识产权的收益方面，将技术转移每件的技术费收入额从 1.07 亿韩元提高到 1.2 亿韩元。为了实现以上目标，该方案提出了关于效益、效率、专业知识和环境共 4 项促进战略（简称"4E 战略"）及相应的 10 项政策措施。

2011 年 1 月，英国技术战略委员会公布了投资额为 2 亿英镑的 TIC 网络建设计划，作为英国新的国家技术转移促进网络。各 TIC 的目标是与大学、企业合作，促进特定领域研究成果的商业化，推动未来的经济增长。它们为企业提供最好的技术专家、基础设施、设备及相关支持。技术战略委员会为各中心提供 1/3 的核心资助，另外有 1/3 来自竞争性拨款，还有 1/3 来自企业合同。第一个中心已经于 2011 年 3 月建立，定位在高价值制造领域。2011—2013 财年还建立了 7 个世界级中心，包括：节能与资源节约、运输系统、卫生保健、信息通信技术、电子学、光子学与电子系统等。③

为了形成有效的技术转移网络，2011 年 5 月，法国政府投入 10 亿欧元建立了"成果转化国家基金"，旨在提高成果转化效率并显著改善其现状。作为该行动的主要部分，评审小组选出 5 家"技术转让促进公司"，资助 9 亿欧元，其主要任务是在公共研究机构技术专利与企业之间搭建桥梁，发掘行业创新潜力和增强其竞争力，并鼓励创建创新型企业和设立高技能岗位，从而提高创新效率和增强企业竞争力。此后，还将成立多个"技术转让促进公司"，以覆盖更多地区。未来 10 年，每家"技术转让促进公司"可获资 3000 万～9000 万欧元，大型公司将获资 1 亿余欧元④⑤⑥。2012 年 11 月，法国又进一步推出科技成果转移转

①　NIH. NIH establishes National Center for Advancing Translational Sciences. http://www. nih. gov/news/health/dec2011/od-23. htm[2012-01].

②　국가과학기술위원회. 출연(연) 연구성과 확산시스템 선진화 방안(안). http://nstc. go. kr/index. html[2010-04].

③　TSB. Technology and innovation centres:A prospectus. http://www. innovateuk. org/_assets/pdf/corporate-publications/prospectus%20v10final. pdf [2010-12].

④　MESR. Investissements d'avenir:900 millions d'euros pour l'innovation. http://www. recherche. gouv. fr[2011-04].

⑤　Premier Minister. Création de France Brevets:Une nouvelle étape dans la valorisation de la recherche. http://www. gouvernement. fr[2011-06].

⑥　MESR. Cinq sociétés d'accélération de transfert technologique vont bénéficier de 330 millions d'euros. http://www. enseignementsup-recherche. gouv. fr/pid24688-cid57908/cinq-societes-d-acceleration-de-transfert-technologique-vont-beneficier-de-330-millions-d-euros. html[2011-10].

化新政策，具体内容包括：建立新的转移转化跟踪评估指标体系；在每个科研机构聚集地（大学城、科技园区等）建立转移转化战略指导委员会；简化公共科研机构知识产权管理程序；将科研机构与中小企业联合实验室项目纳入法国国家科研署的项目中；在研究人员与中小企业之间建立直接的联系网络等。2013 年 11 月，法国教研部部长提出将加强卡诺研究所研发活动对经济的促进作用，此次提出的新举措包括：①2014 年在"未来投资计划"中设立"产业领域卡诺研究所"项目，投入 1.2 亿欧元支持面向中小企业的成果转化，通过帮助同一领域的企业确定技术需求，提供技术平台的使用，促进其产品与服务升级；②设立"卡诺研究所三期"指导委员会，集中来自卡诺研究所委员会、法国技术科学院、重要国企的 8 位专家，结合法国科研与产业体系的组织情况，于 2014 年 6 月前对卡诺研究所运行机制与第三期发展提出意见，提高其专业性并扩大其影响力。[①]

2012 年 12 月，瑞士技术与创新委员会发布了促进知识与技术转移的新策略，旨在为企业和公立研究机构提供长期的合作网络，产生新的创新合作机会。该策略将在 3 个关键领域展开：①该委员会已确定了 8 个国家专题合作网络，已于 2013 年开始工作，每个网络负责在一个对瑞士的经济有重要意义的创新领域，促进企业与公立研究机构的交流。②设立联系中小企业的创新导师，他们应该了解企业的需求及创新挑战，并可以为企业找到适当的研究机构合作者，目标是建立合作关系，找到和实施鼓励合作创新的各种方法。同时，他们还是地区的科技顾问。③建立各种基于互联网的平台，集合企业界和科学界的代表，促进创新导师与国家专题合作网络之间的交流，讨论中小企业未来可能面临的关键问题。这些平台在 2013 年开始服务。[②]

在欧盟层面，2012 年 4 月，欧盟举办了"欧洲技术转移大会"，会上欧盟委员会提出了"创新联盟"——第一个全欧洲性的技术转移促进政策，其中的主要措施包括：①创立单一的专利系统以减少欧洲专利的相关费用；②强化技术转移办公室的能力，促进它们加强知识转移；③建立知识产权市场；④制定鼓励竞争的法律，防止滥用知识产权阻止竞争的行为发生；⑤由"地平线 2020"（即欧盟第八研究与创新框架计划）支持建立示范工厂和概念验证机构。

（六）促进技术商业化

技术转移只是将科技成果从科研机构带入企业，但为了促进经济发展，还需要将这些被转移的技术形成产品，推入市场，真正实现创新商业化。为促进创新与研发成果的商业化，各国政府推出一系列促进措施与相关政策。

2010 年，美国 NSF 推出了"加快创新研究"（AIR）计划[③]，该计划将资助两类不同性

---

① MESR. Une nouvelle ambition pour les instituts Carnot. http://www. enseignementsup-recherche. gouv. fr/cid75288/instituts-carnot-construire-l-avenir-pour-notre-systeme-de-recherche-et-d-innovation. html[2013-11].

② Commission for Technology and Innovation. CTI launches new KTT strategy. http://www. news. admin. ch/NSB-Subscriber/message/attachments/29094. pdf[2012-12].

③ NSF. Accelerating innovation research（AIR）. http://www. nsf. gov/pubs/2010/nsf10608/nsf10608. htm? org＝NSF[2010-09].

质的活动，目的是通过支持研究与合作以克服创新路径中的障碍，加快创新步伐，强化美国的创新生态系统。AIR 计划包括"技术转化规划竞赛"，主要促进 NSF 研究人员将无数具有技术潜能的基础研究发现转化为商业成果，并鼓励研究人员和学生的创新思索和创业精神。2010 年 9 月，美国 DOE 还宣布投资 530 万美元资助大学能源技术商业化推广计划①。其目的是将急需资金的研究和开发活动相连接，以提高美国绿色技术商业化发展的速度和扩大其规模。资助计划选定了位于 5 个州的 5 个项目，汇集了大学、私营部门、联邦与 DOE 国家实验室共 80 个合作伙伴。每个项目获得联邦拨款 105 万美元，各项目均有匹配投资，资助总额合计 900 万美元。

为了推动创新商业化的进程，2011 年 3 月，ERC 也提出了资助新的概念验证的计划，为促进研究成果走向市场提供过渡性经费支持。计划的总资助额度为 1000 万欧元，资助对象为已经获得 ERC 资助的研究人员，项目资助额度为最高 15 万欧元。概念验证计划提供的资金主要用于资助研究人员基于项目研究成果所开展的市场研究、技术验证、分析知识产权地位和商业机会等方面的活动，以填补研究与面向市场的创新之间的鸿沟。ERC 称，将不断调整其资助措施，以加强创新价值链的每一个环节。②

英国则启动新计划支持医学研究跨越创新的"死亡之谷"。2012 年 4 月，英国技术战略委员会宣布，政府将启动资助总额为 1.8 亿英镑的"生物医学催化计划"，以帮助创新型中小企业和学术界开发医学领域的创新性实用技术。该计划由英国医学研究理事会和技术战略委员会共同负责，目的是推动英国在生物医学方面的突破性研究和商业化活动，使医学领域中有前景的创意和研究成果能够跨越创新活动的"死亡之谷"。该计划资助的项目主要分为三类：可行性实验、前期开发、后期开发。对一个企业的可行性实验项目资助额度最高为 15 万英镑，前期开发或后期开发项目最高资助额度为 300 万英镑。③

同样，韩国也启动了基础研究成果后续研发资助项目。2012 年 4 月，韩国教育科学技术部与研发特区支援本部联合启动了"基础研究成果后续研发资助项目"，主要针对国际科学商业区内的大学和科研机构的基础研究成果进行技术验证，探索其产业化的可行性，发掘未来利用可能性高的基础研究成果，并在介于纯基础研究和产业化之间的定向性基础研究、纯应用研究、应用研究和开发研究 4 个阶段，对基础研究成果的研究规划和后续研发进行资助。该项目平均每个课题每年资助 3 亿韩元，资助期限为 2 年。2012～2017 年，该项目的总投入将达到 220 亿韩元。④

① DOE. DOE awards ＄5.3 million to support the development of university-based technology commercialization. http://www.energy.gov/news/9500.htm[2010-09].
② ERC. New ERC funding initiative to spur innovation. http://erc.europa.eu/pdf/ERC_PR_Proof_of_Concept.pdf[2011-04].
③ TSB. ￡180million government funding to bridge the 'valley of death' for medical breakthroughs. http://www.innovateuk.org/content/news/180m-government-funding-to-bridge-the-valley-of-de.ashx[2012-04].
④ 교육과학기술부. 과학벨트, 기초연구성과의 후속 R&D 지원 착수. http://mest.korea.kr[2012-05].

（七）支持创新集群的建设

创新集群是有效连接产学研各类创新主体的重要手段。因此，各国在建设创新集群方面不断提出一些计划与措施。

2010 年 4 月，美国政府宣布发起联邦跨机构联合资助的能源区域创新集群计划。DOE、商务部经济发展局、NIST、小企业管理局、劳工部、教育部、NSF 7 个机构为该项 5 年计划联合资助 1.29 亿美元。能源区域创新集群计划的目标是：建立和示范可持续的、具有能源效率的典型，实现国家战略目标，计划将整合能源部的能源创新中心计划，与更广泛的区域经济发展计划相衔接。① 2012 年 5 月，美国政府又启动了总投资为 2600 万美元的跨机构"先进制造就业与创新加速挑战计划"，主要目标是：制定和执行能够支持先进制造及其集群发展的区域驱动经济发展战略，促进创新拉动的就业增长。其意义在于，研究人员仅提交一份申请即可得到多家联邦机构对项目的互补性资助，从而有利于全面支持先进制造业及其集群发展。该计划的项目遴选指导原则包括：能够为区域经济发展带来机会，强化与先进制造企业的联系，促进区域产业集群的发展；提高区域创造高质量、可持续就业的能力；发展高技能、多样化的先进制造劳动力队伍；增加出口；发展小型企业；加速技术创新。美国政府为此专门建立了跨机构的"区域创新集群推进工作组"，以负责跨机构资助相关规则的制定和管理工作。②

在欧洲，2011 年 3 月，法国政府发布公告称，法国竞争力集群第 11 轮研发新项目招标选定了 83 个项目，分属 52 个集群。项目经费由部际统一基金会提供 7600 万欧元，法国地方政府和欧洲区域发展基金会最高提供 5600 万欧元。这些集群注重建立合作（包括公私合作中调动产业科研人员的积极性）关系，项目涉及环境、运输、能源、航空、农业与渔业、卫生与生物技术、信息通信技术领域，特别注重应对当前的关键问题和创新面临的挑战。③

2011 年 4 月举行的德国第二次"创新对话"会议则分析了德国的创新集群形势。会议指出，德国联邦和州借助有针对性的资助计划来支持区域创新集群建设与发展的各项举措已经取得了初步成功；同时，联邦政府的"尖端集群竞争"活动正在促使德国最有能力的集群成为国际顶级小组。为继续改善德国联邦、州和欧盟的集群促进举措及其效果，联邦政府要求迅速建立国家集群支撑平台，以改善集群计划及其效果，并促进经验交流。④

---

① DOE. Energy efficient building systems regional innovation cluster initiative. http://www. energy. gov/hubs/eric. htm[2010-04].

② NSF. Obama administration launches $ 26 million multi-agency competition to strengthen advanced manufacturing clusters across the nation. http://www. nsf. gov/news/news_summ. jsp?cntn_id=124330&org=NSF&from=news [2012-06].

③ Premier Ministre. 76 millions d'euros pour financer 83 nouveaux projets de pôles de compétitivité. http://www. premier-ministre. gouv. fr[2011-03].

④ Die Bundesregierung. Innovationsdialog begrüßt "High-Tech Gründerfonds II". http://www. bundeskanzlerin. de [2011-04].

（八）产业创新政策的发展趋势

2013 年 2 月，欧洲科技与创新咨询评估机构 Technopolis 公布的《公共研究机构的知识转移》报告认为，构建完善的知识交流与转移环境需要三个阶段：①构建框架条件，在国家或地区层面为知识交流提供正式的政策支持，消除影响知识交流的法律和制度障碍；②政策实施，在机构层面制定和实施知识交流战略、机构政策，并加强监管结构，包括建立专业化的支持办公室，招聘职业知识交流工作人员等；③强化知识交流使命意识，在组织内部融入知识交流文化，通过给予机构人员适当的刺激和回报鼓励其履行教育、研究和知识交流三方面的机构使命。

2013 年 12 月，OECD 发布报告《公共研究成果的商业化：新趋势与战略》，促进公共研究成果商业化的政策趋势包括：虽然专利、技术许可和衍生企业仍是技术转移的重要渠道，但合作研究、人员流动、合同研究和学生创业等渠道的重要性日趋增强；技术许可与转移办公室作为大学和政府推动成果商业化的主要措施正寻求更高效的运作模式，如建立服务于多个研究机构的区域性的中枢辐射型技术转移办公室；出现了新的商业化资助和融资措施，如通过建立概念验证计划和种子基金来补充政府对大学新创企业的资助，以及通过知识产权担保、面向科研的众投融资等促进商业化活动的融资。报告总结认为，公共研究成果商业化的国家政策应得到加强，并拓展新的渠道；政府、科研机构和企业需密切合作来制定协调一致的商业化政策以避免重复。①

2013 年 8 月，欧盟联合研究中心发布报告《创新型中小企业发展对欧盟经济结构转变的影响：至 2020 年的预测》，通过情景分析预测，到 2020 年，如果仅依靠现有的研发密集型中小企业，即使在最乐观的情景下，欧盟也无法实现经济结构转变进而成为知识密集型经济体的目标。报告提出，为加速欧盟产业结构的转变，除了刺激产生更多的创新型企业、促进中小企业从事研发活动之外，还要推动大型企业开展研发活动，以及在技术密集度不高的部门增加研发投资，增强其研发吸收能力。为此，欧盟研究与创新政策议程需要：制定适当的政策措施来支持各类创新型企业的发展，包括从框架条件到企业层面的刺激措施；针对不同的企业类型和产业部门制定差异化的政策措施；支持新的高技术风险投资及其快速增长。②

2013 年 4 月，OECD 发布《超越产业政策：新问题与新趋势》报告，报告指出世界各国，尤其是发达经济体对产业政策的关注升温，原因包括：为应对经济和金融危机，需要找到新的经济增长和就业来源；制造业占 GDP 的份额长期下降；来自新兴经济体的竞争挑战等。报告认为，产业政策在实践中存在各种困难，如政府失灵、寻租行为，以及将产业

---

① OECD. Commercialising public research: New trends and strategies. http://dx. doi. org/10. 1787/9789264193321-en ［2013-12］.

② JRC. The effect of innovative SMEs' growth to the structural renewal of the EU economy—A projection to the year 2020. http://iri. jrc. ec. europa. eu/documents/10180/12238 ［2013-08］.

政策用于保护主义目的。如果不解决这些问题，传统的产业政策势必失败。报告按照政策的作用将产业政策分为通用的水平性政策和针对特定部门、技术领域或任务的指向性政策两类，认为水平性政策往往是首选。产业政策的发展轨迹一般是：从基于产品市场干预的传统方法（生产补贴、国有化、关税保护），到纠正市场失灵的税收和补贴措施（研发激励、培训补贴、投资补贴、融资支持），再到构建系统、创建网络和协调战略优先领域等措施。报告还对若干具体的产业政策措施进行了分析，指出：对于集群政策应由政府支持现有和新兴的集群，而不是从头做起；在促进投资政策方面，各国都更关注对高技术制造业的国际投资；而公共采购政策则面临着若干挑战，如促进创新的采购政策必须避免仅支持大型企业而产生不利于竞争的后果。①

（九）小结

全球金融危机及经济衰退让欧美等发达国家重新认识到实体经济的重要性。因此，各国国家开始关注制定新的产业发展战略，力图通过产业升级与转型促进经济复苏与增长。2011 年 6 月，美国启动了"国家先进制造伙伴关系计划"，从而拉开了美国实施复兴先进制造业的产业发展战略的序幕；英国的新产业战略则首选了汽车产业，其次是石油和天然气产业；德国通过增加气候、能源领域、健康、营养领域、交通领域、通信领域和安全领域未来项目的手段进一步调整和强化"高技术战略"。

为企业提供良好的创新投资和融资环境，是创新型企业创业和发展成功的一个基本关键因素，为此，德国强调"高技术创业者基金"在支持企业创建早期阶段的融资意义；法国则通过设立 FSI 强化对企业创新的资助；英国在扩大小企业研发计划支持的同时增加创业贷款计划；加拿大、澳大利亚与巴西也都先后设立了支持企业创新与创业的专项计划。

中小企业因具备推动创新的灵活性，成为国家创新经济发展的生命线，近期各国政府的相关政策都在努力使中小企业获得良好的生存和创新环境。例如，2010 年美国商务部与 NSF 和 NIH 联合设立了"i6 挑战"计划，旨在通过驱动创新与创业及建立强大的公私合作伙伴关系，促进创新思想进入市场，进而推动奥巴马政府的优先领域；2011 年 1 月，德国联邦经济和技术部宣布开展技术攻关计划，完善基础条件，以加强中小企业的创新和研究能力，支持关键技术的攻关，并把多种多样的支持有力地结合在一起；2012 年澳大利亚通过小企业援助计划、小企业支持热线等一系列新计划为中小企业发展提供了有力支持。

企业的创新发展离不开技术开发平台，为此，美国发起了制造业创新国家网络计划，为企业提供可共享资产，尤其是向中小企业提供前沿技能与设备，并为教育和培训拥有先进制造技能的学生与工人提供优越环境。法国则通过国家科研中心、原子能署、太阳号加速器机构与大科学装置产业合作伙伴协会共同签署"科学与产业合作协议"的方式，吸引

---

① OECD. Beyond industrial policy：Emerging issues and new trends. http：//dx. doi. org/10. 1787/5k4869clw0xp-en [2013-04].

法国中小企业与大企业集团使用这些大型装置，增强企业自身实验室的能力。

技术转移体系的建设关系科技成果转移转化效率，美国、法国、韩国等国家先后制定相关政策措施，促进国家研发投资研究成果向产业界转移并实现商业化。例如，2011 年 10 月，美国总统奥巴马签署了"加速联邦实验室研究成果向市场转化速度"备忘录，要求联邦机构加速建立并简化与新创企业合作的程序，从而使技术转移的周期减半；2010 年 4 月，韩国国家科学技术委员会公布了《国立科研机构研究成果转移体系先进化方案》；2011 年 5 月，法国政府投入 10 亿欧元建立了"成果转化国家基金"，以提高成果转化效率并显著改善其现状。

为促进创新与研发成果的商业化，各国政府推出一系列的促进措施与相关政策。2010 年，美国 NSF 推出了 AIR 计划，同年美国 DOE 宣布投资 530 万美元资助大学能源技术商业化推广计划；2011 年 3 月，ERC 设立了总额 1000 万欧元的概念验证计划，为促进研究成果走向市场提供过渡性经费支持；2012 年 4 月，英国政府启动资助总额为 1.8 亿英镑的"生物医学催化计划"，以帮助创新型中小企业和学术界开发医学领域的创新性实用技术；2012 年 4 月，韩国教育科学技术部与研发特区支援本部联合投入 220 亿韩元启动了"基础研究成果后续研发资助项目"，针对国际科学商业区内的大学和科研机构的基础研究成果进行技术验证。

创新集群是有效连接产学研各类创新主体的重要手段。因此，各国在建设创新集群方面不断提出一些计划与措施。2010 年 4 月，美国政府宣布发起联邦跨机构联合资助 1.29 亿美元的能源区域创新集群计划，之后，2012 年 5 月，美国政府又启动了总投资为 2600 万美元的跨机构"先进制造就业与创新加速挑战计划"；2011 年 3 月，法国政府对竞争力集群计划第 11 轮研发新项目投资 1.32 亿美元资助了 52 个创新集群；德国则通过尖端集群竞争活动支持区域创新集群建设。

（执笔人：李　宏　裴瑞敏　张秋菊）

三、国际科技创新合作与交流

2011 年 9 月 29 日，OECD 发布报告《优化政策、支持发展：政策协调的建议》[1]，重点分析了需要国际社会共同行动的领域。在科技与创新方面，报告提出需要进行国际合作的三个重要领域：①促进技术转移：消除限制技术转移的贸易障碍；在市场失灵时采取其他措施支持技术转移，如面向发展中国家的出口信贷；建立专利交易中心或专利池等使发展中国家可以获取相关技术；使知识产权规则既能促进创新，又能推动技术扩散。②促进研究与创新迎接全球与社会挑战：利用诸如碳排放定价、税收政策等经济措施促进绿色技术与创新的开发与扩散；基于企业间的合作开发创新方法，利用新的融资机制促进卫生研

---

① OECD. Better policies for development Recommendations for policy coherence. http://www.oecd-ilibrary.org/development/better-policies-for-development_9789264115958-en [2012-01].

究与创新；开发适当的国际平台，联合企业、国家政府共同推动面对挑战的创新。③加强全球合作并改善国际监管：加强与发展中国家的合作和研究伙伴关系，包括联合开展基础研究；实现公共资助的研究数据的开放获取，加强研究人员的交流；提出新的国际科技合作管理机制等。

国际科技合作不仅能够改善研究质量、提高研究效率、协调研究预算，更能加强科学家间的交流。自下而上的国际科技合作已经造就了跨越国界的全球科技网络，改变了各国和全球的科研模式。科技创新环境兼具国家引导的自上而下的创新环境与以个人和组织为首的自下而上的创新环境。

主要国家推进国际科技创新合作的战略与政策呈现出以能源与气候变化为合作重点领域、重视运用科技外交手段服务国家整体外交战略、通过设立海外联合研究中心实施"走出去"战略等特点。

（一）能源与气候变化成为各国科技合作的重点领域

根据政府间气候变化专门委员会（IPCC）的预测：到 21 世纪中期，目前的排放路径可能会使温室气体的排放量增加 1 倍。基于对气候敏感性和排放的深入了解，这种温室气体积聚将会使温度在 21 世纪中期上升约 2℃。但在目前的排放途径下，到 21 世纪末温度可能会上升 6℃ 而非原来的 3℃，并会产生更为严重的影响。到 2030 年，气体的排放途径可能会有所改变并将决定 21 世纪的气候结果。减缓气候变化的影响成为各国共同的挑战，为此，能源与气候变化成为美国、日本、德国、法国、英国等发达经济体与中国、印度、巴西等发展中国家合作的重点领域。

作为科技大国，美国加强了与德国、英国、中国、南美国家等在能源与气候领域的科技合作。2009 年 11 月，美国总统奥巴马访问北京期间，宣布成立中美清洁能源联合研究中心，中美两国将分别为清洁能源研发投资 5000 万美元。2010 年 4 月，美国能源部部长宣布作为美国与南美能源与气候伙伴关系计划的一部分，发起新的合作计划与建立新的合作伙伴，帮助南美地区发展清洁能源和加强能源安全。2010 年 2 月，美国、德国签署政府间的科学与技术合作协议，共同为现在和未来的重要问题做出重要的贡献，特别是在能源、气候、环境与健康领域。弗劳恩霍夫研究所在美国设立了弗劳恩霍夫可持续能源系统中心，它已经成为德国、美国两国可再生能源领域研究合作的成功范例。2011 年 5 月，美国总统奥巴马与英国首相卡梅伦发表联合声明[①]，指出两国将采取措施进一步加强在科技创新与高等教育领域的合作，保持两国在科技与教育等关键领域的全球领先地位，并共同应对全球性重大挑战。合作领域包括：太空科研与开发、清洁能源与气候变化、人类健康与福利、促进经济增长的创新活动等。

---

① BIS. Visit underlines cooperation in science, innovation and higher education. http://nds. coi. gov. uk/content/Detail. aspx?ReleaseID＝419670&NewsAreaID＝2[2011-05].

欧洲各国之间的能源与气候领域合作得到加强。2010 年 9 月 1 日，法国教研部和瑞典高等教育与研究国务秘书签署合作协议，加强两国在中子科学、加速器技术和气候研究领域的合作。2011 年 10 月 4 日，丹麦技术大学，德国亥姆霍兹联合会，芬兰气象研究所，意大利国家新技术、能源和经济可持续发展局，荷兰皇家气象研究所，挪威气象研究所，西班牙能源、环境与技术研究中心，以及瑞典气象与水文研究所 8 个欧洲国家的顶尖气候研究机构在欧洲议会成立了欧洲气候研究联盟（ECRA），共同研究北极气候变化、地中海区域的水文循环、气候变化与极端天气间的联系及海平面上升问题。该联盟汇集并优化欧洲多元的气候研究能力，充分利用现有国家级气候研究基础设施，以更好地了解地球系统，并为欧洲找到明智的应对气候变化的战略[1]。

德国、英国与挪威等欧洲主要国家加强与非洲、巴西、印度新兴经济体的能源与气候领域的合作。2010 年 7 月，德国联邦教研部宣布与非洲南部和西部的合作伙伴共同推出一项建立"气候变化与适宜的土地管理"区域性能力中心的新计划。德国联邦教研部投入 510 万欧元的启动资金，其后对其他建设阶段的投资则可能达到 1 亿欧元。2012 年 9 月，在巴西科技与创新部举办的研讨会上，英国与巴西两国的代表探讨了深化两国培养能源领域专业人才的共同努力[2]。从能源远程运输到风能与太阳能的开发，巴西、英国两国在能源领域的许多问题上开展合作，2013～2015 年英国为巴西学生提供 1 万个留学名额，为本科留学生提供 9 个月的课堂学习和 3 个月的企业实习机会。2012 年 9～10 月，巴西派出了第一批留学生，共 792 人。另一项双边合作活动是培训能源领域的人才，2012 年 11 月下旬，英国派科研人员在巴西讲授两项风能课程。2012 年 1 月 4 日，挪威研究理事会宣布为挪威与印度的 3 个合作研究项目提供 1800 万挪威克朗的资助，用于地热能源、二氧化碳储存、潮汐能转换等主题的研究，3 个合作研究项目的资助期为 2012～2014 年。

（二）重视运用科技外交手段服务国家整体外交战略

科技外交不仅是国际政治关系紧张情况下与其他国家保持联系与正常关系的桥梁，而且通过促进发展中国家科技创新能力建设，将有助于发展中国家解决粮食短缺、营养不良、水资源短缺等问题。

1. 开展科学外交的相关理论研究

英国皇家学会与美国科学院分别发表报告对科技外交的概念、作用、国家行动措施等进行了理论分析，这对各国科技外交实践具有借鉴意义。

2010 年 1 月，英国皇家学会发布关于科学外交问题的报告[3]，论述科学外交有 3 个维

---

① Helmholtz. Europäische Wissenschaftsorganisationen gründen Allianz zur Klimaforschung. http://www.helmholtz. de/aktuelles［2011-10］.

② MCT. Brasileiros e britânicos aprimoram parceria estratégica em energia. http://www.mct. gov. br/index. php/content/view/342817/Brasileiros_e_britanicos_aprimoram_parceria_estrategica_em_energia. html［2012-09］.

③ Royal Society. New frontiers in science diplomacy. http://www.royalsoc. ac. uk/New-frontiers-in-science-diplomacy［2010-01］.

度，即通过科学外交政策目标提供支持（外交中的科学）、促进国际科学合作（外交服务于科学），以及利用科学合作改善国家关系（科学服务于外交）。报告建议：各国外交部应在其战略中更多地体现科学，并在其政策目标的形成和传递过程中更广泛地吸收科学咨询；科学机构，包括国家科学院，在科学外交中应承担重要职责，特别是政治关系不正常或较为紧张的时候；在外交政策界和科学界工作的政策制定者、大学学者和研究人员之间建立有效的对话机制和对话空间；应支持和鼓励所有层次的科学共同体，特别是青年科学家获得参与政策讨论的机会。

2011 年 12 月，美国科学院发布报告分析美国科技政策与科学外交如何应对全球挑战[①]。报告要点包括：①研究环境已经从国家平台转为全球平台，美国目前的研究与教育政策无法响应当前的现实与机会。②科技政策对解决全球性科学问题发挥了重要作用，美国的科技政策系统应该能够为美国科研人员提供机会与激励，使美国科研人员为在全球化时代科研合作高效运行做好准备。③重点支持青年科技人员的国际合作研究项目，他们之间的合作关系能够持续数十年，有利于促进科学与技术进步。④促进全球科学能力建设，制定有利于发展中国家人民福祉的研究议程，帮助发展中国家成为高效的合作伙伴，帮助他们培养并留住科技人才，承认并鼓励发展中国家所取得的科技成就。⑤鉴于私营部门在研究议程中的作用日益增强，美国政府应该鼓励大学与国内和国际企业建立合作伙伴关系。⑥鉴于科学数据的海量增加与科技竞争日益激烈，科学诚信与科技责任是可持续的科技合作的制度基础。⑦尽管充分利用信息技术与社会媒体工具对促进建立新的合作伙伴关系具有重要作用，但却无法取代面对面的会议交流，保持全球连接能够促进合作并扩大科学计划的规模。⑧美国应调整签证与旅游政策，使其成为促进科学合作而不是限制科学合作的工具。⑨科学外交是美国在困难的国际环境下与其他国家建立联系与正常关系的桥梁，因而应给予华盛顿政府与美国大使更多的资源。

2. 制订支持科技外交的专项计划与战略

作为科技大国，美国制订了支持科技外交的专项计划，以为国家安全等战略目标服务；法国制定了鼓励本国研究机构创立国外分支机构、充分利用欧盟框架计划推进科技外交的战略。

2010 年 3 月，美国国会出台了"为国家安全、竞争以及外交服务的全球科技计划"[②]，具体包括：①授权国务卿设立"科技人员大使计划"。发挥科技人员在促进美国外交事业中的重要作用；确保美国驻外使馆内科技人员得到妥善安置。②授权国务卿设立"科技人员杰弗逊计划"，以加强美国政府部门掌握与对外政策和国际关系相关的最新科学信息的能

---

① Committee on Global Science Policy and Science Diplomacy, National Research Council. U. S. and international perspectives on global science policy and science diplomacy: Report of a workshop. http://www. nap. edu/catalog. php?record_id=13300 [2011-12].

② Howard L. Berman Global science program for security, competitiveness, and diplomacy act of 2010. http://www. govtrack. us/congress/bill. xpd?bill=h111-4801 [2010-03].

力；加强科学在美国政府对外工作中的作用。③授权国务卿设立"科学特使计划"，指派包括诺贝尔奖获得者、知名学者和教授在内的科技人员与工程人员作为代表美国的特使，以推进该计划的实施；与其他国家协作，肩负起促进科技进步的使命；推动与"符合条件的国家"的合作关系。

2011 年 9 月 1 日，在第 19 届法国大使会议专题早餐会上，法国教研部部长向外国大使介绍法国科技外交战略，希望外国大使多宣传法国的科学外交[①]：2012 年年初，法国教研部成立专门管理留学生的公立机构——法国校园，目标是使法国的外国留学生数量增加 1.5 倍；增加越南河内科技大学等合作伙伴，鼓励法国研究机构创立国外分支机构，鼓励研究机构建立"墙外"合作实验室，继续参与如国际热核聚变反应堆和欧洲核子研究中心的特大装置研究，并起领导作用，在欧盟"2020 战略"框架下与其他成员国合作。

2012 年 7 月，英国 BIS 部长 Vince Cable 在皇家学会发表了"科学、开放性与国际化"讲话[②]。他指出，促进科技人员的国际流动将提升他们的研究能力与水平，如通过与国外科研机构长期合作英国科学家的研究绩效比其他人要高出 75%。英国需要吸引外国学生来英学习 STEM 专业，英国的高技术产业也需要科学家之间的合作交流，以及随之而来的海外投资与国际贸易活动。英国政府将进一步调整专门针对科研人员的移民法规，承认皇家学会等著名科研机构对外国科学家提供的担保，加快审核流程。同时，将解除对来自外国博士以上人才在英工作设立的工资限制和聘用限制，通过强化基础设施投资和国际合作项目建立良好的科研环境，进一步提高英国科研机构对外国科学家的吸引力，强化英国科学研究工作的开放性与国际化。此外，英国还将建立全面的科研数据开发政策。政府将把公共资助的学术研究数据作为公共产品，推进开放获取政策，平衡知识产权保护与科研成果商业化之间的矛盾，进而推动对知识的转移和转化。

（三）设立海外联合研发中心，实施"走出去"战略

德国马普学会与弗劳恩霍夫研究所、法国科研中心等国立科研机构与欧盟委员会、丹麦科学、创新与高教部等资助管理机构纷纷通过设立海外联合研发中心，实施"走出去"战略，以充分利用所在地的人力、物力资源，使国际科技合作在全球化条件下迈进了新的阶段。

作为德国基础研究的领先机构，马普学会先后在印度、韩国、日本、以色列、丹麦、美国、加拿大等国设立海外研究中心，积极探索实施"走出去"的新合作战略，与外国优

---

① MESR. Déjeuner thématique de la Conférence des Ambassadeurs：La "diplomatie scientifique". http：//www. enseignementsup-recherche. gouv. fr/cid57433/dejeuner-thematique-de-la-conference-des-ambassadeurs-la-diplomatie-scientifique. html ［2011-09］.

② The Royal Society. Vince Cable delivers speech on UK science，opennessand internationalisation. http：//www. bis. gov. uk/news/speeches/vince-cable-science-openness-internationalisation ［2012-07］.

秀的科研机构合作建立马普伙伴研究中心是马普学会国际化战略的一部分，它不仅加强了马普学会在某一领域的研究，也使马普研究所与当地科研机构或大学的合作制度化。

2010 年 2 月，德国联邦总统与印度科技部部长出席印度理工学院马普计算机科学中心开幕仪式。德国联邦教研部和印度科技部在 2010～2014 年内分别对马普计算机科学中心提供 110 万欧元与 200 万欧元的经费资助，马普学会资助 90 万欧元，总资助金额合计达 400 万欧元。2011 年 9 月，马普学会设在印度的"印-德马普脂类研究中心"开始正式运营①。2010 年 6 月，德国马普学会主席与韩国浦项科技大学校长签署谅解备忘录，计划在双方研究计划的框架内先建立阿秒科学和复合材料 2 个国际马普中心。2011 年 4 月，德国马普学会与日本理化学研究所共同决定在日本建立 RIKEN-马普系统化学生物学联合研究中心，捆绑双方知识与经验、基础设施及新研究方法与技术平台②。2013 年 6 月，德国马普学会与日本东京大学签署协定，合作成立"马普-东京大学炎症综合研究中心"③，中心设在东京大学校园内，计划先运作 5 年，研究人员不仅在中心工作，还将定期在马普研究所和东京大学工作，以深入交换想法和成果。2012 年 1 月，继马普学会在以色列雷霍沃特建立马普魏兹曼考古人类学综合研究中心的协议④之后，2013 年 1 月，在以色列耶路撒冷成立的马普-希伯来大学脑感知过程研究中心落成⑤。2013 年 1 月，马普学会与丹麦南丹麦大学合作成立马普-奥登斯生物人口老龄化统计学研究中心⑥，该中心是马普学会在斯堪的纳维亚地区建立的第一个伙伴研究中心。

作为德国乃至欧洲最大的应用科学研究机构弗劳恩霍夫研究所已在澳大利亚、巴西、希腊、加拿大、波兰、新加坡和匈牙利等多国建立了项目中心，这是弗劳恩霍夫研究所所属研究所与国外研究机构进行临时合作，同时也是推进弗劳恩霍夫研究所国际化进程的重要手段。2012 年 5 月，弗劳恩霍夫研究所在韩国全罗南道（Jeollanamdo）成立了"弗劳恩霍夫生物医药项目研究中心"（Fraunhofer Project Center for Biopharmaceutical Research）。在韩国建立的弗劳恩霍夫生物医药项目研究中心由弗劳恩霍夫分子生物学和应用生态学研究所建立，受韩国教育科学技术部资助，该部门已将生物技术确定为 21 世纪最重要的新兴市场之一。弗劳恩霍夫的研究人员将与当地一流的生物和生物制药学研究所紧密合作，开

---

① MPG. Auf dem Weg zum weltweit führenden Lipidomic Center Gründung des Indo-German Max Planck Center on Lipid Research. http://www.mpg.de/4413719/Indo-German_Max_Planck_Center_on_Lipid_Research [2011-09].

② MPG. In Japan entsteht ein neues Max Planck Center. http://www.mpg.de/4283761/maxplankcenter_japan [2011-04].

③ MPG. Max-Planck-Gesellschaft und Universität von Tokio gründen Center für Integrative Entzündungsforschung. http://www.mpg.de/7331583/center_fuer_integrative_entzuendungsforschun [2013-06].

④ MPG. Gründung des Max Planck Weizmann Center for integrative Archaeology and Anthropology in Rehovot/Israel. http://www.mpg.de/4766258/MaxPlanckCenter_Israel [2012-01].

⑤ MPG. Max Planck Center in Jerusalem eingeweiht. http://www.mpg.de/6778060/Max_Planck_Center_in_Jerusalem_eingeweiht [2013-01].

⑥ MPG. Max Planck Center in Daenemark eingeweiht. http://www.mpg.de/6858448/max_planck_odense_center [2013-01].

发并完善疫苗，研究药品的新高效物质及能使之更加有效的新技术。

　　法国国家科研中心作为法国最大的国立科研机构，通过设立驻外办事处、共建联合研究单元与联合研究所等方式积极探索新的合作模式与战略，建制化地推进科技人员之间的交流与项目合作。2011 年法国国家科研中心先后设立了 3 个驻外办事处：1 月 10 日，法国国家科研中心在南非比勒陀利亚设立办事处，办公地点设在紧邻南非大学和国家研究基金会的"创新开发区"内，扩展法国国家科研中心在约翰内斯堡已有的活动；2 月 1 日，法国国家科研中心在印度新德里成立办事处，办公地点设在法国驻印度大使馆科技处，致力于加强法国国家科研中心与印度合作机构的关系，支持设立新联合研究机构，承诺建立一个应用数学国际联合研究小组；3 月 1 日，法国国家科研中心在马耳他成立办事处，促进与环地中海的南欧、北非和中东国家科学家的合作[①]。2012 年 1 月，法国国家科研中心与印度科技部签署条约，决定共建法-印应用数学联合研究单元[②]。该研究单元由印度科技部、法国国家科研中心、法国理工学院、法国高等师范学院、法国信息与自动化研究院等共建。2011 年 1 月，法国国家科研中心与法国原子能委员会下属的替代能源与核能分委员会、美国能源部共同宣布成立异核研究理论物理所，加强两国理论与实验研究的交流，培养两国核物理相关研究与技术人员。

　　丹麦科学、创新与高教部宣布与丹麦外交部作为丹麦国家重要科技资助与管理机构联合创建海外创新中心，以吸引有益于丹麦经济增长和就业的新知识、人才和投资，并利用全球化所带来的各种机遇，加强与国际伙伴的联系，让丹麦企业和研究机构更容易获取杰出的国际研究成果。2013 年 6 月，丹麦科学、创新与高教部宣布与丹麦外交部合作将在巴西、印度和韩国新建 3 个海外创新中心[③]，此前，丹麦科学、创新与高教部宣布已与丹麦外交部联合在中国上海、德国慕尼黑和美国硅谷创建了 3 个海外创新中心。新的创新中心将提升丹麦政府的增长型市场战略，提供针对性的咨询、激发灵感、培训和回收反馈等服务，以杰出的国际研究环境帮助签署合作协议，开展吸引人才并合作派遣留学生方面的工作，并将与丹麦投资署密切合作以吸引国际投资。

　　欧盟委员会作为欧盟的主要资助管理机构，在日本东京大学建立首个国际实验室，以整合欧盟内部相关研究力量，探索集团化的"走出去"战略。2012 年 2 月 2 日，欧盟委员会宣布将在日本建立首个国际实验室 EUJO-LIMMS（Europe-Japan Opening of LIMMS）。EUJO-LIMMS 将与多个欧洲机构建立合作伙伴关系，分别为瑞士的洛桑联邦理工学院（EPFL）、德国弗赖堡大学微系统技术研究所（IMTEK）、芬兰国家技术研究中心（VTT）

---

①　CNRS. Le CNRS ouvre trois nouveaux bureaux à l'étranger: En Inde, à Malte et en Afrique du Sud. http://www2. cnrs. fr/ [2011-12].

②　Création d'une unité mixte internationale (UMI) franco-indienne en mathématiques. http://www2. cnrs. fr/presse/communique/2413. htm [2012-01].

③　Ministry of Higher Education and Science. New Danish innovation centres strengthen ties with international partners. http://fivu. dk/en/newsroom/press-releases/2013/new-danish-innovation-centers-strengthen-ties-with-international-partnersl [2013-06].

与法国科研中心。

（四）小结

减缓气候变化的影响成为各国面临的共同挑战，为此，能源与气候变化成为美国、日本、德国、法国、英国等发达经济体内部以及与中国、印度、俄罗斯、巴西等发展中国家之间科技合作的重点领域。例如，2009 年以来，美国先后与中国、印度联合创建了清洁能源联合研究中心；2011 年，8 个欧洲国家顶尖气候研究机构成立了欧洲气候研究联盟；2012 年，英国与巴西合作培养能源领域的专业人才。

科技外交不仅是国际政治关系紧张情况下与其他国家保持联系与正常关系的桥梁，而且通过促进发展中国家科技创新能力建设，将有助于发展中国家解决粮食短缺、营养不良、水资源短缺等问题。作为科技大国，2010 年，美国制订了支持科技外交的专项计划，授权国务卿设立科学特使计划，指派包括诺贝尔奖获得者、知名学者和教授在内的科技人员与工程人员作为代表美国的特使，推动与伊斯兰国家等开展合作，为国家安全等战略目标服务；2012 年法国制定了鼓励本国研究机构创立国外分支机构、充分利用欧盟框架计划推进科技外交的战略。

为充分利用所在地的人力、物力资源，使国际科技合作在全球化条件下迈进新的阶段，德国马普学会与弗劳恩霍夫研究所、法国科研中心等国立科研机构与欧盟委员会，丹麦科学、创新与高教部等资助管理机构纷纷通过设立海外联合研发中心，实施"走出去"战略。2010 年以来，作为德国基础研究的领先机构，马普学会先后在印度、韩国、日本、以色列、丹麦、美国、加拿大等国设立海外研究中心，积极探索实施"走出去"的新的合作战略，不仅加强了马普学会在某一领域内的研究，也使马普研究所与当地科研机构或大学的合作制度化。2013 年，丹麦科学、创新与高教部宣布与丹麦外交部合作将在巴西、印度和韩国新建 3 个海外创新中心，加上此前在中国上海、德国慕尼黑和美国硅谷创建的 3 个海外创新中心，6 个海外创新中心将有助于提升丹麦政府的增长型市场战略。

（执笔人：张秋菊　葛春雷）

第六章 | 2014 年世界主要国家和地区科技政策新进展

一、美国

2014 年，美国科技创新政策的主要内容是：改善联邦资助管理以减轻科研人员的项目管理负担并提高科学基金管理透明度与加强问责制；加强联邦政府与私营部门合作以改善 STEM 教育；推进国家实验室系统改革，增强其创新贡献；继续通过推进国家制造业创新研究所的建设、设立先进制造领域学徒计划等措施促进先进制造业创新；为进一步扩大联邦资助科研项目发表论文开放获取的范围，支持全社会利用政府数据进行创新创业；通过完善专利审批程序、为独立发明人与中小企业提供法律援助促进创新；NIH 与 NSF 合作推广"创新团队计划"，加快联邦资助技术成果的商业化速度。

（一）改善联邦资助管理以减轻科研人员的项目管理负担并提高科学基金管理透明度与加强问责制

5 月，NSB 报告指出，获得联邦资助的首席科学家通常需投入 42% 的时间用于应付联邦资助研究项目的管理工作，不必要的管理负担降低了美国的科研生产力。报告对减轻科研人员联邦资助研究项目的管理负担提出的改革要求与建议[1]包括：① 聚焦于科学本身。资助机构需修改项目申请要求，项目预申请应仅包括对价值评议与资助决策至关重要的内容，预申请通过价值评议后再补充提交相关扩充信息；简化汇报格式，并使其与资助额度匹配，年度汇报应仅限于研究成果，其他汇报应仅限于对绩效评估必不可少的信息。② 撤销或修改不起作用的管理规定。管理与预算办公室应确定根据研究人员项目投入时间及工作量计算的工资认证试行方法；简化涉及人类受试者的研究伦理审查；简化动物福利评估

---

① National Science Board. Reducing investigators' administrative workload for federally funded research. http://www.nsf.gov[2014-03].

报告系统；重新评估公共卫生服务部门对经济冲突与利益的相关规定等。③ 协调并简化各联邦资助机构的规则要求。加速协调并简化项目提案、申请提交程序与项目后评估要求；制定一致的审计要求，考虑仅要求大额采购提供收据和购买理由；创建"永久性的高层次、跨部门、跨行业委员会"。

12 月 3 日，NSF 主任 Córdova 在 NSB 会议上强调，为了更好地使用公共资源，NSF 须不断地检查并持续改进工作流程，其为提高透明度与加强问责制的行动①主要包括：① 基金资助项目题目与摘要的政策变革。NSF 已向所有工作人员与广大科学界说明，基金资助项目题目与摘要是向公众以公开透明的方式证明其资助决定的正当性所必需的手段，使公众理解 NSF 所资助项目服务于国家利益，遵循国会所赋予 NSF 的使命要求。12 月 26 日，NSF 发布了新的项目申请和资助政策与程序行为规范，要求获得资助的项目首席科学家与 NSF 项目官员联系，协助其以非技术术语的形式起草准备向公众公布的项目标题与摘要，项目说明必须解释该项目对服务国家利益的重要性；NSF 必须向公众公开清楚地说明所做出的资助决定的理由是什么，并向公众说明基础研究项目资助是如何基于项目学术价值与广泛影响的价值评议标准通过外部专家竞争性遴选出来的。② 对项目主任开展培训。为项目主任提供可改善项目摘要表述所需的资源，通过视频会议等形式对 NSF 所有项目主任进行培训，并为各学部主任提供有关价值评议程序的可交互的培训资源，包括价值评议的作用与职责。③ 向公众宣传使其了解 NSF 透明度与问责制的计划。3 月 28 日，NSF 以重要通告的形式向公众说明了 NSF 对本机构资助程序透明度与问责制的承诺与责任。④ 完善问责制与透明度相关管理制度。5 月 12 日，NSF 邀请专门工作组对 NSF 增强问责制与提高透明度所采取的政策进行评估，并采纳评估小组的意见，确保 NSF 的员工在做出最终的资助决策时了解并遵守 NSF 问责制与透明度实践要求。5 月 26 日，NSF 任命主任办公室的成员 Peter Arzberger 博士负责确保持续改善 NSF 的资助问责制与透明度的实践与政策，并负责向 NSF 主任与 NSB 实时汇报工作进展。

（二）加强联邦政府与私营部门合作以改善 STEM 教育

1 月 9 日，美国国会众议院研究与技术分委会召开听证会②，评估私营部门发起的 STEM 教育计划。在听证会上国会众议院主席 Lamar Smith 表示，"受到良好教育与培训的 STEM 劳动力将促进国家未来经济繁荣，我们必须激励年轻人学习科学与工程并鼓励他们选择这些职业，因而我们需要了解联邦政府以外私营部门的 STEM 教育行动，从而确保不将纳税人的钱重复在这些计划上"。了解私营部门在 STEM 教育领域的行动将有助于联邦政府避免资源重复并撬动私营部门的计划。听证会讨论了企业与慈善组织向学生提供的经

---

① National Science Foundation. National Science Foundation updates transparency and accountability practices. http://www.nsf.gov/news/news_summ.jsp? cntn_id=133533&org=NSF&from=news[2015-01].

② Committee on Science, Space, and Technology. Private sector STEM initiatives make big impact. http://science.house.gov/press-release/private-sector-stem-initiatives-make-big-impact[2014-06].

费与技术支持，向教师提供专业发展机会，支持可激发学生对 STEM 教育感兴趣并改善课堂教育的新技术等问题。

12 月 18 日，PCAST 向总统提交报告，建议重视信息技术在高等教育领域的应用，将大规模在线开放课程（MOOCs）作为改善 STEM 教育的重要途径[①]。报告建议：① 让市场力量决定在线教学和学习的哪些创新是最好的。不要过早地对该领域制定标准和规则，从而可能阻碍竞争性市场力量对教育技术部门的创新激励。② 鼓励认证机构要灵活应对教育创新。联邦政府教育机构应敦促区域学位认证机构对在线教育学位制定灵活的标准，以适应新的教学方法，避免阻碍新兴产业的发育成长。③ 支持有效教学和学习成果的研究和交流。

（三）推进国家实验室系统改革，增强其创新贡献

为保持美国国家实验室的世界级地位，并促进其将科学发现转变为商业突破，1 月 29 日，美国参议员 Chris Coons 和 Marco Rubio 向国会提出了《美国 INNOVATES 法案（草案）》[②]，法案的指导思想是优化能源部实验室的管理，为国家实验室与私营企业合作提供更多的工具，并致力于建立私人创新者将国家实验室的基础研究转化为成功的商业实践的无缝连接路径。主要内容包括：① 整合 DOE 实验室科学技术计划的管理，建立垂直集成的研究体系；将把能源次长和科学次长两个职位合二为一的做法固化为法律，以便更好地对 DOE 实验室进行统一领导和协调。② 增加市场要素，增强灵活性，使 DOE 能够更加灵活地支持大学和非营利机构开展应用研究与开发活动；在 DOE 实验室和产业界之间建立更好的关系，使产业界能利用能源部实验室的资源自己投资做研究，从而更好地发现新的商业机会；将本应在 2014 年结束的"技术商业化协议（ACT）先导计划"延长 3 年。③ 给予 DOE 实验室额外的管理与财政职权，以满足市场需求，并将 DOE 不必要的行政负担最小化，将低于 100 万美元且非国家安全的合作研究协议的管理与财政职权移交给 DOE 实验室。④ 使得新创企业能更好地获取 DOE 国家实验室的前沿研究设施。

为提高国家实验室管理效率，使其更加灵活地适应创新需求，5 月 19 日，DOE 部长宣布由国会授权成立 DOE 国家实验室管理效率外部评估委员会，其评估工作将分为两个阶段[③]。2015 年 1 月，外部评估委员会向 DOE 提交第一阶段评估报告，具体评估内容主要包括：① DOE 国家实验室的使命是否真正与 DOE 战略优先领域一致；② 实验室是否已经去除不必要的、冗余且重复的使命；③ 实验室是否有能力满足 DOE 现在或将来的国家安全挑战需求；④ 实验室规模是否适当。第二阶段评估将重点解决一些政治敏感问题，包括合

---

① The White House. PCAST considers massive open online courses (MOOCs) and related technologies in higher education. http://www.whitehouse.gov[2014-01].

② America INNOVATES Act. http://www.coons.senate.gov/issues/america-innovates-act[2014-02].

③ Jetfrey Mervis. DOE launches new study of national labs. http://news.sciencemag.org/policy/2014/05/doe-launches-new-study-national-labs[2014-06].

并或重新布局当前的实验室系统。国会透露，可选方案包括利用其他研究、开发、技术中心或大学代替实验室以满足 DOE 能源与国家安全目标。此外，国会还要求外部评估委员会对由实验室主任掌控且在实验室内部进行的定向研发项目进行管理评估。

（四）促进先进制造业创新，增强美国全球竞争力

为在下一轮高科技制造业竞争中战胜其他国家，美国先后在罗利和扬斯敦建立的 2 个制造业创新研究所已开始运行，2014 年美国着手建设另外 6 个制造业创新研究所。2 月 25 日，奥巴马总统宣布通过竞争遴选出 2 个新的制造业创新研究所[①]，分别为由底特律 60 家企业、非营利机构与大学组成联盟领导的轻型与现代金属制造创新研究所，以及由芝加哥 73 家企业、非营利机构与大学组成联盟领导的数字化制造与设计技术创新研究所。2014～2018 年，美国国防部将向这两个研究所提供 1.4 亿美元资助，私营部门也将提供至少 1.4 亿美元资助。奥巴马总统宣布征集由 DOE 领导的先进复合材料创新研究所的竞争提案申请，该研究所将聚焦于纤维增强聚合物复合材料研究。

为吸引产业界、学术界和政府机构等加入企业驱动的先进制造技术联盟，找出产业界面临的长期、竞争前或使能技术的需求，绘制产业驱动的先进制造技术路线图，突破阻碍先进制造技术发展的重大障碍，7 月 30 日，NIST 宣布启动先进制造技术联盟计划第二轮资助[②]，目的是增加先进制造技术联盟的地理分布多样性，以及围绕产业价值链吸引更多的中小企业参与。

10 月 27 日，为促进先进制造业发展，PCAST 从三个方面提出建议[③]：① 促进创新。制定保障美国新兴制造技术优势的国家战略，并确立专门的国家愿景，提出公私各方与各技术发展阶段的协调计划；建立先进制造技术顾问联盟，协助私营部门对国家先进制造技术研发优先领域提出意见；建立新的公私制造研发基础设施以支持创新通道，通过创建制造业卓越中心与制造业技术测试平台为不同成熟阶段的制造业创新提供支撑框架，并使中小制造企业能够从其投资中获益；制定能够促进制造技术交互的程序与标准，交流材料与制造程序信息；通过国家经济委员会、白宫科技政策办公室与执行部门联合创建共同的国家制造业创新网络管理结构，确保众多利益相关者对国家制造业创新网络的投资回报。② 保障人才供应。发起改变制造业形象的国家行动并支持国家制造业日活动，以展示现代制造业的真实职业状态；激励私营部门投资执行国家认证的技术认证系统，从而使从业者能够凭此证被雇佣与得到晋升，劳工部与教育部可通过社区学院和职业培训计划给予该行

---

① The White House. President Obama announces two new public-private manufacturing innovation institutes and launches the first of four new manufacturing innovation institute competitions. http://www. whitehouse. gov/the-press-office/2014/02/25/[2014-02].

② National Institute of Standards and Technology. NIST announces new competition for advanced manufacturing planning awards. http://www. nist. gov[2014-08].

③ The White House. Accelerating U. S. advanced manufacturing. http://www. whitehouse. gov/sites/default/files/microsites/ostp/PCAST/amp20_report_final. pdf[2014-10].

动资金补助等。③ 改善商业环境。利用并协调已有的联邦、州、企业团体与私营中介组织力量，面向中小企业改善技术、市场与供应链的信息流；通过创建公私合作的规模化投资基金改善资本获取状况；利用税收减免措施激励对制造业的投资等。

为加速美国在清洁能源、国家安全、人类健康与福祉及下一代劳动力培养等方面的进步，12 月，NSB 发布"材料基因组计划"（MGI）2014 战略规划，重点指明 MGI 四个方面的目标[1]：① 减少从材料研究发现到应用的时间和成本，引导材料研究文化范式的变革：鼓励和促进集成研发和集成团队途径，如定期举办跨机构首席研究员会议，并将工业界代表纳入其中等；促进同工业界之间的合作以及同国际共同体的交流与合作。② 整合实验、计算和理论，用先进工具和技术武装材料研究共同体：建立 MGI 资源网络，为参与实验和计算工具开发的材料研究共同体提供当前的活动信息；改进实验工具，发展数据分析手段，提高实验与计算数据的价值。③ 使材料相关数据易于获取：发现并推广材料数据基础设施执行方面的最佳实践；支持建立可获取的材料数据库。④ 培养世界级的材料科学与工程劳动力，促进其进入材料学术研究和工业生涯：执行新的课程设计；为学生提供参与研究和工业实习的机会。

为保证劳动力技能培训与美国企业在全球竞争环境下所需要的技能相匹配，帮助工人走向中产阶级，12 月 11 日，奥巴马宣布由劳工部投入 1 亿美元用于先进制造领域学徒计划，这一计划将在信息技术、高技术服务业与先进制造 3 个新的高增长领域建立 25 个学徒制度伙伴关系项目，每个项目资助经费为 250 万～500 万美元，资助活动范围[2]主要包括：① 为青年提供在工作实践中学习的机会；② 为青年提供与工作相关的技术指导；③ 为年满 16 周岁未进入高中的青年提供预学徒训练；④ 制定产业部门战略，开展职业通道发展活动；⑤ 鼓励公私部门人力资源为发展建立伙伴关系开展活动；⑥ 开展有助于提高美国人对学徒认知的宣传与推广活动，学徒计划的招生范围要求为年满 16 周岁未进入高中的青年与年满 18 周岁未就业的青年。

（五）推动数据开放获取，支持全社会利用政府数据进行创新创业

为进一步扩大联邦资助科研项目发表论文开放获取的范围，1 月 16 日，美国国会通过的《2014 年综合拨款法案》[3] 规定，劳工部、卫生与公共服务部、教育部及所属机构等年联邦科研资助经费超过 1 亿美元的机构必须实施联邦资助研究成果公共获取政策，所有得到部分或全部资助的项目的作者都要把在同行评议期刊发表论文的最终录用稿电子版提交到资助机构（或其指定的机构），并使得在正式出版后 12 个月内可通过网络免费公开获取。

---

① National Science Boarel. Materials Genome Initiative Strategic Plan. http://www. whitehouse. gov/[2014-12].

② The White House. Fact sheet：President Obama launches competitions for new manufacturing innovation hubs and american apprenticeship grants. http://www. whitehouse. gov/the-press-office/2014/12/11/fact-sheet-president-obama-launches competitions-new-manufacturing-innov[2014-12].

③ U. S. House of Representatives. Consolidated Appropriations Act 2014. http://docs. house. gov/billsthisweek/20140113/CPRT-113-HPRT-RU00-h3547-hamdt2samdt_xml. pdf[2014-01].

该法律将覆盖每年 600 亿美元联邦科研资助经费中的 310 亿美元所产生的科研论文。

为支持全社会利用政府数据进行创新创业，履行美国 2013 年签署的《G8 国家开放数据宪章》的义务，5 月 7 日，美国白宫科技政策办公室发布了"开放数据行动计划"，声明将进一步开放政府在健康、能源、气候、教育、财务、公共安全及全球发展等方面的数据，行动计划①要求：① 联邦机构的数据要通过美国政府开放数据网站 http：//www. Data. gov 发布，形成全社会可发现、计算机可读、可灵活利用的开放数据。② 各个联邦机构应向公众提供可开放的数据集目录，利用各种反馈机制，与公共和私人机构共同遴选优先发布的开放数据，保证公众需要的数据集能及时开放。③ 政府要为企业家和创造者提供可发现、可理解和可使用的数据，以利于产生新的产品、服务和公司；要建立反馈机制来提升描述和获取政府数据的途径。④ 启动第三轮"总统创新奖励"，支持企业家、开发者、设计者及其他类型的创造者与美国国家海洋和大气管理局、国家航空航天局、人口调查局、卫生与公共服务部、劳工部、DOE 等合作，利用开放数据进行创新和创业。

（六）启动专利改革行动，完善专利审批程序

2 月 20 日，奥巴马政府宣布了美国专利及商标局将要启动的一系列专利改革行动②：① 开展众包活动，以帮助判定某项专利申请是否为现有技术。要确定某项发明是否新颖，必须查询并应用相关技术前沿信息，但专利审查员有时难以找到这些信息。众包活动有助于专利审查员判定申请专利是否新颖，从而改善专利审批程序并提高专利质量。②加强对专利审查员的技术培训。邀请产业界与学术界技术专家、工程师对专利审查员开展相关技术培训，帮助其了解、掌握前沿技术进展，以使专利审查员能够更严格地审查相关专利申请中的"功能性描述"，并使其表述更加清晰。③ 为独立发明人与小企业提供免费法律援助，开启在线工具箱，提供专利案件及特殊专利详情、专利诉讼及和解的风险与收益分析等相关信息。

（七）NIH 与 NSF 合作加速联邦资助技术成果商业化转移

为响应奥巴马总统关于加快联邦资助技术成果的市场商业化转移速度的倡议，6 月 19 日，NIH 宣布与 NSF 合作，使获得 NIH 小企业创新研究计划（SBIR）与小企业技术转移计划（STTR）第一阶段支持的大学研究人员与企业家有资格申请 NSF 于 2011 年启动的试验性资助项目"创新团队计划（I-Corps）"的资助③。NSF 将针对生物医药技术为其专门定

---

① The White House. U. S. Open Data Action Plan. http://www. whitehouse. gov/sites/default/files/microsites/ostp/us _open_data_action_plan. pdf［2014-05］.

② The Whtie House. Fact sheet—Executive Actions：Answering the president's call to strengthen our patent system and foster innovation. http://www. whitehouse. gov/the-press-office/2014/02/20/fact-sheet-executive-actions-answering-president-s-call-strengthen-our-p［2014-02］.

③ National Institutes of Health. From lab bench to bedside：Accelerating the commercialization of biomedical innovations. http://nexus. od. nih. gov［2014-02］.

制创新培训课程，主要培训内容是介绍硅谷创业界领军人物 Steve Blank 所提出的"四步创新法"：① 确定新发明的商业化所适用的商业模式，而不仅仅是提高新发明的技术成熟度；② 收集成功商业模式所需关键要素的证据，包括价值链的构成、客户细分、盈利来源，与不同的潜在客户和伙伴讨论他们的商业模式；③ 开发原型并收集顾客对这些原型的早期反馈意见，从而降低商业化过程的时间与成本；④ 收集所选定商业模式成功的相关经验。

（执笔人：张秋菊）

二、日本

2014 年，日本政府推出了《科技创新综合战略 2014》，提出加大鼓励科技创新的力度，加大对重点研究项目的投入，以及支持中小企业科技创新，端正科研行为规范等一系列政策措施，以促进日本社会经济发展。

（一）改革科研管理体制

5 月 23 日，原日本综合科学技术会议更名为综合科学技术与创新会议（CSTI），并在职能定位等方面进行了改革，旨在进一步强化综合协调功能，以及科技战略与政策的决策功能[①]：① 新增综合协调职能。CSTI 下设三个专业委员会——能源战略协议委员会、复兴再生战略协调委员会、区域资源战略协议委员会，负责科技基本计划和科技创新重要课题的研讨、制定，并监督其进展。② 强化推进科技创新的职能。由 CSTI 主导科技预算，在其指导下设置由相关省厅构成的科技预算战略会议，探讨预算目标和预算重点，确立政府整体研发课题，促进产学官合作。③ 加强战略性和综合性。针对国家、社会的重大问题制定并调整相关科技战略与计划，在计划和预算中关注人文社科、伦理、社会与人类关系等问题，并提出随时为首相提供咨询、建议。

（二）发布《科技创新综合战略 2014》

6 月 24 日，日本内阁发布了《科技创新综合战略 2014》[②]，确定了科技创新政策的重点发展方向，提出了五大行动计划：① 构建绿色经济能源体系。以清洁能源供给为能源生产重点，以使用新技术、提高能源效率为能源消费重点，以智能能源网络为能源流通重点进行研发。② 推进健康医疗战略计划。以健康和疾病预防、疑难与罕见病诊治、未来基因组研究、生物资源库、医疗技术的成本效益分析、生命伦理等为研究重点。③ 构建世界先进的新一代设施。完善社会基础设施，把高科技优势产业作为重点发展对象。④ 利用区域资

---

① 日本総合科学技術会議. 内閣府設置法の一部を改正する法律（平成 26 年法律第 31 号）の 施行に伴う総合科学技術会議決定及び総合科学技術会議議長決定の改正について. http://www8. cao. go. jp/cstp/stsonot a/settihou/setti-hou. html［2014-05］.

② 日本内閣. 科学技術イノベーション総合戦略 2014. http://www8. cao. go. jp/cstp/sogosenryaku/index. html［2014-06］.

源培育新兴产业。利用先进的基因组研究成果进行育种技术革新，开发新食品。⑤ 建立抗灾性能强的能源体系及新一代基础设施，减轻和消除放射性物质造成的影响。

该战略提出的具体政策措施包括：制定面向重要课题的组织实施方案，通过解决重大问题来开发日本的未来产业市场；促进大学与研究机构推进世界级基础研究，以及对国家安全保障技术、核心技术的研发，建立持续产出重大成果的科研环境；参考美国科学促进会的特别研究员制度，探讨科研人员参与业务行政管理的模式。

（三）启动创新项目开辟新领域

4 月 17 日，日本启动了旨在开辟新领域的"战略性创新项目"（SIP）[①]。该项目由内阁专门设置科技创新推进经费，由综合科学技术会议组织专家组对项目进行审议和评价。2014 年启动了 10 个研究项目，政府总预算为 500 亿日元，评估通过后可获得 3～5 年持续支持。这些项目包括：革新燃烧技术、新一代电子设备技术、新材料开发、新能源开发、新一代海洋资源调查技术、智能车辆系统技术、基础设施管理与监测技术、防灾与减灾技术、新一代农林水产业技术、新的生产技术设计。

5 月 23 日，日本综合科学技术与创新会议发布"SIP 项目经费方针"[②]，决定 2014 年 SIP 项目将重点资助能源、新一代社会基础、地区资源、健康医疗 4 个领域，并提出要做好以下工作：① 突出政府主导性。体现日本未来战略布局，支持局部跨越发展，带动战略新兴产业突破。主要措施有：设置专门经费；制订研究计划；由综合科学技术与创新会议组织专家审议和评价项目；项目组制订详细研发计划。② 建立高层次协调机制。主要措施有：成立项目专门推进委员会、专家委员会；各省厅、专家委员会协调各项目组组长推动计划的实施。③ 建立项目过程管理机制，保障项目实施进度。主要措施有：项目结束后对其目标完成情况以及对科技、经济、社会发展的影响等进行全面评估，保障项目总体目标的实现；对于面向产业发展有战略目标的项目，应提出有时限的战略成果产出要求，使研发成果能够有效转化与应用。

（四）支持中小企业创新

10 月 3 日，日本经济产业省依据《中小企业基本法》，发布"中小企业基本计划"[③]，指出日本中小企业主要面临出口受阻、融资环境恶化、企业破产数量持续上升等挑战，提出的政策目标包括：营造中小企业良好的经营环境；促进企业的新陈代谢；推进地方经济；构建企业服务体制。重点举措包括：提高中小企业技术能力，制订以提升经营能力为目标

---

① 日本総合科学技術会議．戦略的イノベーション創造プログラム（SIP）の研究開発計画（案）. http://www 8. cao. go. jp/cstp/gaiyo/sip/keikaku/sipgaiyou. pdf [2014-04].

② 日本総合科学技術会議．科学技術イノベーション創造推進費に関する基本方針．http://www8. cao. go. jp/c stp/siryo/haihu i001/siryo1_2. pdf [2014-05].

③ 日本経済産業省．小規模企業振興基本計画．http://www. meti. go. jp/press/2014/10/20141003003/ 20141003003 b. pdf [2014-10].

的研发计划；支持中小企业开辟新领域，制订支持高附加值制造产业发展的研发计划；鼓励创办高新技术企业，构建针对中小企业和高新技术企业创业的投资体系；建立为中小企业投资、贷款、担保的金融服务机制，政府出资建立和完善中小企业信用担保体系，对调整结构、增加出口、发展高科技的企业给予直接投资或特别贷款；政府协助中小企业建立人才培养机制，制订中小企业人才培养计划；推进地方经济发展，通过新产业的研发带动区域经济发展，制订支持研究机构与中小企业、大学合作的研发计划；完善中小企业服务体系，制订支持中小企业海外发展计划；为中小企业提供政策信息，政府出资建立全国中小企业情报网络，提供经济、技术等信息。

（五）端正科研行为规范

为防止不正当使用科研经费的行为，日本文部科学省决定修改《研究机构公募型科研经费管理与监督准则》，2月18日，公布了新准则的要点[①]：① 制定事前预防机制。强化意识，使针对研究、管理人员的规范教育制度化；提高透明度，对不正当行为当事人进行调查公示等。② 明确组织的管理责任。设置"落实承诺责任人"，强化对资金的管理监督；整合包括内部惩戒措施在内的各种章程；明确对不正当行为的调查必须在210天内完成，如果拖延，则停发当事人的研究经费并缩减其所在机构的竞争性资金等。③ 加强国家的监督力度。加强国家相关部门对科研经费使用的监督职能，增加调查和监督的手段；设置第三方调查委员会以增强调查的透明性等。④ 细化现行管理与监督准则。重点细化采购、出差、对非正式在编人员的雇用管理细则；根据近年出现的不正当行为总结风险多发的领域和对策。

2014年，日本科技界急于求成的心态导致了各种问题的出现，如日本理化学研究所的STAP细胞论文造假事件，无论是在日本科技界还是在世界科技界造成的影响都是非常恶劣的。

8月26日，日本文部科学省审议通过《防范学术不端行为规范》[②]，强调问责当事人所在部门，以端正学术风气：① 对学术不端行为既要追究当事人责任，也要对其所在部门进行问责；明确责任体制，在共同研究中约定研究人员的任务和责任。② 建立"学术伦理教育负责人"体制，定期开展学术伦理教育；通过竞争性资金约束科研人员行为，将科研规范列入资助考核标准。③ 针对捏造、篡改、盗用科研数据和成果等行为，要求科研机构制定调查处理方法，设定调查期限；成立调查委员会时须有半数以上外部人士参与，若对调查结果存在疑问，须追加调查；一旦认定研究人员不端行为属实，在扣除其所在部门竞争性经费的同时还要求其返还一般经费，并限制其再次申请的资格。④ 文部科学省将成立专家小组追踪调查不端行为；将与日本学术会议等合作，制定和发布"学术伦理教育"标准。

---

① 日本文部科学省. 研究機関における公的研究費の管理・監査のガイドライン（実施基準）. http://www.mext. go. jp/a_menu/kansa/houkoku/1343904. htm［2014-02］.

② 日本文部科学省. 研究活動における不正行為への対応等に関するガイドライン. http://www.mext. go. jp/ b_menu/houdou/26/08/1351568. htm［2014-08］.

（六）政府和机构发布系列报告突出科技奥运

2 月，文部科学省发表《梦想与使命：2020》报告[①]，指出 2020 年奥运会将为日本提供灾后重建的动力。报告提出了未来社会的目标：勤奋、创造力；公平、进取；消除国际社会对日本的偏见；建设关怀残障和高龄人士的无障碍城市；建设具有可持续发展能力和吸引力的国际性城市。报告从科技视角提出了若干具体方案：① 促进社会变革，支持研究开发，在 2020 年将日本建设成为最适合创新的国家，以及研究人员最向往在此生活和工作的国家；② 宣传和推广尖端科技成果，包括日本未来的社会经济景象，实现目标应解决的问题，科技创新能够做出的贡献，制定使科技成果与经济社会发展相结合的科技创新政策；③ 实施科技体制改革，从长远、全局的视角研讨相关科技政策与体制，研讨未来科技创新体系的组织设置和改革行动方案。

4 月 3 日，日本科技振兴机构发表了《关注未来——东京奥运 2020》报告[②]，建议以 2020 年东京奥运会为契机，推动科技与社会共同发展，促进日本向"智能化、高效率、环保型"社会转变。主要内容包括：① 发挥日本科技优势，推动交通、通信等基础设施的智能化、高效化，为举办奥运会打好基础；② 发挥日本在产学合作、高科技方面的优势，向观众和游客提供优良的交通、天气、赛况等信息服务；③ 研发新的科技产品，便于高龄和残障人群融入社会；④ 通过奥运会，增强日本学生的"运动实感"和"国际体验"，培养未来人才。

（执笔人：胡智慧　惠仲阳）

三、德国

2014 年，默克尔领导的联盟党成功实现连任。新一届政府继续将科研和教育置于优先发展地位，逐步落实政府联盟协议中在科研领域所确定的各项行动计划。

（一）出台本国配套措施推进欧洲研究区发展

2014 年 7 月，德国联邦内阁出台了旨在推进欧洲研究区深化发展的本国配套措施，即"德国联邦政府欧洲研究区战略"[③]，力图通过在国家和欧洲层面实施具体措施来承担德国在欧洲研究区的责任，为提升欧洲整体科研实力和创新能力做出重要贡献。

作为欧盟积极的成员伙伴，此次德国在欧盟委员会和成员国于 2012 年共同确定的欧洲研究区六大优先行动领域分别制定了相应措施来有效推进欧洲研究区发展。

---

① 日本文部科学省. 夢ビジョン2020. http://www.mext.go.jp/b_menu/houdou/26/01/1343297.htm [2014-02].

② 日本科学技術振興機構. 東京オリンピック・パラリンピック2020の先を見据えて. http://www.jst.go.jp/crds/pdf/2013/SP/CRDS-FY2013-SP-04.pdf [2014-04].

③ Bundesministerium für Bildung und Forschung. Strategie der Bundesregierung zum Europäischen Forschungsraum. http://www.bmbf.de/pubRD/EFR-Strategie_deutsch.pdf[2014-07].

（1）建立更有效的国家科研体系。措施包括：持续加强对高校科研的资助；延续《研究与创新公约》，保障对高校外科研机构的资助；评估"精英大学计划"，为后续战略行动决策提供基础；加强区域内科研主体间的合作；实施激励措施，支持德国科研机构和企业参与"地平线 2020"计划。

（2）扩大欧洲跨国合作。措施包括：积极利用欧洲研究区跨国合作计划和平台，如"联合项目计划"（JPIs）"欧盟创新伙伴关系计划"（EIPs）"尤里卡计划"（EIPs）"和"欧洲科学技术合作计划"（COST）等；鼓励德国科研机构扩大与欧洲的跨国合作。

（3）开放科研劳动力市场。措施包括：通过德国学术交流中心和德国洪堡基金会促进科研人员国际流动；协助落实并积极参与"玛丽·居里行动计划"。

（4）实现科研体系中性别平等。措施包括：继续实施"女教授计划"，大幅提高高校女教授比例；在本国资助计划中特别考虑性别要素。

（5）有效获取和转化科学知识。措施包括：制定全面的开放获取战略，提高公共资助论文及数据的有效获取；将高技术战略发展为跨所有部门的创新战略，推进科学和经济结合。

（6）增强欧洲研究区的国际地位。措施包括：将目前只面向欧盟成员国的 JPIs 计划扩展为欧盟成员国与第三国开展科研合作的平台；在"地平线 2020"框架内就某些全球挑战与发展中国家和新兴国家开展科研合作。

（二）出台新的高技术战略

2014 年 9 月，德国联邦内阁通过了新高技术战略[①]，作为对 2006 年起实施的高技术战略的延续，目的是通过将好的创意迅速转化为具体创新来促进德国的经济增长与繁荣，保持德国在全球科技和经济竞争中的领先地位。

新高技术战略将技术创新与社会需求相结合，将创新概念扩展到社会创新，确定了德国研究与创新政策的五大核心要素。

（1）确定数字经济与社会、可持续经济和能源、创新工作环境、健康生活、智能交通及公民安全 6 个领域为未来优先任务领域。

（2）加速知识转移。联邦政府将通过新的资助方法支持高校尝试新的地区合作战略和新的创新合作形式来扩大高校与企业和社会之间的合作潜力；继续实施"学术成果的技术验证与示范"（VIP）资助计划，填补科学研究和经济应用间的创新缺口；改善对专利技术初期保护的资助条件；利用新资助措施推动尖端集群和相应合作网络的国际化发展。

（3）提高企业创新活力。联邦政府将充分挖掘关键技术，特别是微电子和电池技术在中小企业的经济应用潜力，以创造新产品和新服务；优化针对中小企业的资助项目，扩大受资助企业范围；通过完善现有资助手段增加创新初创企业数量。

（4）建设有利于创新的框架条件。在数学、信息学、自然科学和技术领域实行新计划

---

① Bundesministerium für Bildung und Forschung. Die Hightech-Strategie für Deutschland. http://www.bmbf.de/pub/hts_2020.pdf[2014-09].

以保障对专业人才的需求；进一步制定、协调技术法规和标准；完善创新融资环境，吸引风险资本；通过建立开放创新平台推动企业开放式创新；制定开放获取战略，推动公共资助项目科技论文开放获取。

(5) 加强对话和参与。联邦政府将采用多种形式开展公民对话，支持公民研究，加强科学传播，营造友好创新氛围。

对于新高技术战略的实施，联邦政府将继续实施 2012 年提出的高技术战略行动计划，即 10 个未来项目，并将根据新的挑战和发展不断对其进行完善和调整。未来项目的主要特点是根据既定目标联合创新活动的所有参与者，寻求系统解决方案，提高生活质量，确保德国在重要市场的竞争力。由来自科技界、经济界和社会的重要代表组成的专家咨询委员会对新高技术战略的实施提供建议并制订实施计划。

（三）延续重要科研公约

2014 年 12 月，德国联邦总理默克尔与各州首脑批准了科学联席会在 10 月提出的建议，同意延续即将在 2015 年到期的《高等教育公约》与《研究与创新公约》至 2020 年，以及出台新计划作为对"精英大学计划"的延续[①]。

《高等教育公约》是德国联邦和州政府为应对人口结构转型，确保专业人才而出台的针对大学的资助计划，资助内容有两个：一是增加高校新生人数；二是增加对大学科研的资助。该公约从 2007 年起执行。此次延续的第三资助阶段将从 2016 年起至 2020 年结束，目标是到 2020 年使高校新生人数在基准年（2005 年）的基础上增加 76 万人，联邦和州为每个新增的学习位置各资助 1.3 万欧元。关于公约中资助大学科研的部分，联邦和州将从 2016 年起提高对大学科研项目的补助额度，从原先项目预算的 20% 提高至 22%，其中联邦政府资助 20%，州政府资助 2%。

《研究与创新公约》的目的是保障非高校科研机构的科研预算，加强其在科研体系中的地位。公约从 2006 年起执行，计划到 2015 年到期。此次延续保证了政府从 2016 年至 2020 年对马普学会、弗劳恩霍夫协会、亥姆霍兹联合会、莱布尼茨联合会及德国科学基金会的资助经费每年增长 3%。经费增加部分由联邦全部承担，以减轻州的财政负担，使其将更多的经费用于资助高校和中小学校的教育开支。

联邦和州政府还决定，在 2017 年以后出台新计划作为对"精英大学计划"的延续，并提供不少于为"精英大学计划"投入的经费，以继续支持高校尖端研究。

（四）加强科研国际化

2014 年 10 月，德国联邦教研部公布了"国际科研合作行动计划"[②]，确定了未来几年

---

① Bundesministerium für Bildung und Forschung. Grundsatzentscheidungen für die Wissenschaft. http://www.bmbf.de/press/3703.php[2014-12].

② Bundesministerium für Bildung und Forschung. Internationale Kooperation Aktionsplan des Bundesministerium für Bildung und Forschung. http://www.bmbf.de/pub/Aktionsplan_Internationale_Kooperation.pdf[2014-10].

教研部国际科研合作的 5 个目标领域，包括：① 深化与发达工业国家之间的双边尖端科研合作，加强与美国在再生医学领域，以及与法国在能源和人文社会学领域的合作研究；② 通过参与国际网络来获取并有效利用新知识，开发本国创新潜力，保持德国在全球竞争中的领先地位；③ 加强与发展中国家和新兴科研国家间的合作，重点推进跨国联合研究；④ 承担国际责任，在气候变化、自然资源利用、粮食安全等全球挑战领域做出贡献；⑤ 扩大职业培训领域的国际合作，以保持德国经济稳定，应对年轻人失业问题。该行动计划将作为 2015 年德国联邦政府新科研国际化战略的基础。

2014 年 12 月，德国联邦教研部出台了"尖端集群、未来项目和相关网络国际化资助计划"①，资助主要针对卓越集群和网络，它们已有效联结了本国科研机构、企业及其他合作伙伴的专业能力，建立了专业的管理架构，并已经与其他世界领先的创新地区建立了初步联系。教研部计划共进行 3 次竞标，在首次竞标启动中，教研部将委托独立评审委员会遴选出 10 个集群、未来项目或网络，各获得 5 年共 400 万欧元的资助，支持其制定并实施国际化战略。前两年为规划阶段，集群或网络的主管部门将制订国际合作项目方案，提交国际化战略；后三年为实施阶段，集群、未来项目或网络将与国际伙伴共同开展 3 个联合项目。遴选时独立评审委员会将评价申请者的发展现状和潜力，还考虑其国际化战略的创新性，以及对德国的增加值。

（执笔人：葛春雷）

四、法国

2014 年，法国重组教研部，提高高等教育质量；全面落实《高等教育与研究法》，推动科研改革；发布预见报告，提出法国未来十年发展目标；确定科研项目资助重点，引导科研应对重大社会挑战；提出新能源模式，促进能源转型与绿色经济增长；鼓励技术转移。

（一）重组教研部

4 月，法国新内阁采取合并部委的策略，将原国民教育部和原高等教育与研究部合并为国民教育、高等教育与研究部②。重新回归大教育部的做法，有助于加强中学与大学的联系，为学生提供更为平等的入学机会，提高学生质量，也充分体现了奥朗德政府促进学生学业成功的优先重点。本次部委合并后，法国政府规定新部委的使命为：① 制定并实施政府促进公民接受从基础教育直至高等教育的政策；② 与相关部委共同实施研究与技术方面的政策，包括空间政策；在"研究与高等教育任务"预算制定中负责确定资源配置；参与

---

① Bundesministerium für Bildung und Forschung. Internationalisierung von Spitzenclustern, Zukunftsprojekten und vergleichbaren Netzwerken. http://www. bmbf. de/de/25370. php［2014-12］.

② Premier ministère. Attributions de la secretaire d'État à l'Enseignement superieur et à la Recherche. http://www. gouvernement. fr/institutions/composition-du-gouvernement［2014-04］.

制定并实施"未来投资计划"项目；与经济部共同制定创新政策；促进新技术的发展与传播；与相关部委制定并实施促进数字化应用的政策；管理下辖科研机构，包括法国科研中心、法国空间研究中心等主要国立科研机构，并与其他相关部委共同管理高校。其中使命②与原高等教育与研究部的使命基本保持一致，但更加明确了与经济部的合作及对数字化的重视。这部分使命主要由高等教育与研究国务秘书带领研究与创新总司、高等教育总司来实现。

（二）全面落实《高等教育与研究法》

2014 年，法国对《高等教育与研究法》进行了全面落实。作为指导法国高等教育与研究发展的纲领性文件，该法提出了促进学生学业成功与推动科研发展的一系列目标与措施，主要包括每 5 年制定一次国家科研战略，设立科研战略理事会（CSR），改革高等教育与科研评估机构，促进科技成果转移转化，推进大学数字化教育等①，这些改革举措均得到了有力的落实。

自 2013 年 12 月成立法国科研战略理事会起，法国教研部带领部际指导委员会开始制定新的法国国家科研战略（SNR）。新科研战略的目标为：确定一定数量的科研发展优先重点，以应对法国面临的科学、技术、社会与环境挑战；与"地平线 2020"计划相协调；保障高水平的基础研究，同时推进创新发展与技术转移。新科研战略由部际指导委员会起草，由法国科研战略理事会确定重点并提交政府审议②。至 2014 年年底，部际指导委员会先后完成了法国现状分析，根据十大社会挑战组建工作小组，确定战略优先重点，完成阶段报告并公开征询意见等制定新科研战略的重要过程。

11 月，法国成立科研与高等教育评估高级委员会（HCERES），取代原法国研究与高等教育评估署（AERES），目的是解决原研究与高等教育评估署评估程序繁冗、运作成本高昂、评估标准单一、评估结果缺乏约束力等问题。科研与高等教育评估高级委员会将简化对高校与国立科研机构的评估程序，隶属于多个机构的研究单元只需进行一次评估。在必要时，科研与高等教育评估高级委员会还可对其他评估机构出具的研究单元评估结果进行认证，认证通过则评估有效。

（三）发布法国未来发展预见报告

6 月，法国战略与预见总署应总统要求，发布《未来十年的法国》报告③，预测了 10

---

① MESR. Ce que change la loi relative à l'enseignement supérieur et àla recherché. http://www. enseignementsup-recherche. gouv. fr/cid81469/22-juillet-2013-22-juillet-2014-ce-que-change-la-loi-relative-a-l-enseignement-superieur-et-a-la-recherche. html［2014-07］.

② MESR. France Europe 2020：l'agenda stratégique pour la recherche，le transfert et l'innovation. http://www. enseignementsup-recherche. gouv. fr/pid25259-cid71873/france-europe-2020-l-agenda-strategique-pour-la-recherche-le-transfert-et-l-innovation. html［2013-11］.

③ France Stratégie. Quelle France Dans Dix Ans? http://www. strategie. gouv. fr/sites/strategie. gouv. fr/files/atoms/files/f10_rapport_final_23062014_1. pdf［2014-06］.

年后世界与法国的发展情况，指出法国应在 2025 年成为更受民众支持、更有发展实力的欧盟强国之一。报告提出法国社会应在未来 10 年实现八大发展目标：建设充满信心的民主社会；实现有效的平等；建设进取并节约的政府；实现可持续发展；建设开放的社会；创造有活力的经济；创建包容的社会环境；促进欧洲发展。目标中与科技、教育、创新等方面相关的内容主要包括：① 实现可持续发展。确定可再生能源替代核能的能源转型过渡进程；通过提高二氧化碳排放价格与环境税收来减少环境破坏。② 建设开放的社会。重组大学，提高教育质量；加强数字化教育；促进学生的国际流动，增加留学生名额；改善企业管理，给予员工更多自主创新的可能。③ 建设有利于经济增长的环境。提高创新体系的运作效率，鼓励不同创新主体积极合作；参与国家与欧洲层面的数字化变革；加强本土创新生态环境建设，在大城市推广集群式公私协同创新模式并形成规模效应。

（四）加强应对社会挑战的科研资助

为使法国科研更好地应对国家面临的挑战并与"地平线 2020"计划相协调，法国国家科研署于 7 月公布了 2015 年工作重点[①]，把应对九大社会挑战作为主要资助重点。国家科研署将以 5.8 亿欧元的预算，围绕 4 个方面支持国家科研项目：① 重大社会挑战。针对"法国-欧洲 2020 战略议程"中提出的九大挑战设立项目，包括节约资源与适应环境变化，开发清洁、安全与高效能源，刺激工业振兴，改善生命健康与增进社会福祉，保障食品安全与应对人口挑战，创建可持续交通与城市体系，建设信息与通信社会，构建创新型、适应型的和谐社会，以及保障公民安全。② 研究前沿。设立"所有知识领域挑战"项目，支持不在重要社会挑战项目招标范围内的基础研究项目，如天体物理、基础物理、粒子物理、地球结构与地球历史、化学、人文社会科学相关学科、基础生物学相关学科、基础数学等领域的研究。③ 欧洲研究区建设与法国的国际影响力。设立国际合作研究等项目推动高水平的科研合作，并发挥法国科研团队在欧洲或国际计划中的领军作用。④ 研究的经济影响力与竞争力。设立企业合作研究等项目促进法国公共资助的研究团队与企业的合作，并促进公共资助的科研成果向企业转移转化。

（五）促进能源转型

为促进能源转型，6 月，法国能源部提出建设法国新能源模式的方案[②]，致力于减少法国的能源使用量，促进绿色经济的增长并创造 10 万个就业机会。方案确定了 5 个中长期目

---

① ANR. Appel à projets générique 2015. http://www. agence-nationale-recherche. fr/informations/actualites/detail/appel-a-projets-generique-2015-top-depart-pour-le-depot-des-propositions/[2014-07].

② Premier ministre. Pour un nouveau modèle énergétique francais. http://www. gouvernement. fr/gouvernement/pour-un-nouveau-modele-energetique-francais; http://www. developpement-durable. gouv. fr/Les-grands-axes-du-nouveau-modele. html[2014-07].

标：① 减少温室气体排放，从而为欧洲在 2030 年减少 40％排放量的目标作贡献；② 至 2030 年减少法国 30％的化石燃料使用量；③ 至 2025 年重新使核能发电量占到国家总发电量的 50％；④ 至 2030 年使可再生能源占全部能源消费的 32％；⑤ 至 2050 年将全部能源消费量减半。新能源模式的主要方向为：① 发展能源经济，注重建筑节能，通过隔热改建等方式减少建筑物的能量散失；减少垃圾并转化垃圾为原料以促进循环经济发展。② 充分利用法国国土丰富的农业、林业与海洋资源促进可再生能源发展，重点开发沼气资源、海岸风能、海上水力涡轮机等；此外还将发展电力、烃等清洁能源交通工具；强化核能安全与公民对此的知情权等。

（六）鼓励技术转移

11 月，法国召开未来投资计划"加速技术转移公司"（SATT）首次会议[①]，肯定 SATT 在公共科研成果转化和技术转移中的作用。SATT 是法国为了促进公共科研成果向企业转化，在高教科研密集地区整合当地公共科研资源，以股份制形式创建的公司，由地方持股 67％，法国信托投资局代表国家持股 33％。国家通过未来投资计划下设的国家转移转化基金，在 10 年内投入 8.5 亿欧元用于建设 SATT 并投资其成果转化服务。目前，法国已建成 14 个 SATT，聘用知识产权、市场开发、工程技术等方面的专业人员帮助研究人员保护并推广成果，帮助地方企业直接接触到公共科研机构最新的科研成果并协助其实现产业化，极大地简化了技术转移过程，并促进了数字技术、生物技术、医学技术与能源技术企业的发展。

（执笔人：陈晓怡）

五、英国

按照英国选举制度的规定 2014 年是保守党与自民党联合政府执政的最后一年，经过几年的努力，英国的经济状况开始实现逐步好转。

在这一年中，英国政府支持科技创新活动的目标非常明确，通过增加对科技的支持，重点资助八大新兴产业及领域的研究与创新活动，推动对科技创新成果的转移与扩散，促进英国的经济增长，以在 2015 年 5 月的大选中向选民交出合格的成绩单，为竞选连任奠定基础。为此，英国政府在 2014 年采取了以下一系列通过科技创新促进经济与社会发展的政策与措施。

（一）制定新兴技术发展战略，推动国家产业结构转型

新兴技术是指在研究机构刚刚完成，甚至还在研究中的早期技术。这类技术的特点是

---

① MESR. Première convention nationale des Sociétés d′Accélération du Transfert de Technologies. http://www. enseignementsup-recherche. gouv. fr/cid84129/premiere-convention-nationale-des-societes-d-acceleration-du-transfert-de-technologies. html[2014-12].

能够产生新型的产品与应用，创造新的市场，带来新的生活方式和新的资源。英国希望未来 10 年能够在若干新兴技术研究领域保持全球领先地位，并逐步形成新兴产业。

2013 年年底英国政府通过的《国家产业战略》解释文件明确规定了未来产业研发的战略性优先科技领域，重点资助这些领域的研发活动的目的就是要推动突破性技术的创新及技术成果的转移与商业化，找到新的经济增长点，转变英国的国家产业结构。

为了明确发展新兴技术的重点领域，2014 年 11 月，英国 BIS 发布了《新兴技术与产业战略 2014～2018》[①]，要求英国技术战略委员会在 2014～2018 年，增加对新兴技术及其所带来的新兴产业的研发投入，至少投入 5000 万英镑以加强相应领域的产学研合作，帮助英国占领全球市场。

该战略确定了国家的 7 个最具潜力的战略性重点新兴技术领域，包括合成生物学、高能效计算、微能源利用、非动物技术、新兴成像技术、石墨烯、量子技术。2014～2018 年的主要行动内容包括以下四点。

（1）建立有效机制寻找并评估新兴技术的发展潜力。建立一个国家级工作机制，组织来自企业、投资界、研究界和政府的各方专家共同讨论，运用定量和定性分析寻找具有高潜力的早期技术，并确定不同技术的优先发展等级，设计和实施其投资协调方案，跟踪其研发和产业化的进展；与合作伙伴共同制定从英国大学和研究机构寻找新兴技术的标准工作程序，按照有效程序评估已找到的新兴技术的发展潜力，包括当前和未来的预期市场前景，预估英国在未来是否有在相应国际市场进行竞争的能力。

（2）设立并资助相应的合作开发项目。与合作伙伴共同建立和支持针对新兴技术的投资机制；在最有希望的新兴技术领域逐步升级投资额度；在其他的科技计划中也要重点支持已选定的新兴技术；与合作伙伴和其他资助机构共同为已选定的新兴技术建立合作开发项目，资助示范项目，培育人才，建立合作研究团队；建立技术战略委员会的新兴技术与产业指导小组，提供咨询与建议；将最有希望的新兴技术纳入技术战略委员会的其他核心资助计划，共同推动技术进步。

（3）加速新兴技术的市场化进程。建立技术示范、应用示范、商业化示范等各种类型的资助项目，加速新兴技术的转移转化；帮助企业找到最佳合作伙伴，促进研发合作；制定并推广英国的新兴技术标准，推动突破性新兴技术的普及；确保处于早期阶段的新兴技术的国际发展及商业化前景，抓住海外发展机遇，特别是要争取来自欧盟"地平线 2020"计划的资助。

（4）建设新兴技术领域的交流平台并培育各类人才。为共同关心高潜力新兴技术的各界建立交流平台；支持企业甚至个人发展其在新兴技术早期阶段的研发能力；在相应技术领域建立合作群体，形成规模研究能力；与各研究理事会合作资助相应技术领域的技术转

---

① BIS. Emerging technologies strategy 2014 to 2018. https://www.gov.uk/government/uploads/system/uploads/attachment_data/file/370017/Emerging_technologies_-strategy_2014-2018.pdf[2014-11].

移与推广中心，推动处于早期阶段的新兴技术尽快形成产业。

（二）加强 TIC 网络建设，促进创新商业化

TIC 的网络建设开始于 2011 年，是培养英国国家创新能力的一项长期战略性投资计划，目的是代替过去效率低下的地区性技术转移机构——地区发展署，在可能带来产业结构升级的特定技术领域促进产学研合作，让新的创新思想转化为产品与服务。

TIC 是大学、研究机构和创新型企业之间的桥梁，通过各方共同制订研发计划，弥补政府原有科技计划的空白。作为连接学术机构与企业的枢纽，TIC 可以为企业提供其无法单独承担的、需要高额投资的最先进设备与基础设施，以及来自大学和研究机构的技术专家及其支持。通过消除科研成果商业化的成本障碍，TIC 可以吸引更多的风险资本和其他形式资本投资新技术，缩短这些技术进入市场的时间。2014 年，英国已建立了 7 个主题或产业领域的 TIC，还有 2 个 TIC 已在 2015 年建成。这些 TIC 逐渐成为英国在相应主题或产业领域推动先进设施建设、产学研合作、集成研发、技术转移及创新商业化的主要平台。

2014 年 3 月，英国财政部发布的"2014—2015 财年政府预算案"中，科技创新领域受益最大的项目之一是 TIC 网络。

2014 年 11 月，英国技术战略委员会发布了《技术与创新中心网络计划评议报告》[①]，回顾了 TIC 网络计划过去 4 年的发展得失，展望了未来 10～15 年的中长期发展前景，对 TIC 网络的深化发展提出了建议。

（1）保持对已有 TIC 的持续投资，并制定长期发展规划，争取每年新建 1～2 个 TIC，到 2030 年建设 30 个 TIC，TSB 年度资助总额达到 4 亿英镑。各 TIC 要继续保持 1/3 的资助来自技术战略委员会、1/3 的资助来自企业研发合同、1/3 的资助来自科研资助机构竞争性项目的模式。

（2）建立有效吸引中小企业的机制。各 TIC 将通过免费帮助中小企业进行研发、设立地区性分中心和地区特色研发项目、参与企业孵化过程、建立与技术战略委员会和欧盟中小企业资助计划的直通机制等措施来吸引中小企业，形成相应领域的创新集群。

（3）促使企业能够在早期阶段就参与大学的研究活动。促进大学与企业建立正式的战略合作关系，形成联合研发项目、设施共享和人员交换机制，提升大学的创新商业化意识和能力。

（4）制定推动创新商业化的绩效评估指标体系。评估指标不仅限于研究出版物和专利的产量，还要考察各 TIC 从企业获得的资助及分享到的收益、创造的市场前景、为企业解决的问题、吸引的海外投资、帮助建设的基础设施，以及长期的社会经济效益。

（5）政府继续确保 TIC 网络计划由企业主导，为产学研合作建立有效的基础平台。通

---

① TSB. Review of the catapult network: Recommendations on the future shape, scope and ambition of the programme. http://www.uk-cpi.com/wp-content/uploads/2014/11/bis-14-1085-review-of-the-catapult-network.pdf[2014-11].

过 TIC 拉动企业更多地投资研发项目，帮助集中各相关方的意见以制定适合新技术及产业发展的政策措施，使各 TIC 成为协调各相关方研发前景规划和利益分配方案的固定渠道。

（三）设立"牛顿基金"，针对新兴国家发展国际科技合作

英国希望强化与经济快速增长的新兴国家的科学与创新合作，寻找在全球的创新合作机遇，帮助英国企业发展其在全球创新热点领域的对外合作关系及供应链，为英国吸引人才和发展经济提供机会。

2014 年 4 月，英国政府宣布设立"牛顿基金"[①]，目的是与新兴国家建立长期稳定的科技合作伙伴关系，帮助英国吸引人才和发展经济。基金的重点合作伙伴为：巴西、智利、中国、哥伦比亚、埃及、印度、印度尼西亚、哈萨克斯坦、马来西亚、墨西哥、菲律宾、南非、泰国、土耳其和越南等。

"牛顿基金"将集中英国与各国之间现有的科技合作项目，由 BIS 统一管理，英国研究理事会将参与具体合作项目的评估及管理工作。英国财政部承诺从 2014 年起将连续 5 年为"牛顿基金"投入每年至少 0.75 亿英镑，同时积极接受合作伙伴国、私人基金、国际科技组织及企业的资金。

目前"牛顿基金"资助的合作项目主要为双边模式，分为以下三大类型。

（1）人才培养。合作项目包括：专业技能培训、学生与研究人员奖学金、人员交流（每人每次最多资助 1.8 万英镑）、联合研究中心等。

（2）合作研究项目。要求合作项目最终能够拿出具有国际水准，并有助于合作双方的科技进步或经济发展的研究成果。每个项目每年最多资助 5.5 万英镑，最长 3 年。

（3）转移转化。与重点合作伙伴国就共同制定的主题推进产学研合作研发，寻找创新商业化的机遇。

（四）通过各类研究平台和资助项目，支持产学研合作

为了支持英国的产学研合作创新活动，重点加速对创新概念的商业化工作，2014 年 7 月，技术战略委员会发布了《2014—2015 财年执行规划》[②]，提出将投入 4 亿英镑以企业创新为核心支持产学研合作，并详细规划了将推进的一系列关键行动及措施。

1. 加强对具有高潜力的创新型中小企业的支持，减少企业创新制度障碍

制订新的针对中小企业的资助计划，加速其创意商业化的进程；帮助它们寻找在员工培训、知识产权、出口联系、投资融资等方面的合作伙伴；针对企业，建立简化明晰的技术战略委员会项目申请及资助机制。

---

① BIS. Newton Fund：Building science and innovation capacity in developing countries. https://www. gov. uk［2014 - 04］.

② TSB. Technology Strategy Board delivery plan 2014-2015. https://www. innovateuk. org/documents/1524978/ 2138994/Delivery%20Plan%202014-2015［2014-07］.

2. 通过合作关系强化产学研对创新目标及工作的协调

将目前所有的知识转移合作网络计划合并为统一的、多样化的合作网络，推动产学研合作的制度化；增加国家的风险投资支持项目数量，并在 11 月举办"英国 2014 创新"博览会，从而帮助企业寻找新的知识共享、建立合作关系、加速创新的机遇；将国家级计划与地方的创新活动联系起来，发展地方政府、城市、企业与经济增长促进中心之间的合作关系。

3. 扩大"小企业研究资助计划"及相应的政府采购活动

积极领导跨越政府各部门的"小企业研究资助计划"（SBRI）进程，将该计划的项目数量增加 5 倍；强化政府公共采购对创新性产品及服务的支持，从而使政府各部门能够获得创新型中小企业的帮助去解决自己所面临的问题与挑战。

4. 积极支持英国企业参与欧盟"地平线 2020"计划

建立强大的国内咨询专家团队，规划并建立有丰富资源的面向全欧洲的企业合作网络，从而帮助更多的英国企业申请加入欧盟"地平线 2020"计划资助的研发项目，并从中受益。

5. 建立大学与企业合作的世界级前沿研究平台

通过"英国研究合作投资基金"（UKRPIF）发起 3 项意在建立世界级前沿研究平台的计划[1]，具体包括：① 剑桥治疗免疫学及传染病研究所，由剑桥大学与阿斯利康等 4 家企业及维尔康信托基金共建；② 克兰菲尔德航空航天集成研究中心，由克兰菲尔德大学与空中客车及劳斯莱斯公司共建；③ 先进推进技术研究实验室，由沃里克大学与沃里克制造集团以及捷豹和路虎公司共建。

6. 针对不同创新需求优化招标机制

从技术战略委员会的"能源推进"计划第二轮项目招标开始，尝试根据创新活动不同阶段分类进行项目招标及评议工作[2]：① 针对创新早期设立"技术可行性"类项目，探索和评估早期创意与概念的技术潜力；项目申请至少要有一个中小企业主导或由一个研究机构与企业联合申请；企业配套资金比例应达到 25%～35%。② 针对创新中期设立"技术开发"类项目，推动新创意的产业化研发；项目申请要由企业主导并有研究机构参与；企业配套资金比例应达到 40%～50%。③ 针对创新后期设立"前商业化技术验证"类项目，验证和评估创新技术的商业化潜力和前景；项目申请要由企业主导并有研究机构参与；企业配套资金比例要达到 65%～75%。由技术战略委员会任命的项目监督员全程监管所有三类项目。

（五）发布新《科学与创新增长规划》，描述下一任期愿景

为了在 2015 年 5 月的大选前总结本届任期内的科技创新工作，并向选民明确提出下一

---

① HEFCE. £183 million for new leading-edge research facilities. http://www.hefce.ac.uk/news/newsarchive/2014/news87690.html[2014-12].

② TSB. Energy catalyst funding available to help businesses solve the energy 'trilemma' with world-leading solutions. https://www.gov.uk/government/news[2014-12].

任期（2021 年前）的科技创新工作目标及政府的投资承诺，2014 年 12 月，英国财政部和 BIS 在四大国级科学院及其他各界咨询机构的建议的基础上，共同制定并发布了新的《科学与创新增长规划》①，提出政府在 2021 年前针对科技创新的工作重点包括以下六点。

1. 确定优先领域

由英国最优秀的专家、科研机构和企业共同选择战略性优先领域，保证英国在优势领域的领先地位，克服重大挑战；在科学战略与产业战略之间建立长期投资和传导机制；继续支持大数据和高能效计算、卫星和空间技术的商业应用、机器人和自动化系统、合成生物学、再生医学、农业科技、先进材料与纳米技术、能源及其存储八大战略性科技和产业领域的科技创新，保证国家经济增长目标的实现。

2. 培育科学人才

强化英国中学的数学教学；投资 6700 万英镑用于培训 1.75 万名数学和物理教师；鼓励和支持企业为 STEM 类毕业生提供更多的实习岗位；进一步在关键性 STEM 领域，如数字产业、风能和先进制造业等领域建立新的高校；资助英格兰高等教育资助委员会创设工程与非工程专业学生的衔接性课程；支持对 STEM 学位授予制度进行的独立审查，提升毕业生素质与改善就业状况；推出针对研究生的新的大额贷款制度，使研究生的年度收入达到 1 万英镑以上；提供专门支持，帮助中断职业生涯的女性科研人员重返工作岗位。

3. 投资科研基础设施

2016～2021 年，英国政府将为科研基础设施投入 59 亿英镑，其中，29 亿英镑将用于应对重大科学挑战，如建立 10 亿英镑的"重大挑战基金"，资助新的极地研究船和平方公里阵列望远镜等项目；投入 8 亿英镑资助能够提供满意商业方案的新研发项目，如国家先进材料研究所和 IBM 大数据研究中心等。另外，30 亿英镑用于支持竞争性研究项目，以及为英国大学与科研机构中现有的世界一流实验室提供资助。

4. 资助研究活动

保持英国的双重资助系统的稳定发展；支持多个独立委员会评估英国高校和科研机构的研究绩效和国际比较情况；继续推动对出版物和底层数据的开放获取研究，英格兰高等教育资助委员会将考虑把开放数据的情况作为未来研究卓越框架（REF）评估的一部分；要求英格兰高等教育资助委员会制定一个以证据为基础的框架，评估英国各高校的知识交流绩效；各研究理事会和高等教育资助机构将从 REF 评估活动中收集证据和案例，到 2015 年夏天制定一个系统的研究影响评估体系。

5. 催化创新

继续投资扩大 TIC 网络，并逐步改善其财政状况；向高附加值制造业 TIC 提供 6100 万英镑资金，为制造业中的小企业提供技术支持；投资 2800 万英镑，在高附加值制造业

---

① BIS. Our plan for growth: science and innovation. https://www.gov.uk/government/uploads/system/uploads/attachment_data/file/387780/PU1719_HMT_Science_.pdf[2014-12].

TIC 建立一个新的国家标准制定中心，推动以制造业为基础的经济增长，实施经济转型；以不列颠商业银行为中心，为创新型小企业建立更好的金融市场，如为"风险投资催化基金"增加 1 亿英镑资金；2015—2017 年为银行业的"旗舰风险投资计划"增加 4 亿英镑资金；提升"创业投资基金"的最高投资额度为 500 万英镑；为企业利用现有专利技术提供帮助，承担对专利市场前景的审查工作。

6. 积极参与全球科学与创新合作

继续推动专门资助与新兴国家进行双边科技合作的"牛顿基金"的发展，构建与这些国家的未来科研合作关系；继续参与欧洲研究区、G7、G20 的国际科技合作活动，利用英国将在 2017 年担任欧盟轮值主席国的机会推进英国的优先主题进入欧盟科技框架计划，如开放获取和基础设施建设等主题；支持英国的大学和研究机构获取国际研发资金，如联合国机构和其他国际组织的资助；建立新的总额为 2000 万英镑的一揽子支持计划，帮助英国的中小型企业扩大创新产品出口。

（执笔人：李　宏）

六、澳大利亚

2014 年，澳大利亚的科技与创新政策主要围绕促进创新和提高竞争力展开。从相应的宏观政策与管理体制的完善，到加强产学研合作计划的投资，再到科研评价上鼓励研究合作与转移以扭转单纯重论文和学术的倾向，对职业教育与培训的加强，以及在科技投入方面保证对关乎国民健康的卫生研究的支持，都体现了本届政府更加注重实用和功利主义的导向。

（一）完善通过科学技术促进创新和提高竞争力的政策与机制

澳大利亚政府 10 月发布《工业创新与竞争力议程：建设更强大的澳大利亚的执行计划》报告[①]，提出了强化澳大利亚竞争力的改革议程，重点确定了四个方面的改革目标和措施：① 低成本、企业友好的环境。减轻企业规章和税务负担；开放经济，加快进入国际市场，强化国内国际竞争；政府更好地在金融系统效率、稳定性及消费者保护三方面做好平衡工作。② 更高技能的劳动力。强化学校的 STEM 技能教育；改革职业教育培训；简化、加速对工作签证的审批，放宽对申请者的英语与技术限制等。③ 更好的经济基础设施。根据澳大利亚基础设施 15 年规划指导未来的基础设施投资；加强对经济基础设施的公共和私人投资；改善经济基础设施的项目遴选、投融资环境、执行及成果利用情况。④ 强化创新和创业的工业政策，努力将好的创意转化为商业成功的机会；基于澳大利亚自身经验，仿效美国小企业的"区域集群计划"、英国的 TIC 等建立澳大利亚"工业增长中心"。

---

① The Australian Federal Government. Industry innovation and competitiveness_agenda. http://www.dpmc.gov.au/publications/Industry_Innovation_and_Competitiveness_Agenda/docs/industry_innovation_competitiveness_agenda.pdf[2014-10].

　　澳大利亚首席科学家办公室 9 月发布《科学、技术、工程与数学：澳大利亚的未来》政策咨询报告[①]，就完善政府的研究与教育政策，以及如何提高竞争力和扩大国际参与等提出建议，包括：① 在提高竞争力方面，建议建立澳大利亚创新委员会以集成相关计划；支持 STEM 研究的转化和商业化；加速 STEM 专家与工业界、商业界和公共部门的融合；促进创业文化的建立。② 在教育与培训方面，增加合格 STEM 教师的数量；为教师提供培训和职业发展机会；确保 STEM 毕业生的技能符合国家需求。③ 在研究方面，制定科学与研究长期规划；规划和执行战略优先领域；支持研究人员的研究生涯，包括其同企业的合作；扩大开放获取和改善研究基础设施，促进研究成果的扩散与传播。④ 在国际参与方面，制定科学、研究与教育国际化战略；建立政府间联系基金，为国际合作奠定基础；促进知识和人才的流动。

　　澳大利亚技术科学与工程院（ATSE）8 月 7 日发表"关于促进澳大利亚国际科技参与的立场声明"[②]，认为澳大利亚的经济竞争力和社会与环境福利依赖于将科学与技术研究转化为工业创新和应用，而这一过程可通过有效的国际参与得到极大强化。声明就国际参与的策略和实施提出建议。在策略上：① 长期投资并发展个人、机构和外交层级的信任关系；② 使国际合作计划同国家优先领域相一致；③ 一方面要有全球视野；另一方面瞄准靶向目标，即经济和技术创新能力发展迅速的亚洲地区；④ 持续投资战略性合作。在实施路径上：① 制定全球科学、技术与工业参与的长期战略，探索同全球合作伙伴建立长期关系及相应的新的投资模式；② 扩大双边协议，发挥双边合作、产研合作等在研究与创新的竞争前阶段及发现、克服重大挑战的潜力；③ 通过国际合作促进产研结合，加强新技术的商业化和应用；④ 加强教育与职业生涯发展，在同亚洲国家合作的"新哥伦布计划"（NCP）中明确建立同顶尖工业与研究机构的联系，通过双边协议支持的国际参与战略规划与 NCP 结合，为培养新一代领导者奠定基础。

　　10 月 14 日，澳大利亚宣布建立联邦科学委员会[③]，以便进一步强化和密切科学与工业的联系，更好地满足工业界和科学界的需求，从而有利于实现通过科学技术提高澳大利亚的竞争力的目标。该委员会由澳大利亚总理任主席，主要成员包括工业与科学部部长、教育部部长、卫生部部长、首席科学家，以及科教界的 5 名卓越代表和工业界的 5 名杰出领袖。作为科技决策咨询的最高首脑机构，联邦科学委员会将负责向政府就国家优势领域、目前和未来的能力及如何改进政府、研究机构、大学与企业之间的联系提供建议，帮助澳大利亚政府对 STEM 进行战略性规划和总体性布局并采取切实有效的行动，为国家变革提供战略性思维和方向指导。

①　Australian Government. Science, technology, engineering and mathematics: Australla's future. http://www. chiefscientist. gov. au/wp-content/uploads/FINAL_STEMAUSTRALIASFUTURE_WEB. pdf[2014-09].

②　ATSE. International S&T engagement position statement. http:// www. atse. org. au[2014-08].

③　Department of Industry, Australian Government. Lifting Australia's competitiveness through science. http:// www. minister. industry. gov. au/ministers/macfarlane/media-releases/lifting-australias-competitiveness-through-science[2014-10].

（二）强化对产学研合作计划的投资，加快研究成果转移转化

澳大利亚政府将继续支持已持续执行 20 多年的重大产学研合作计划，即"合作研究中心（CRC）计划"。2 月 21 日，澳大利亚工业与科学部部长宣布，澳大利亚将建立 3 个新的合作研究中心，同时对 4 个已有的合作研究中心进行扩展①。新的合作研究中心鼓励符合工业导向和聚焦于实际产出的申请，申请者必须瞄准市场需求，致力于促进澳大利亚经济多样化和增强澳大利亚的产业竞争力、可持续发展能力和出口潜力。新建的 3 个研究中心是：铁路制造合作研究中心（投资 0.31 亿澳元）；决策中的数据支持合作研究中心（0.25 亿澳元）；空间环境管理合作研究中心（0.198 亿澳元）。拟扩展的 4 个研究中心是：听力合作研究中心（0.28 亿澳元）；癌症治疗合作研究中心（0.34 亿澳元）；资本市场合作研究中心（0.324 亿澳元）；绵羊产业创新合作研究中心（0.155 亿澳元）。

11 月，澳大利亚科学与工程院对强化 CRC 计划的投资和改善其管理提出建议②：必须继续执行 CRC 计划，且其投资水平应翻一番；建立更简化、快捷的 CRC 项目申请处理程序，以鼓励目前被烦琐的申请要求吓退的机构的参与（特别是工业界机构）；对 CRC 计划的报告和行政管理要求应简化到最低程度，应保留中期评估，但联邦政府对计划的控制管理应最小化，应授予 CRC 委员会更大的权力，将政府的职责限制在对 CRC 委员会的批准和对定期报告的要求和监管上；未来所有的 CRC 都必须有明确的终端用户和商业产出，包括新产品和工艺改进等；在运作 3 年后，CRC 应制订一项退出或转换计划，CRC 退出计划必须明确未来如何继续保证在其生命周期中所得到的投资回报实现最大化；CRC 计划应得到扩展，应额外投资支持建立比原有 CRC 规模更小，投资周期更短，设立、申请、行政管理和报告要求也相对更简单的新类型的中心。

澳大利亚国立健康与医学研究理事会 7 月 16 日发布"先进卫生研究与转化中心"计划③，目的是将研究发现尽快转变为医疗实践和商业机会。该计划将接受来自研究、转化、卫生保健与培训等机构的联合申请，这些机构可以是因地理集聚形成的集群或通过一定机制集成在一起，有共同的愿景、战略和明确目标，并具有一定的国际影响力。国立健康与医学研究理事会将建立一个由健康与医学行业国际国内知名领导者组成的独立小组负责遴选工作，遴选标准包括：① 在基于研究和证据的临床实践方面的卓越表现及领先地位；② 在创新性生物医学、临床、公共卫生与健康服务研究方面的杰出水平；③ 加速将研究发现转化为卫生保健实践的计划和活动，包括通过研究转化以持续改善卫生保健的文化、重要临床试验和卫生服务研究的历史记录，以及吸引企业和慈善机构额外投资的能力；④ 融

---

① Department of Industry, Australian Government. Driving research and delivering results for Australia. http://www. minister. industry. gov. au/ministers/macfarlane/media-releases/driving-research-and-delivering-results-australia [2014-02].

② ATSE. Submission to the cooperative research centres programme review. http://www. atse. org. au[2014-11].

③ NHMRC. Advanced Health Research and Translation Centres. http://www. nhmrc. gov. au[2014-07].

入研究的教育与培训，包括在所有学科将研究融入教育活动，以及研究与转化领导者参与教育和培训等；⑤ 能够确保将研究知识转变为本地、国家乃至国际范围的政策与实践的卫生领域职业领导者；⑥ 研究、转化、病患护理和教育计划之间紧密合作和有效安排，研究、转化和教育机会最大化，行政成本最小化。

（三）强调多方面的研究影响，扭转单纯重学术的倾向

鉴于澳大利亚的大学、公共资助的研究机构和产业界的科研人员相比其国外同行未能积极参与研究合作，以及研究商业化和科研成果转化方面效果不佳，澳大利亚科技界开始反思现有的科研评价体系。

3 月，国立健康与医学研究理事会首席执行官 Warwick Anderson 在《澳大利亚医学研究会通讯》发表文章指出①，研究工作的真正影响通常要多年后才能显现，如 Graham Clark 的关于听力和耳蜗植入物研究。他还指出，出版物引用量仅是测度研究影响的一种方式，更重要的是测度其他方面的研究影响，如对新的商业机会的贡献，更好地为病人服务的产品和手段，更好的改善预防策略的政策等。Warwick Anderson 强调，科研资助机构的项目评估和人员考评须遵循以下原则：必须考虑所有研究产出（包括数据集和软件），而不仅仅是研究出版物的价值和影响；不仅要包括产出数量指标，还要涵盖研究影响质量指标，如对政策和实践的影响；不能简单将期刊影响因子作为衡量研究人员个体贡献乃至聘用、晋升和资助决策的依据。

8 月 27 日，澳大利亚技术科学与工程院呼吁建立一种称为"澳大利亚影响与参与"（IEA）的研究影响测度评估体系，以鼓励研究人员同产业界建立更密切的合作，从而促进学术研究产生真正可实现的成果和影响②。澳大利亚技术科学与工程院建议 IEA 体系与研究理事会"澳大利亚卓越研究计划（ERA）2015"同步进行，借用 ERA 已收集的数据减小数据收集成本。IEA 将根据机构单位全时工作当量（FTE）的工业与参与收益（IEI）对机构进行排名，评价指标主要包括工业与其他研究收益、研究商业化收益和合作研究中心研究收益。IEA 的本次评价不会与 ERA 2015 的投资分配挂钩，但如果 IEA 这一实践产生了好的影响，ERA 未来将重复这一实践，并将对机构的投资与机构的 IEA 影响排名真正关联，从而扭转单一重学术的研究导向。

（四）强化技能培训，改革职业教育与培训管理体系

4 月 3 日，澳大利亚工业与科学部部长在政府工业与技能委员会会议上指出，建立高技

---

① Warwick Anderson. Measuring the Impact of Research — Not Just a Simple List of Publications. http://www.nhmrc.gov.au[2014-03].

② ATSE. Rewarding researcher – industry engagement and collaboration. http://www.atse.org.au/atse/content/activity/innovation-content/developing-impact-engagement-australia-metric.aspx[2014-08].

能的劳动力队伍对于驱动企业创新和工业发展是关键性的[1]。会议提出对职业教育和培训（VET）的改革措施，包括：建立有效管理的国家 VET 系统，工业界、联邦政府、地方政府各自承担明确的职责；能够灵活响应来自国家与州重大优先领域及新兴领域的技术需求；建立现代化、负责任的国家治理体系，运用风险管理手段支持竞争性市场；为 VET 接受者提供信息，以便其选择培训项目及提供方；设立目标精准且高效能的政府投资项目等。会议还确定了 VET 改革的三大优先领域：检查相关标准制定，确保 VET 提供方和管理者能够更好地认识和应对各种低质量问题；减轻因培训计划不断更新给 VET 带来的负担；制定促进工业界加入 VET 的政策和绩效监管机制，简化相关管理体系与制度等。

（五）科技投入重点保证对关乎国民健康的卫生研究的支持

在澳大利亚政府 2014～2015 年度联邦预算中[2]，五大国立研究机构的预算被削减共 4.2 亿澳元，其中澳大利亚研究理事会 3 年内削减 0.749 亿澳元；联邦科学与工业研究组织 4 年内削减超过 1.114 亿澳元；国防科学技术机构削减 1.2 亿澳元；澳大利亚核科学技术机构削减 0.276 亿澳元；澳大利亚海洋科学研究所削减 0.078 亿澳元。

然而，澳大利亚政府在科研预算总体压缩的情况下切实保证了对关乎国民健康的卫生与医学研究的支持。2014～2015 年度新设立的"医学研究未来投资"长期计划是本次预算的最大赢家，其总投资达 200 亿澳元。该计划主攻糖尿病、阿尔茨海默病、心血管病、癌症和肥胖症等领域的研究，将帮助国立健康与医学研究理事会在 2022 年前实现投资翻番的目标。

（执笔人：汪凌勇）

七、加拿大

2014 年，加拿大仍将科学技术与创新作为经济发展和促进就业的重要抓手，在进一步通过减税等手段刺激经济的基础上，加强对科学技术与创新的政策支持与投入，如创建"加拿大第一科研卓越基金"，加强研究资助，制定新一期的国家科技战略，强化制造业创新，并强调国家科学文化建设等。

（一）2014 创新预算案再推科技创新势头

2014 年 2 月 11 日，加拿大政府发布新的创新预算案——《经济行动计划 2014》[3]，声明将在未来 5 年向研发和创新提供 16 亿加元的支持，包括每年通过资助委员会的资助，为

---

① Department of Industry, Australian Government. A new partnership between industry and skills. http://minister. industry. gov. au/ministers/macfarlane/media-releases/new-partnership-between-industry-and-skills[2014-03].

② Nature. Australia shakes up science budget. http://www. nature. com/news/australia-shakes-up-science-budget-1. 15232[2014-05].

③ Canada government. Economic action plan 2014. http://www. actionplan. gc. ca/en/blog/economic-action-plan-2014 [2014-02]

前沿研究（包括探索研究等）提供稳定支持；同时，加拿大政府开始采取行动通过在一些学院和职业学校等的投资实现社会创新，支持新建企业实现知识转移转化等。

（1）确保在科学与创新领域的国际领先地位。《经济行动计划 2014》提出要创建"加拿大第一科研卓越基金"，确保加拿大在科学与创新方面的国际竞争力。该基金主要是帮助加拿大的高等教育科研机构利用其优势建立世界领先的能力，共提供 15 亿加元为期 10 年的资助，由社会科学与人文研究理事会（SSHRC）代表所有资助机构进行管理，面向加拿大所有的高等院校和科研机构，资助分配额为：2015—2016 财年，0.5 亿加元；2016—2017 财年，1 亿加元；2017—2018 财年，1.5 亿加元；2017—2018 财年之后，每年 2 亿加元。

（2）通过资助机构支持前沿研究。2014—2015 财年，向加拿大主要的资助机构拨款 4600 万加元，用于资助科学研究及研究所产生的间接成本。拨款额配置如下：向国立卫生研究院（CIHR）拨款 1500 万加元；向自然科学与工程研究理事会（NSERC）拨款 1500 万加元；向 SSHRC 拨款 700 万加元；向间接成本项目拨款 900 万加元，主要用于政府投资项目所产生的间接成本，包括更新和维持科研基础设施、图书馆资源购置、信息技术更新、知识产权管理和知识成果转移转化等。

（3）改善产业相关的研究培训。向加拿大信息技术与综合系统数学组织（Mitacs）投资 800 万加元，拓展其产业研究项目和博士后培训计划，同时，要求 NSERC 中的博士后项目主要面向基础研究，这样便于政府对其基金进行管理，并减少基金的重复布局。

（4）通过加大对学院和理工学院的支持促进社会创新。专项拨款 1000 万加元，用于对学院和理工学院为期 2 年的支持，该项目由 SSHRC 管理，主要解决教育、人口和社区发展等方面的社会需求问题。

（5）提高世界一流的物理研究水平。向加拿大国家粒子与核物理实验室（TRIUMP）提供 2.22 亿加元为期 5 年的拨款，用于支持世界一流的科研基础设施（主要是回旋粒子加速器设施）的运行、科研国际合作、与产业界的合作等方面。

（6）支持加拿大原子能公司。加拿大原子能公司主要负责加拿大联邦政府关于核科技的科研实验室管理和科研活动。《经济行动计划 2014》中提出为原子能公司提供 1.17 亿加元为期 2 年的财政支持，维持乔克河实验室的安全稳定的运行，并确保医用同位素的安全供应，为其实验室转型成为"政府所有、合同运营（GOCO）"的模式做准备。

（7）促进加拿大的量子科技研究。位于滑铁卢大学的量子计算机构具有加拿大领先的量子计算设施，有望在量子信息领域实现突破。为保持加拿大在量子信息领域的领先地位，《经济行动计划 2014》预算案中为该机构提供 1500 万加元为期 3 年的经费，用于支持量子计算机构未来的战略规划，实现量子技术前沿科技成果的转移转化。

（8）抓住开放数据的机会。在全球 40 多个国家纷纷制订其开放数据计划，开放数据政策越来越重要的前提下，加拿大政府将通过联邦经济发展局提供 300 万加元，用于建立开放数据机构，资助期限为 3 年，该机构将建立在安大略省的滑铁卢市，作为加拿大数字媒体网络的一部分。

(二) 制定新的国家科技战略

12 月，加拿大政府发布了新一期科技战略报告——《抓住加拿大的时遇：推进科学、技术与创新》[①]。

1. 新战略的原则与框架

新战略继续以 2007 年提出的四项核心原则为指导，即促进世界一流研究、聚焦优先领域、鼓励合作和加强科技问责制。但将科技创新发展的三大战略支柱（人才、知识和创业）中的"创业"扩大为"创新"，并且对优先领域进行了拓展，具体包括：① 加强人才发展。通过提高全民科学文化素质，影响教育和职业选择，储备创新型人才；为加拿大科学家提供从学术界到产业界的工作职位和流动机制，加强产学研协作；通过提供优惠政策、提高奖学金及推进加拿大国际教育战略等方式，吸引和留住来自全球的优秀科技人才和留学生；通过加拿大卓越研究员计划、创业签证计划、移民投资者风险资本试验计划等人才计划改善加拿大的创新氛围。② 促进知识创造。保障高等教育机构中的卓越研究；促进开放科研的发展；支持一流基础设施的建设；加强对联邦层面政策的制定与研究。③ 鼓励企业创新。将加拿大打造成为数字国家；通过企业创新获取计划等措施加快知识的转移转化；创建良好的企业创新文化，帮助创新型企业成长；增加加拿大企业进入全球市场的机会。

2. 新战略的实施主体

加拿大科技与创新的实施主体包括：大学和学院、非营利机构、企业、地区政府、联邦政府、联邦区域发展局等。

各主体的主要任务如下：①大学和学院的主要任务是人才开发，培养未来的科学家、技术专家及创新者；大学承担基础性探索研究的工作，学院和技能学校则主要面向企业和应用研究。② 非营利机构，包括卫生系统慈善机构等，主要为大学的研发活动提供资助支持。③ 企业将知识和思想转化为产品、服务和技能，建立创新型和具有竞争力的经济体；将新的想法带向市场，为市场提供工作培训。④ 地区政府了解当地的需求，并掌握着当地的资源，主要负责初中级教育，支持当地的大学、学院、技能学校和职业学校等；支持当地研究机构和私有部门的研发工作；通过市场政策框架为企业提供良好的创新环境，并支持区域创新网络。⑤ 联邦政府通过信贷、资助等方式支持研究与创新活动，支持对象包括创业者、企业、研究者、学生和研究设施等；还可以通过税收措施估计研发投资，以及利用市场框架政策创建支持创新的市场环境。

3. 新战略的优先发展领域

在研究优先领域方面，新战略在原有的环境、健康与生命科学、自然资源与能源、信

---

① Industry Canada. Seizing Canada's moment: Moving forward in science, technology and innovation 2014. https://www. ic. gc. ca[2014-12].

息与通信技术 4 个优先领域的基础上新增了第 5 个优先领域，即先进制造；并对环境优先领域进行了扩充，纳入了农业，调整为环境与农业。5 个新的研究优先领域及其重点领域见表 6-1。

表 6-1　加拿大 2014 年科技战略的研究优先领域

研究优先领域	具体重点领域
环境与农业	水、健康、能源、安全 生物技术 水产 非常规能源和矿产资源的可持续评估 食品与粮食系统 气候变化研究和技术 减灾
健康与生命科学	神经科学和心理健康 再生医学 老龄化人口健康 生物医学工程和医疗技术
自然资源与能源	北极研究：负责任的开发和监测 生物能源、燃料电池和核能 生物制品 管道安全
信息与通信技术	新媒体、动漫和游戏产业 通信网络和服务 网络空间安全 高级数据管理和分析 机对机系统 量子计算
先进制造	自动化（包括机器人） 轻质材料和技术 添加制造 量子材料 纳米技术 航天技术 汽车产业

（三）强调国家科学文化建设

8 月，加拿大科学院理事会（CCA）发布《科学文化：加拿大的位置》报告[①]，评估了加拿大国家科学文化现状，发现加拿大国家科学文化整体表现良好，但在科技技能方面表现较差，为提高国家科学文化水平，报告提出了一些建议。

---

① Council of Canadian Academies. Science Culture：Where Canada Stands. http://apps.webofknowledge.com/full _ record. do? product＝WOS&search_mode=GeneralSearch&qid=1&SID=Z2JI12V4IUGFFKI6M8c&page=1&doc=10［2014-08］.

1. 加拿大科学文化现状

报告从公众对科技的态度、公众对科学的参与度、公共科学知识、大众的科技技能 4 个维度及 19 个指标进行了国际比较，结果发现：①与其他国家（主要是 OECD 国家）相比，加拿大民众对科学技术拥有更积极的态度，多数民众认为科技对社会和经济有重要的贡献，对科技的接受程度也最高。②与其他国家相比，加拿大民众对科技的参与程度最高，对科学发展和技术发展的关注程度，以及每年参观科技博物馆和非政府组织科技活动的频次都较高。③与其他国家相比，加拿大民众的公共科学知识普遍较丰富，对科学结构和方法的理解相对较好，并且在国际学生测评数据中，加拿大学生在科学与数学中的测评结果分别排在第十位和第十三位。④加拿大在大众科技技能方面的表现差异较大，在 25～64 岁接受过高等教育的人数比重上排在第一位，但在科技职业的总体就业比率等指标方面比较落后。

2. 改善科学文化的措施

专家小组在分析支持科学文化发展的重要机构，以及讨论了良好的科学文化对个人、国家的民主和公共政策、经济和科学研究的影响和利益后，提出了改善科学文化应采取的措施，主要包括：①支持长期的科学学习，提供正式和非正式的学校学习机会；②建立包容性的科学文化，鼓励民众更多学习和参与科学；③鼓励全社会加强对新技术的采用，所有与科学文化活动相关的机构应适应快速变化的技术环境；④促进科学交流与参与，鼓励科学家与公众对话，为科学家建立与公众交互的途径；⑤发挥联邦政府和省政府在促进科学文化发展中的作用。

（四）强化制造业创新

10 月是加拿大政府确定的全国"制造业月"[①]。针对这一雇佣 170 万人、GDP 贡献 11% 的重要经济部门，加拿大政府强调将以联邦"经济行动计划"中直接或间接与制造业有关的三类计划配套促进创新。

（1）先进研究：投资加拿大原子能公司；建立加拿大脑研究基金、First 研究卓越基金，以及高等教育与产业的协同创新计划；加大支持加拿大创新基金会、卓越研究员计划、加拿大高等研究所、基因组研究计划、量子计算研究所、圆周理论物理研究所、超高速研究网络计划、同位素技术促进计划、国家光学研究所等的发展。

（2）企业创新：设立应用研究与商业化计划、汽车创新基金、企业主导的卓越中心网络；对促进国外投资、人才与市场的衔接、企业研究与创新投资、研发税收刺激、企业科学家与工程师发展、女性创业者、可持续发展技术、数字技术试验等领域予以支持。

（3）风险资本体系：促进创业人才和思想创新；促进创业文化和风险资本发展等；此

---

① Industry Canada. October is national manufacturing month. https://www.ic.gc.ca/eic/site/mfg-fab.nsf/eng/home [2014-10].

外，还将以"先进制造基金"促进制造业的技能培训。

（五）深化资助与科研机构改革

12 月，CIHR 公布了"关于机构调整及对外项目和同行评议改革方案"①，此改革的目的在于提高机构运行效率，确保对健康研究领域的投资效益最大化。

机构调整主要涉及两个方面：①重组研究所咨询委员会。建立由多个研究所共有的小规模委员会；加强创新型、跨学科和高影响力研究计划的设计；促进研究所之间的合作，加强不同研究领域、学科和研究群体之间的协作，减轻管理负担。②创立共同研究基金。基金用于支持跨研究所和跨学科的、具有高影响力的计划；同时，政府、慈善机构、研究机构和其他合作方可利用 CIHR 的经费，为合作研究提供坚实基础，而且不要求参与方提供 1∶1 的资金配比。在对外项目和同行评议改革方面，继续改进面向自由探索研究的资助计划，并对同行评议过程进行改革。

（执笔人：裴瑞敏）

八、俄罗斯

2014 年，俄罗斯在进一步推进俄罗斯科学院重组改革的同时，还对科研资助体系进行了改革，以提高联邦科技研发预算的使用效率和研发产出，并预测了至 2030 年的科技发展方向。

（一）进一步推进俄罗斯科学院的重组改革

1 月，俄罗斯政府网公布了由俄罗斯科学院、俄罗斯医学科学院、俄罗斯农业科学院"三院合一"后移交给联邦科研组织署的 1007 家下属机构清单，其中来自俄罗斯科学院、俄罗斯科学院远东分院、俄罗斯科学院西伯利亚分院、俄罗斯科学院乌拉尔分院、俄罗斯医学科学院、俄罗斯农业科学院的机构分别为 318 家、48 家、121 家、55 家、68 家和 397 家；从机构类型分，联邦国家预算机构为 826 家，联邦国有独资公司为 181 家。联邦科研组织署拥有这些机构的国有资产所有权和管理权。②

3 月，俄罗斯科学院召开了第一次全体大会，选举了该院副院长、主席团学术秘书长，并表决通过了新院章。新院章与老院章的不同之处主要体现在：① 工作目的、任务与职能。除了开展基础科学研究和探索性研究外，重点强调了该院在参与国家科技政策制定、为政府部门提供科技咨询、协调全国科技事业的发展等方面的职能。② 组织架构。该院将

① CIHR. Changes to the institutes and reforms of open programs and peer review. http://www.cihr-irsc.gc.ca/e/48930.html [2014-12].

② Правительство Российской Федерации. Об утверждении перечня организаций, подведомственных Федеральному агентству научных организаций. http://government.ru/dep_news/9588[2014-02].

设立远东分院、西伯利亚分院、乌拉尔分院共 3 个分院和 13 个学部，其中 10 个学部的名称与原俄罗斯科学院的 10 个学部完全一致，而原俄罗斯科学院的生理与基础医学学部改为生理学学部，此外，还新增了农业科学学部、医学学部共 2 个新学部。③ 院士制度。要求院士每年向所在学部提交个人年度科研工作书面总结和当年所取得的科研成果书面总结。④ 院长任期。规定院长每届任期为 5 年，最多连任两届，而且被提名时不得超过 75 岁。⑤ 与联邦科研组织署的关系。俄罗斯科学院应向该署提交有关该署下属机构的发展规划、基础科学研究和探索性研究工作的提案，并参与此类机构科研计划的制订、科研活动的评估、候选负责人的协调程序。①

在俄罗斯科学院重组之前，其下属科研机构负责人是由机构所属的各学部、地区分院全体大会以无记名投票方式从候选人中选出。为了使科研机构负责人的提名推荐渠道更加多元化，遴选过程更加公开透明，6 月，俄罗斯政府公布了"有关联邦科研组织署下属科研机构候选负责人的协调与批准流程和时限的规定"，对科研机构负责人的提名、协调、审批、选举等遴选流程进行了改革。②

9～10 月，俄罗斯科学院与联邦科研组织署签署了合作框架协议，以及关于科研机构所承担的国家任务、机构负责人等共两份协作规定，以厘清俄罗斯科学院重组改革后在"科学院管科研、科研组织署管经费"的基本模式下，双方的协作关系与具体的职能分工。

11 月，俄罗斯总理梅德韦杰夫签署政府决议，规定使用联邦预算开展基础科学研究和探索性研究的科研机构和高等教育机构从 2015 年起应向俄罗斯科学院提交每年的研究进展总结、科技成果总结，范围涉及民用、军用、专业用、军民两用的科研、试验设计、工程设计等工作的进展与成果，使得俄罗斯科学院每年对基础科学研究工作的总结范围从本院扩大到全国。③

12 月，俄罗斯总统科学与教育委员会召开会议，讨论了有关国家级科学院改革问题。普京在会上肯定了俄罗斯科学院一年来的改革工作并指出，俄罗斯目前面临的复杂形势更加验证了俄罗斯科学院改革的正确性，因为科学储备是国家最重要的资源，应有效地使用，并对此做出指示：① 自从国家级科学院改革重组法出台后，对俄罗斯科学院的资产清点工作曾暂停一年，目前应俄罗斯科学院的请求，将该过渡阶段再延长一年，以保障科研机构的资产继续安全地保留在科学家手中。② 联邦政府应与俄罗斯科学院合作大力开展人才储备，确保候选的科研机构负责人拥有较高的专业水平，应重点关注那些成立已久的高水平

① Российской академии наук. Общее собрание РАН. 27 марта 2014 года-утреннее заседание, http://www.ras.ru/news/shownews.aspx? id=e52d17fe−29e9−45a2−9391−b0d4966cca39 # content[2014-04].

② Правительство Российской Федерации. Об утверждении Положения о порядке и сроках согласования и утверждения кандидатур на должность руководителя научной организации, переданной в ведение ФАНО России. http://government.ru/dep_news/13071[2014-07].

③ Правительство Российской Федерации. О представлении в Российскую академию наук отчётов о научных исследованиях, проведённых в вузах за счёт бюджетных средств. http://government.ru/docs/15718/[2014-12].

科研团队。③ 科研机构最重要的活动应是跨学科研究，必须防止机械地合并科研机构，应在科研机构之间进行结构性的改革。④ 在制订改革方案时必须注重科研机构提出的建议，并使俄罗斯科学院更多地参与对各家科研机构科研活动的决策。①

（二）改革科研资助体系

1 月，俄罗斯科学基金会公布了其于 2013 年 11 月成立后首次启动的各类科研资助计划。2014 年，该基金会所获得的联邦财政拨款为 114 亿卢布，将以公开竞争的形式资助基础科学研究和探索型研究项目，在科研机构和高等教育机构建立世界一流的实验室和教研室，培育在特定的科学领域占据领先地位的研究团队。其资助计划共分为五类：①"科研团队计划"。资助约 700 个小型的科研团队，资助金额为每年 500 万卢布。②"现有实验室计划"。资助约 150 个具有世界级成果的、前沿领域的现有实验室，资助金额为每年 2000 万卢布。③"新建实验室计划"。资助约 50 个新建实验室，资助金额为每年 2500 万卢布。④"跨国研发团队计划"。资助 10 个临时性跨国研发团队，每个团队均由 2～3 位知名科学家领衔，资助金额为每年 3000 万卢布。⑤"研究机构和高校计划"。资助 23～25 家为研发持续提供资助的研究机构和高校，资助金额为每年 1 亿多卢布。②

8 月，俄罗斯科学基金会宣布"新建实验室计划"首轮资助的 38 个新建实验室包括：北极地区的综合性科学研究领域 8 个；社会性疾病的个性化医疗领域 15 个；改善人类居住环境的综合性科学研究领域 15 个。每个新建实验室每年的资助经费约为 2500 万卢布，资助期限为 3 年。每个新建实验室中最多 60% 的科研人员来自所挂靠的机构内部，其余的 40% 均来自外部，以增强科学家的流动性。③

9 月，俄罗斯科学基金会宣布了"跨国研发团队计划"首轮资助的 30 个开展基础科学研究和探索性研究的跨国研发团队。这些团队分别依托于俄罗斯的 15 所高等教育机构和 15 所科研机构，包括了俄罗斯的 200 余位科学家，以及来自 23 个国家的合作伙伴。根据该计划的规定，每个团队中俄罗斯科学家的数量不得超过团队成员总数的一半。每个团队每年的资助经费约为 1000 万卢布，资助期限为 3 年。该计划启动时曾预计每年资助 10 个研发团队，资助金额为每年 3000 万卢布，而在首轮资助时将团队数量增加了 2 倍，资助力度相应降低到原有的 1/3，以保证该计划的年度总经费不变④。

---

① Администрация Президента РФ. Заседание Совета по науке и образованию. http://www. kremlin. ru/news/47196 [2014-12].

② Российской академии наук. Гранты Российского научного фонда могут получить 700 коллективов и до 25 институтов. http://www. ras. ru/news/shownews. aspx? id=e39c2ce7-c995-4191-a68d-2108c0060bf3#content[2014-02].

③ Российский научный фонд. РНФ поддержал 38 новых лабораторий по четырем научным приоритетам. http://www. rscf. ru/node/1061[2014-09].

④ Российский научный фонд. РНФ поддержал проекты международных научных групп. http://rscf. ru/node/1096 [2014-10].

（三）预测科技发展方向

1月，俄罗斯总理梅德韦杰夫批准了《俄罗斯联邦至2030年科技发展预测》报告[①]，2000余位来自科学中心、大学、企业、技术平台、区域创新集群的国内外专家参与了该预测的制定，并征求了俄罗斯联邦相关部委和俄罗斯科学院的意见。

该预测从以下5个层次分析了需求和科研规划的重点：①挑战。在俄罗斯或全球层面需要采取综合性措施予以解决的社会、经济、科技、生态等领域的重大问题。②机遇。为占据全球市场和国内市场的重要地位、实现技术突破、融入全球价值链、解决重大社会和经济问题所出现的重要机会。③具有发展前景的产品群。集成了一种或几种特征并有利于创造最佳经济效益的创新型商品群与创新型服务群。④科技优先发展方向。对保障安全、加快经济增长、提高国家竞争力、解决社会问题能够做出最大贡献的跨学科科技发展方向。⑤具有发展前景的科研方向。该学科领域有可能取得具有长期竞争优势的成果或被广泛推广的成果。

该预测确定了7个科技优先发展方向：信息通信技术、生物技术、医疗与保健、新材料与纳米技术、自然资源合理利用、交通运输与航天系统、能效与节能。该预测首先分析了每个科技优先发展方向的全球发展趋势、俄罗斯面临的机遇与挑战，并将每个方向的发展前景对俄罗斯的影响程度进行排序；其次，确定了在全球趋势的影响下，在每个科技优先发展方向中长期可能出现的具有发展前景的若干新市场、新产品群和新服务群；最后，为了应对以上机遇与挑战，创造新产品与新服务，该预测还确定了在每个学科领域所必需的、具有发展前景的一系列科研优先发展方向。

（执笔人：任　真）

九、巴西

2014年，巴西科技与创新部（MCTI）的预算为93亿雷亚尔，比去年增长2.5%，然而，投资预算比2013年减少11.6%，为12.27亿雷亚尔。同时，科技与创新部部署提高生产力的关键技术领域，加大力度促进创新，如通过《国家科技创新法》（草案）、改革对科研机构的创新管理、出台新的知识产权政策等。此外，巴西科学院在总统大选之际向新政府提供了具有可操作性的科技与创新政策建议。值得注意的是，近年来巴西愈发注重通过科技创新促进区域均衡发展，尤其是亚马逊等资源型欠发达地区的可持续发展。

---

① Правительство Российской Федерации. Дмитрий Медведев утвердил подготовленный Минобрнауки России прогноз научно-технологического развития Российской Федерации на период до 2030 года. http://government.ru/news/9800[2014-02].

（一）多举措大力度促进创新

1. 通过《国家科技创新法》（草案）

4 月，巴西众议院全票通过了《国家科技创新法》（草案），参议院通过后经总统批准即可生效。草案中关于促进科技创新类公共单位参与创新活动的内容包括：在不影响核心业务的情况下，这类单位可与私营科技创新单位签订合同或协议共享或批准私营单位单独使用其实验室、设备、仪器、材料等用于技术创新活动；可与其他公共或私营科技创新单位签订科研合作协议，且政府和资助机构应予以政策和资金支持；有权对其他公共或私营科技创新单位的科技创新活动提供有偿服务；有权对其研发成果签订技术转让合同和使用许可；可自行使用和开发其研发成果；在有关法律规定内可将其创造发明的权利转让给个人，以个人名义从事创造性活动；研究人员在不影响其研究和教学工作的前提下，可以参与其他公共或私立科技创新机构的研究创新活动；研究人员可获得无薪假期以创建创新型企业；未经科技创新类公共单位授权，任何个人不得泄露所参与研发创新活动的任何内容；通过研发成果所得经济收入的 5％～33.3％应分配给发明人。[1]

2. 发布针对研究机构的创新管理新规定

3 月，巴西科技与创新部以部长令形式发布了创新管理新规定，以协调各类机构的创新活动。具体改革内容包括：① 设立技术创新中心协作网络，由科技与创新部下属和监管的科技机构组成，以实现资源优化与共享、创新成果传播、知识产权保护、支持技术转移。② 建立创新协调委员会（CGI），为科技与创新部的研究机构协调小组（SCUP）提供咨询指导，有权批准非科技与创新部下属科研单位加入创新中心协作网络，并对科技机构创新政策的实施提出意见。CGI 由 SCUP 的各领域代表和 2 名外部专家组成，至少每半年召开一次例会。③ 科技机构的一切创新活动都要提交给 SCUP 备案，清楚写明团队成员和各自任务，并提交合同、协议及相关材料，以便管理和保护知识产权。④ 研究人员因工作需要可到其他科技机构从事科研工作，由其所属科技机构来决定是否批准这一合作。⑤科技机构可以批准其研究人员（试用期人员除外）无薪休假，以参与技术创新型企业的研发活动。⑥ 独立发明人已申请专利的成果可以寻求科技机构接收管理，科技机构视该成果的发展、孵化、产业化前景来决定是否接收管理该专利。[2]

3. 出台新知识产权政策促进创新

9 月，巴西国家科学技术发展委员会（CNPq）发布了新的知识产权政策，旨在适应科研发展、刺激创新，并为大学、企业与研究人员的合作提供便利。新政策的宗旨是：① 鼓励知识产权的商业开发，所得经济利益由研究机构、研究人员和商业开发人员共享；② 防

---

① 巴西科学日报 . Comissão aprova novas diretrizes para Política Nacional de CT&I. http://www. jornaldaciencia. org. br ［2014-07］.

② MCTI. Portaria cria diretrizes para inovação nas unidades de pesquisa. http://www. lexmagister. com. br/legis_25346239_PORTARIA_N_251_DE_12_DE_MARCO_DE_2014. aspx［2014-03］.

止因知识保护而限制新技术开发和创新；③ 提高知识产权记录、后续授予转让和商业化的透明度；④ 为知识产权的转让和商业化提供机会；⑤ 充分利用转让技术为国家经济社会创造价值。新政策最主要的变化是 CNPq 将不再共享所资助科研项目经商业开发所得的经济收益，知识产权归项目执行机构及其他合作者共享；受 CNPq 资助的研究人员在巴西国内外都有义务确保 CNPq 资助的项目成果受到知识产权保护，确保已产生的或潜在的创新成果得到及时注册。①

（二）部署国家优先领域关键技术

1 月，巴西工业开发署（ABDI）发布领域技术议程研究报告，目的是确定未来 15 年的八大优先领域（油气、航天、信息通信技术、化工、综合卫生产业、汽车、资本货物、可再生能源）中有望促进生产力提高的关键技术。ABDI 在对八大优先领域研究的基础上提出，信息通信技术领域有 74 项技术与领域发展密切关联，其中 16 项是具备技术兼容性和商业可行性的关键技术，3 项被视为优先发展技术，因为该技术可能迅速实现；可再生化学品领域有 85 项新兴技术，其中 19 项被评为关键技术和优先技术。此外，该研究还将建立一个数据库，依据该数据库信息可以评估公共政策，讨论资助的可行性，确定国家吸引投资和国外研发创新中心的必要因素。②

（三）以科技创新促进亚马逊地区可持续发展

2 月，受巴西科技与创新部委托，巴西战略研究与管理中心完成了亚马逊地区科技创新计划③提案，以指导巴西在未来 20 年可持续利用该地区丰富的生物多样性资源，全面发挥科技创新在该地区发展中的作用。

制订该计划的背景是：假设巴西在未来几年中的经济增长率是 3%～4%，则亚马逊地区保持区域生物多样性和生态环境维护与传统经济活动发展之间的矛盾将愈发突出。为了解决这一矛盾，必须加强该区域的科技创新活动，提高知识的应用密度，增加区域生物多样性的附加价值，增加就业机会和提高收入水平，调和经济活力与社会环境损坏之间的矛盾并出台其他系列发展战略。该计划的主要内容是：资助亚马逊地区的科技创新基础设施建设；加强和扩大亚马逊地区的人力资源基础；构建和扩展区域创新中心；支持亚马逊地区的研发活动。其中的亮点包括：提高亚马逊地区占联邦政府科技创新支出的比重，至少增加 50%；提高该区域的博士人数，达到现有人数的 3 倍。

---

① CNPQ. CNPQ estimula a proteção do conhecimento com nova política de Propriedade Intelectual. http://www.cnpq.br/web/guest/noticiasviews/-/journal_content/56_INSTANCE_a6MO/10157/2148015 [2014-09].

② MCTI. MCTI e agência debatem tecnologias prioritárias ao país. http//www.mct.gov.br/index.php/content/view/352420 [2014-01].

③ CGEE. PCTI Amazônia. http://www.cgee.org.br/comunicacao/exibir_destaque.php? chave=343 [2014-03].

（四）巴西科学院为新政府提出科技政策建议

6月，巴西科学院为未来的新政府提出的科技政策建议包括：① 保证科研投入占GDP的2％；优化已有科技资助计划；扩大科技基础设施建设。② 优先支持战略领域和稀缺领域的人才，优化人才稀缺地区的科学家培养和引留机制；为"科学无疆界"计划出国留学人员创造适宜的归国发展条件；通过"人才引进"计划吸引青年人才，同时采取相应措施来防止科学领袖和青年人才的外流。③ 明确联邦政府各研究机构的战略领域、核心任务与国家政策相结合；重新设计科研机构的评估程序，综合考量研究机构的高质量科研活动及国际对话参与情况；与高等教育机构合作创建卓越研究中心；健全科研材料和设备的进口机制；建立新机构来增加科学界与工商界的互动；加强国家科学技术委员会作为总统府咨询机构的地位。④ 加紧与科技发达国家、中国、印度、拉丁美洲和非洲国家的合作，以促进知识进步，提高社会包容性和居民收入。⑤ 改变出口结构，由原材料出口转变为高附加值和高技术密集型经济；促进生物多样性的可持续利用和可再生能源创新产品和创新流程的开发；进一步丰富替代能源，以便实现能源的多样化；鼓励高校和科研院所的研究人员参与企业研发活动；通过税收优惠来鼓励企业投入科技与创新；进一步调整知识产权法。①

（执笔人：刘　淅）

十、西班牙

2014年，西班牙经济微弱复苏，西班牙科技事业也逐渐迈出低谷，重振稳定发展的信心。国家宏观层面正式发布的"2014年国家改革计划"指出，必须通过科技创新重振经济，并明确了一系列改革措施②。科技创新资助计划也发生了调整，虽然整体资助金额依然在削减，但在人才培养方面却达到25％的增加额度。此外，西班牙最高科技理事会（CSIC）、西班牙科技创新政策委员会等公共科研机构发布计划和措施，旨在积极推动西班牙卓越科研。

（一）出台国家改革计划

2014年7月，西班牙政府正式发布"2014年国家改革计划"，旨在通过改革创新，重振西班牙经济，提升其国际竞争力，在科技创新方面提出如下措施：① 大幅提高私营部门对研发创新的投入。计划将私营部门研发投入占GDP的百分比由0.69％（2013年）提高

① 巴西科学院. por uma política de estado para ciência, tecnologia e inovação-contribuições da abc para os candidatos à presidência do brasil. http://www.abc.org.br/IMG/pdf/doc-5793.pdf[2014-07].
② MINECO. Programa Nacional de Reformas de España 2014. http://www.mineco.gob.es/stfls/mineco/prensa/noticias/2014/Programa_Reformas_2014.pdf[2014-07].

到 1.2%（2020 年）。具体措施包括由西班牙技术发展中心启动新一批企业资助计划，刺激企业对研发创新的积极性，引导企业间（尤其是中小型企业间）开展合作；信贷协会和欧洲投资银行为研发企业提供更高的贷款额度和税收优惠；对企业研究人员工资给予税收优惠等。② 保证公共研发部门资源使用的高效性。简化行政程序，减轻科研人员的行政负担；使科研资金管理过程更加透明化；支持制定长期、有延续性的科研规划；由国家研究局监督各公共研究机构的科研质量和效率，并协调各部门之间开展合作；促进知识流动，制定科研人员成果产出共享政策等。③ 加强与欧盟伙伴机构的合作。合作中始终贯彻"发挥卓越性、领导力和解决热点问题"的宗旨；提高项目评审过程中国际专家在评审组成员中的比例，并使评审过程规范化。④ 大力支持人才培养。注重不同级别科研人员的职业生涯发展；在就业危机情况下尽量保持科研领域岗位不减少，在优势领域还将增加就业岗位；加大对工科技术领域博士的培养力度。⑤ 加强信息化管理。实施"国家政府电子政务行动计划"和"国家数字化信息服务计划"，旨在开放资源，提高信息管理的效率和透明度，尤其为公民在医疗、教育、司法等方面提供更多的便利信息。

（二）调整科技创新资助计划

2014 年 11 月，西班牙经济与竞争力部下属的研发创新国务秘书处总结了"2014 年科技创新资助计划"[①]，该年度资助计划依然分为人才培养（4.4 亿欧元）、科研扶持（2 亿欧元）、提高企业领导力（5.96 亿欧元）、面向社会挑战研究（18.42 亿欧元）四类，共计约 31 亿欧元。整体经费比 2013 年削减了约 7.5 亿欧元，但人才培养资助同比增长了约 25%，削减了一般科研扶持类资助（同比下降约 60%）。四类计划具体情况为：① 人才培养类：加强了对重点领域和部门的人才培养，新增了"卓越中心博士培养计划""企业博士培养计划""重点前沿领域研究人员资助计划"和"西班牙青年就业促进计划"。② 科研扶持类：取消了对单独机构的"研发机构支持计划"和"技术中心资助计划"，更加强调科研活动中的协同效益，新增"优秀科研网络扶持计划"。③ 提高企业领导力类：取消了"技术平台计划"，新增"企业联合研究计划"，资助 3～8 个企业合作进行未来重点领域的研发项目，并把项目国际化作为重点考核标准之一。④ 面向社会挑战研究类：重点支持医疗卫生和人口变化，生态可持续发展，安全、洁净和有效的能源，智能和可持续的交通系统，气候变化，社会变革和创新，数字化经济和社会，公民安全、自由和权利保护八方面的研究。

（三）公共科研机构积极推动卓越科研

2014 年 2 月 20 日，作为西班牙最重要的公共科研机构——西班牙最高科技理事会发布"2014～2017 行动计划"[②]，针对理事会目前存在的组织管理缺乏协调、机构建设稳定性差，

---

① MINECO. Programa de actuación anual 2014. http://www.idi.mineco.gob.es/［2014-11］.

② CSIC. Plan de actuación 2014-2017. http://www.csic.es/web/guest/plan-de-actuacion-2014-2017［2014-02］.

科研项目实施进程缓慢、科研重点不够突出，转移转化成果不显著，人才流失、研究人员老龄化等问题，具体从 5 个方面提出未来发展重点：① 结构调整方面，优化内部组织结构，通过法律框架确保机构的稳定性；注重计划制订的可行性；创建联合各机构的虚拟中心，便于资源利用和管理；完善信息管理系统，简化行政程序。② 科研质量方面，重点开展与社会面临挑战相关的科研项目；设立科研项目管理部门，对科研活动进行分析、计划和监督；根据各科研机构情况规划其发展方向，明确优先事项；增强科学专家和科技顾问的咨询职能；完善科学信息服务，加强数字化平台建设，推进开放获取相关政策的实施。③ 公私合作方面，促进公私部门间的合作和技术转让；提高专利的技术质量，可根据市场需求进行专利组合，提高专利利用率。④ 国际合作方面，在保持与欧洲国家、美国、加拿大等国家合作的基础上，加强与拉丁美洲国家、亚洲新兴国家及地中海南部国家的合作。⑤ 人才培养方面，通过理事会资助、企业赞助及国际合作等方式，为科研人员提供深造机会；开展机构、实验室管理方面的培训，提高管理人员水平；促进科学技术文化的传播，提高科研人员的素养等。

2014 年 10 月 7 日，西班牙科技创新政策委员会发布了"2014 年科技基础设施地图"[1]，该地图包括了 29 个项目，共 59 个具体设施（56 个在使用中，3 个在筹建中）。该地图关于科技基础设施的建设和完善提出了以下要求：必须按照高质量要求完成，以更好地推动尖端科技的研究和发展；建设方需通过严格竞标流程选出；设施建设需保证带来可持续的经济效益；设施归国家所有，但科研领域的公共和私营部门都可使用。基础设施具体涉及如下 8 个领域：① 天文学和天体物理学。加那利大望远镜；加那利群岛观测站；卡拉阿托天文台；IRAM30 米射电望远镜；YEBES 天文中心；Javalambre 天体物理天文台；坎夫兰克地下实验室。② 生命科学、地球科学和海洋科学。加那利群岛海洋平台；莱斯巴利阿里群岛海岸观测系统；西班牙海洋舰队；西班牙南极基地；Doñana 生物保护区；高空作业平台研究。③ 信息技术和通信。由西班牙国家计算机中心和 RedIris 研发专网共同建设的国家超级计算网络。④ 医疗科学与技术。纳米材料集成生产；生物医学材料；综合组学技术；生物实验室安全；生物医学成像；核磁共振实验室。⑤ 能源。阿尔梅里亚太阳能平台。⑥ 工程。海上综合试验基础设施。⑦ 材料。ALBA 同步；集成式电子显微镜基础设施；脉冲激光中心；国家加速器中心。⑧ 人文与社会经济。国家人类进化中心。

（执笔人：王文君）

十一、北欧四国

2014 年，北欧四国注重卫生与健康的研究，联合设立了北欧卫生与福利研究计划，芬兰和挪威设立卫生方面的研究与创新战略；在科技战略与政策的设立、调整、预测和

---

① MICINN. El Consejo de Política Científica，Tecnológica y de Innovación aprueba el nuevo Mapa de Infraestructuras. http://www. idi. mineco. gob. es/stfls/MICINN/Prensa/FICHEROS/2014/141007_NP_Consejo_ICTS. pdf[2014-10].

评价等方面，丹麦、芬兰和挪威都表现积极，丹麦调整了主要的研究与创新资助体制，丹麦和挪威积极开展国际合作，确定下一年度研究资助重点，尤其是挪威制订了长期的研究与高等教育计划，芬兰制定了两大路线图，丹麦和芬兰积极评估研究的质量和影响，建议改善研究机构的机制和体制。北欧四国的这些举措旨在提高社会福利，创造新产品和服务，提高国家的竞争力。

（一）科技战略布局与规划

1. 科技投入及优先领域

10 月 8 日，瑞典新一届政府的政策声明称[①]，要成为世界上一个有号召力的重要国家，强调要加强对知识和竞争力的投资，充分利用青年人的技能和创造力，使创新性商品和服务参与全球竞争，并通过减少支付费用、简化管理等来推动创业，提出科技创新政策为：建立首相领导的创新理事会，制定再工业化战略；为成为研究水平杰出的国家，改善青年研究者职业发展条件；强调研究的长期性和可持续性，为此新研究法案要做出 10 年展望；增加女性研究人员的数量，按性别平等的方式分配研究拨款；制定气候政策框架，通过开发新的绿色技术，使可再生能源和高效能源替代核能。

10 月，丹麦政府与议会所有政党关于 2015 年研究与创新拨款达成一致协议，提出拨款总额为 8.57 亿丹麦克朗[②]。该协议不仅聚焦直接影响增长和就业的研究，还聚焦其他重要研究领域（如精神病学、研究儿童学习所需不同条件等社会更薄弱的环节）。研究与创新领域中大量成功的项目和机构也将得到继续资助，这笔资金分给七大领域：① 给丹麦创新基金的拨款超过一半，主要用于研究生物资源、有机食品、其他生物产品及兽医条件，其次强化中小企业创新活动、卫生研究、精神病学和临床研究；② 环境技术开发与示范项目；③ 资助机构创新与创业；④ 研究与创新国际合作，其中一半用于知识与创新共同体；⑤ 聚焦于人才开发的独立研究，其中 90％拨给丹麦独立研究理事会；⑥ 研究基础设施；⑦ 网络安全。重点资助丹麦创新基金反映了丹麦继续创新的雄心。

10 月 8 日，挪威政府发布"2015 年研究预算申请"[③]，为重点科研活动增加公共资助，投资将用于三大战略重点，即建设世界领先的科研团队、产业导向的科研和开放的竞争性科研体系。2015 年研发税收减免扩大为 1.2 亿挪威克郎。公共资助的增加使挪威研究理事会资助额度增加，例如，为建设世界领先的科研团队增加 1.6 亿挪威克郎；为加强挪威产业研究活动与创新能力增加 1.2 亿挪威克郎；为促进挪威参加欧洲科研合作增加 1.15 亿挪威克郎。

---

① Sweden Government. Statement of Government Policy. http://www.government.se/content/1/c6/24/75/69/c749588b.pdf [2014-10].

② Ministry of Higher Education and Science Agreement on distribution of research and innovation funds. http://ufm.dk/en/newsroom/press-releases/2014/agreement-on-distribution-of-research-and-innovation-funds [2014-11].

③ The Research Council of Norway. A robust budget for research. http://www.forskningsradet.no/en/Newsarticle/A_robust_budget_for_research/1254000835556 [2014-10].

12月4日，挪威提出2016年国家研究预算将增加11亿挪威克朗[①]，大部分拨给八大优先领域：① 气候、环境与社会1.25亿挪威克朗，用于更准确地了解气候变化及社会如何适应气候变化的更多知识；② 海洋渔业研究和创新0.9亿挪威克朗，用于挪威生物经济中渔业与水产业技术研发；③ 多样性能源结构1亿挪威克朗，用于水电、提高能效、灵活的能源系统、太阳能电池、离岸风能、生物能、碳捕获与存储等技术开发；④ 卫生与护理服务0.92亿挪威克朗，用于研究衰老和慢性病成因、治疗和护理方法；⑤ 信息通信技术0.65亿挪威克朗；⑥ 支持研究成果商业化、试验开发、概念验证和示范性活动1.55亿挪威克朗；⑦ 创新性研究团队1.1亿挪威克朗，用于长期稳定资助最佳研究者并提供高质量科学设备，对青年人才增加投资，鼓励他们去国外研究；⑧ 更好地利用欧盟"地平线2020"计划的研究资助1.62亿挪威克朗，用于在项目初期提供资金并促进产学研获取更多该计划的资助。

2. 科技战略与计划

8月25日，北欧国家研究基金会宣布与芬兰科学院、丹麦独立研究理事会医学科学分会、冰岛研究中心、挪威研究理事会及瑞典卫生与福利研究理事会联合启动北欧卫生与福利研究计划[②]。该计划将通过高质量研究解决北欧社会与公共卫生方面面临的挑战，以提高这五国和法罗群岛、奥兰群岛和格陵兰自治区等的卫生与健康水平。计划研究主题是预见人口、社会、环境和生物因素对卫生与福利分配的影响，以及这些影响给福利系统带来的挑战。计划发布的首批项目总预算近1713万欧元，单个项目预算最高为367万欧元，资助期限为5年（2014～2018年）。计划要求申请者为一个实体机构，保证参加的研究者至少来自3个北欧国家或地区，并确保女性参与。北欧国家研究基金会将负责该计划的项目招标、评审和拨款工作。

3月28日，芬兰出台"2014南极研究战略"[③]，南极研究可加强芬兰寒冷气候条件方面的专项知识，其三个重点领域是：基于独特资料形成科学新突破；开展国际互动研究，确保并持续开发研究所需的充分先决条件；远景是芬兰南极研究具有国际高标准并拓展的新研究方向。

5月26日，芬兰发布了"卫生行业研究与创新活动增长战略"[④]，目标是使芬兰在卫生行业的研究与创新、投资和新商业活动方面成为全球领先国家，提高人民的卫生与福利水平。该战略强调要发展制药业、医疗护理技术和与此密切相关的生物技术，关键措施包括：大学附属医院及所在地政府将起草发展医院集群研究与创新生态系统以及与公司合作的行动计划；高教机构、研究机构和大学附属医院要制定合作政策；高

---

① The Research Council of Norway. Norwegian research priorities for 2016. http://www. forskningsradet. no/en/Newsarticle/Norwegian_research_priorities_for_2016/1254002649153/p1177315753918 [2014-12].

② Nord Forsk. Nordic Programme on Health and Welfare. http://www. nordforsk. org/en/programmes/programmer/nordisk-program-om-helse-og-velferd [2014-08].

③ Ministry of Education and Culture. Finland's Antarctic Research Strategy. http://www. minedu. fi/export/sites/default/OPM/Julkaisut/2014/liitteet/tr20. pdf? lang=en[2014-06].

④ Ministry of Employment and the Economy. Health Sector Growth Strategy for Research and Innovation Activities. http://www. tem. fi/files/40138/TEMrap_16_2014_web_26052014. pdf [2014-05].

教机构与研究机构联合成立的卫生行业研究团体要更好地开展决策咨询，在强化卫生合作过程中进一步促进技术转移与商业化行动；芬兰创新资助署和芬兰科学院要考虑卫生行业的特点制订针对性资助方案；未来将启动国家基因数据应用业务项目及政府部委与商业部门联合运行模式；及时更新卫生技术和卫生部门的发展战略与公共采购办法等。多个部委将设立一个联合小组，以监测战略实施并拟定可测度所产生影响的详细指标，2017 年将进行首次外部评估。

7 月 4 日，挪威公布了首个卫生与保健行业国家研究与创新战略"卫生与保健 21 战略"①，该战略将在这个关键领域内形成卫生与保健行业进一步发展的基础，愿景是促进知识、创新和公共卫生的商业开发，其主要优点为：① 以可持续研发资助促进各城市间的知识流动，建立城市卫生与保健服务业国家注册制度，大学、学院和研究机构共建一个部门，旨在满足市政当局的需求；② 卫生与保健作为产业政策的关注重点要有具体行业措施，并在公私部门之间形成更多的互动；③ 更易获取卫生数据并被更多地使用；④ 建立的卫生与保健系统以用户参与和能力为基础，在临床、机构和系统三个层次上重点开发新的治疗方案，并将这些影响形成档案；⑤ 鼓励挪威卫生与保健行业参与国际项目和活动，并更多地参与欧盟竞争性研究系统。

10 月 3 日，挪威政府公布 "2015～2024 年研究与高等教育长期计划"②，该计划延续了上届政府的研究目标，政府未来 10 年研究与高等教育的三个主要目标为：增强竞争和创新能力；克服社会面临的主要挑战；建立高质量研究团队。将加强的优先领域包括海洋、气候变化、环境与环保性能源、公共行业更新和高质量高效福利与卫生服务、使能技术、创新性私有部门、世界领先的研究团队。政府为实现该计划的重点政策为：2020 年前公共投入的研发经费达到 GDP 的 1%，2015～2018 年在研究与高等教育系统中，将增加 500 个招聘岗位，为研究基础设施增加 4 亿挪威克朗（为 2014 年金额的 2 倍），为鼓励挪威人参加欧盟"地平线 2020"计划的拨款方案增加 4 亿挪威克朗；为海洋和使能技术这两个优先领域内世界领先研究团队的发展提供良好框架，政府将优先建设位于奥斯陆大学的生命科学药学与化学新大楼，升级特隆赫姆市的海洋空间中心。

3. 制定未来科技发展路线图

3 月 14 日，芬兰科学院公布了芬兰 "2014～2020 年研究基础设施与路线图的概要"③，其中路线图是升级了 2009 年研究基础设施路线图，战略部分确定了 2020 年芬兰研究基础设施的远景，即芬兰因其优异的科学水平、顶级研究基础设施以及推动教育、社

---

① The Research Council of Norway. Health&care 21 strategy. http://www. forskningsradet. no/en/Newsarticle/National_strategy_for_the_health_and_care_sector_launched/1253997380256/p1177315753918 [2014-07].

② Ministry of Education and Research. Long-term plan for research and higher education. https://www. regjeringen. no/en/dokumenter/meld. -st. -7-2014-2015/id2005541/ [2014-10].

③ Academy of Finland. Out now: Finland's strategy and roadmap for research infrastructures 2014-2020. http://www. aka. fi/en-GB/A/Academy-of-Finland/Media-services/Releases1/Out-now-Finlands-strategy-and-roadmap-for-research-infrastructures-20142020/ [2014-03].

会和商界等方面的更新而获得国际认可。路线图确定了未来 10～15 年要发展装置、设备、材料和服务等关键研究基础设施，包括与欧盟共建的若干大装置，及芬兰 31 个研究基础设施和 2 个研究基础设施类项目；确定了研究基础设施通过两阶段国际评估，使用的三大标准为：项目对科研界和依托机构研究战略的意义、潜在用户的范围和质量、参与机构对项目的承诺。

12 月中旬，芬兰教育与文化部公布了"2014～2017 年开放科学与研究路线图"①。该路线图的目标是提升开放科学与信息的可用性。2017 年的愿景是开放科学导致令人惊讶的发现和创造新的洞察力，关键措施为：在开放出版、开放同行评价和并行的归档等的帮助下，在开放许可证和利用支持服务条件下，开放芬兰科研界生产的信息（出版研究结果、数据和方法），充分利用开放可用的研究结果，确保所需的专项知识具有开放标准、界面和原代码，以及研究结果的质量、可用性和原创性。实现路线图愿景面临各种威胁，消除的办法有：明确用户的特殊需要；利益要共享；广泛参与；在早期阶段确定并使用最重要的激励措施；明确关键目标并开发用户导向的服务等。

（二）通过科技体制改革优化创新体系布局

1. 促进科研管理体系优化

3 月 4 日，挪威研究理事会发布《还有增加研究雄心的空间吗？1990～2013 年挪威管理突破性研究》报告②，建议政府优化管理体系。报告指出，虽然该时期挪威的研究取得了长足进步，但妨碍挪威研究居世界领先地位还有诸多因素，为提高挪威的研究质量，建议政府要制订提高研究质量的长期计划，大学和研究资助方要制订提高研究质量的整体目标；各部委须协调其各项研究举措，对研究工作要有更长期的展望，而不是零散且短期的举措；政府应放弃按行业分割确定优先领域，强化一体化研究战略；挪威研究理事会应精简资助的项目数，以研究质量为首要目标来提供资助；大学要有提高研究质量更好的战略规划，研究质量得不到提高的大学不应得到更多的资助；为大学教职员工提供更好的职业发展机会，鼓励研究者自由流动等。

2. 加强科技咨询组织机制

3 月 21 日，芬兰教育与文化部发布《评估芬兰研究与创新理事会》报告③指出，该理事会作为国家级科技创新政策咨询机构，未来应该加强国家层面的研究与创新规划。该理

---

① Ministry of Education and Culture. Open science and research leads to surprising discoveries and creative insights. Open science and research roadmap 2014-2017. http://www. minedu. fi/export/sites/default/OPM/Julkaisut/2014/liitteet/okm21. pdf? lang＝en［2014-12］.

② The Research Council of Norway. Room for increased ambitions? Governing 'breakthrough research'n Norway 1990-2013. http://www. forskningsradet. no/ en/Newsarticle/New _ report _ provides _ input _ for _ improving _ research/1253993543281/p1177315753918［2014-03］.

③ Ministry of Education and Culture. Evaluation of the Research and Innovation Council of Finland. http://www. minedu. fi/export/sites/default/OPM/Julkaisut/2014/liitteet/OKM6. pdf［2014-03］.

事会由总理担任理事会主席，多位部委负责人、研究与创新专家担任理事会成员，负责评估芬兰科技发展与创新政策，协调政府科技创新活动，向政府提交科技资源配置咨询报告或计划。该理事会存在的问题为：在国家研究与创新体系中没有很好地发挥作用，现有架构和运行模式导致教育、研究与创新之间存在条块分割，不能自主制定跨部门的国家研究与创新政策，只能按指令被动工作。建议该机构：开展更多的系统预见和评估活动，依靠外部专家和利益相关方策划各类活动，让主管行业的部委更多参与该机构的跨部门活动，强化该机构活动宣传并与外部互动；由专职工作组代替当前的两个子委员会，增加该机构的人财物资源，将秘书处划归政府总理办公室，突出该机构的科技创新协调作用和战略地位。

3. 调整科研管理规则与方法

4 月 29 日，挪威研究理事会公布了针对挪威大学加强研发活动的积极趋势新设的资助政策[1]，其三个行动领域为：将继续资助国家研究者学院项目，还优先资助大学招聘、培养研究者和从事研究的学生；将资助数量更多、水平更高的研发团队保持国际领先水平，将在 2017 年大学战略项目资助方案结束后推出其他资助方案，保证大学的研究活动更具战略性，资助大学参加更加国际化的合作和欧盟"地平线 2020"计划；强化大学是公私部门研发的特定途径的作用，将帮助创建高等教育、产业界和社会等之间的合作平台，资助教育计划内的研究项目继续发展，加强资助研究各种现实难题的解决方案。

11 月 27 日，挪威研究理事会提出基础研究资助政策的三大目标[2]：确保对所有基础研究的专题有定向资助措施；提升国际高质量的基础研究并使其更具开拓性；帮助研究机构招聘更年轻的研究者并增加其职业机会。

12 月中旬，芬兰《2015～2020 年研究与创新政策综述报告》[3] 提出：芬兰要创造可持续增长和福利，进一步使用有限的研究与创新资源，就需要改革现有模式和结构，并促进开放和国际化。关键政策发展领域为：① 提高专长知识水平，包括改革研究者的培训，以更好地提供专家资源；以更加国际化和透明的招聘吸引外国学生、科学家和专家；从 2015 年开始减免外国关键人物和专家的相关赋税。② 全面改革高教系统，包括废除那些阻碍高教机构合作和联合机构建立等的法规；大学和理工学院要终止重复的国家项目，并更密切地与政府研究机构和工商界合作，大学须对其研究范围有所取舍，创建并支持具有国际吸引力的专长知识集群。③ 提升研究与创新成果的利用和影响，包括资助高教机构的标准要包含促进新知识和专长等利用的内容；高教机构要建立可综合专长和资源的成果转化联合服务单元，并鼓励研究者试着创业；各部委、芬兰技术研究中心、工商界和高教机构通过交流使研究成果更有效地商业化，建立专

① The Research Council of Norway. New R&D policy for university colleges. http://www. forskningsradet. no/en/ Newsarticle/New_RD_policy_for_university_colleges/1253995847176/p1177315753918 [2014-04].

② The Research Council Norway. The Research Council of Norway's policy for basic research. http://www. forskningsradet. no/ en/Newsarticle/Research_Council_introduces_a_new_policy_for_basic_research/1254002440057/p1177315753918 [2014-12].

③ Ministry of Education and Culture. Reformative Finland：Research and innovation policy review 2015-2020. http:// www. minedu. fi/export/sites/default/OPM/Tiede/tutkimus-_ ja _ innovaationeuvosto/julkaisut/liitteet/Review2015 _ 2020. pdf [2014-12].

门投资派生公司的基金等。④ 利用无形资本价值创造、生物经济、清洁技术和数字化等增长新源泉，包括扩大卓越中心的资助面并建立新的管理队伍，实施新的创新型城市计划，公共部门要采取横向跨行政管理的开发措施，政府支持初创和中小企业的加速增长，利用公共措施来促进服务于初创和增长型企业的资本市场的发展。⑤ 跨行政管理开展更密切地合作，包括各部委、总理办公室、芬兰科学院和芬兰技术研究中心等要强化合作并厘清分工，改进部委中研究与创新的资源和管理等。⑥ 有针对性的研发资助，包括重点对提振芬兰经济、知识基础和就业等方面增加研发资助，以响应国际竞争。芬兰总理领导的研究与创新政策理事会将全面跟踪这些政策的实施，各部委、公共研究与创新资助机构等要向该理事会提交与发展有关的行动报告。

（三）调整科研资助机构

2014 年，丹麦资助体制发生重大调整，政府为了让研究资助体系更简单和灵活，把丹麦多家研究理事会合并。4 月 1 日，政府把高等教育与科学部下属的丹麦战略研究理事会、丹麦国家高技术基金会和丹麦技术与创新理事会合并，成立丹麦创新基金会，新基金会负责对能促进经济和就业增长的新知识和技术投资。4 月 3 日，丹麦高等教育与科学部建立丹麦研究与创新政策理事会，取代了丹麦研究政策理事会，新理事会将向高等教育与科学部、丹麦议会和其他部委介绍研究与创新方面国家和国际的经验与趋势。①

11 月 14 日，芬兰科学院战略研究理事会主席在接受采访时指出②，芬兰战略研究资助的重点是促进与推动决策者与研究者之间的交流和互动，研究与社会之间应该普遍存在紧密联系，成功的战略研究资助很大程度上取决于这些联系，芬兰需要在研究期间和研究之后与社会有好的互动；战略研究理事会不是一个只代表自己所在单位利益的集合体，其任务是撰写研究主题的提议，报送给芬兰政府；新资助方案背后的思想是使用专题方法克服主要的社会性挑战，该种方案只关注研究者所进行的研究的高质量和实用性，不涉及他们所在的机构，资助期限为 6 年，每 3 年评估一次；战略研究将需要多种新技能，最终决定是否资助战略研究主要看其是否基于社会需求。

（四）完善科研评估，促进资源有效分配

1. 重视评价政府研发投资的作用与影响

9 月 26 日，丹麦《研究与创新系统影响评估》报告③指出，在创新与研究支持系统的

---

① Ministry of Higher Education and Science. New council to benefit Danish research and innovation. http://ufm. dk/en/newsroom/press-releases/2014/new-council-to-benefit-danish-research-and-innovation ［2014-04］.

② Academy of Finland. Strategically targeted research funding must respond to the needs of society. http://www. aka. fi/en-GB/A/Academy-of-Finland/Media-services/Whats-new/Strategically-targeted-research-funding-must-respond-to-the-needs-of-society-/ ［2014-11］.

③ Ministry of Higher Education and Science. Analysis of the Danish Research and Innovation System—A compendium of excellent systemic and econometric impact assessments. http://ufm. dk/en/publications/2014/files-2014-1/analysis-of-the-danish-research-and-innovation-system_web. pdf ［2014-09］.

全要素生产率增长所受短期影响方面，参加国家创新集群项目、中小企业与知识机构合作项目、激励中小企业雇佣高学历人员三个创新计划的企业的生产率比不参加的企业增长更快；对少于 100 名员工的企业，且计算生产率增长趋向于依据企业规模时，这种影响被放大并非常显著；而参加商业创新联盟、产研咨询与知识扩散机构合作计划且少于 100 名员工的企业，其生产率明显增长；参加产业博士计划、创新代理计划或开发基金计划等的企业的生产率并未显示出比其他类似企业增长更快。总之，这些项目能帮助高生产率的企业扩大生产规模，通过转移低生产率企业中更低生产率岗位上的工人，提高了企业宏观生产率。

10 月 23 日，挪威研究理事会公布了 2014 年挪威科技指标报告[①]，报告显示挪威科技的大多数领域均朝积极方向发展，2013 年挪威研发费用占全球的 0.62%，但占其 GDP 的 1.6%；2013 年挪威研究人员发表了更多的文章，被引用数也增加了；挪威正培养更多的博士，已具有几个世界领先的研究团队，并产生了诺贝尔奖获得者；挪威在全球中占领先地位的学科有临床医药、海洋技术、石油技术、风湿病学和气候研究。但挪威的研究需要更加国际化，更多地参与欧洲项目，产学研需要更紧密地合作。

11 月 7 日，丹麦高教与科学部发布的丹麦《2014 研究与创新指数》报告[②]指出，2012 年丹麦在公私研发投入（尤其在卫生科学领域）、发文量及篇均被引率、国际合作发文量、获欧盟资助的成功率、博士人数与专利申请量等方面居 OECD 国家前列。丹麦研究与创新面临的挑战为：丹麦公共研究机构的研究成果商业化程度低于美国、英国、爱尔兰、瑞士、澳大利亚和加拿大；丹麦创新性企业的比例低于欧洲其他 OECD 国家的平均值。为此，在研发投入上，政府将继续增加公共投资以带动私人增加投资，为公共研究获取外部资助而创建政策框架；在强化技术转移上，采用大学开展研究型教育、通过减税和补贴来刺激企业雇佣更多高学历者、利用公私研究合作等方式；在加强产研合作上，推动企业有偿使用公共研究成果，鼓励企业资助研究机构去开展应用研究，促进研究机构在面向实践的创新中与企业合作；在职业教育中，提高企业家和企业的创新能力，最终促进创新性企业的建立。

2. 革新资助管理与评估机制

《评估丹麦独立研究理事会》报告[③]显示，理事会对大多数研究人才的资助有效支持了成功的研究，它被广泛认可为国际知名的高质量研究资助机构。报告建议该理事会：要确保丹麦研究系统的健康与发展，对其拨款应长期稳定增长不能停滞；对高风险研究资助应延长到 5 年，不再受由于申请新资助而出现短期停顿的影响；应加强促进职业生涯早期研究者国内外流动的现有专项计划，设立更灵活的促进人才流动计划；应普遍地在丹麦研究体系中各层次的资助上，更强、更灵活和更好地集成支持女研究者；应与丹麦其他资助机

---

① The Research Council of Norway. More and better Norwegian research. http://www. forskningsradet. no/en/Newsarticle/More_and_better_Norwegian_research/1254001278426？ WT. mc_id＝nyhetsbrev-ForskningsradetEngelsk ［2014-10］.

② Ministry of Higher Education and Science. Research and Innovation Indicators 2014. http://ufm. dk/en/publications/2014/files-2014-1/research-and-innovation-indicators-2014_web. pdf［2014-11］.

③ Ministry of Higher Education and Science. Evaluation of the Danish Council for Independent Research. http://ufm. dk/en/publications/2014/files-2014-1/evaluation-of-the-danish-council-for-independent-research. pdf ［2014-10］.

构支持大学拥有和维护最高级研究项目所需的基础设施；将来要清晰确定其秘书处和同属高教与科学部的丹麦科技与创新署的权限；应保持独立资助机构的状态，不应与丹麦国家研究基金会合并；应由现有机制顶端的管理委员会开发新方法和程序，解决下属 5 个专题理事会在拨款与处理跨学科研究申请时发生的冲突；确保能良好代表丹麦所有大学研究者的人选，每次每个大学最多有 2 位专题理事会主席，杰出科学素质是选择的主要标准。

3. 完善科研环境

挪威将在 2015 年 1 月开始实施国家高性能计算和研究数据存储方案投入和运行新模式[①]，政府已在教育与研究部的 UNINETT 有限公司下成立一个子公司，由该公司管理挪威研究理事会与国立大学之间的联合资助计划，负责更广泛的电子研究设施战略的制定和更强大的运行管理。挪威研究理事会将在头两年增加电子基础设施的年度拨款，以后 8 年内每年拨款额固定，大学将每年为运行费提供固定拨款，用户有偿使用各种服务，该公司将这些基础设施用于政府拨款资助的研究活动和委托研究，开展这类研究的大学、独立研究机构、地区卫生局和其他机构均有权使用该服务。

9 月 1 日，芬兰政府签署建设欧洲生物信息生命科学基础设施 ELIXIR 联合体协议[②]，成为加入该联合体的第 11 个国家，教育与文化部下属的 IT 科学中心作为芬兰的国家 ELIXIR中心。

9 月 23 日，挪威研究理事会已与英国经济与社会研究理事会、艺术与人文研究理事会签署人员资助协议[③]，将促进两国研究者在这些领域上更密切地合作。协议允许挪威研究者在向该理事会的申请中包括对英国合作者的资助，反之，英国研究者也可在向上述两大研究理事会的资助申请中为挪威合作者寻求资助。英国两大研究理事会将为挪威合作者最高提供项目总经费的 30% 的资助，该理事会虽未设定资助限度，但要求相关资助部门评估英国研究者的参加是否能增强该项目的研究，以及基于个人的申请和项目的目标所建议的资助额度是否合理。

（五）科技创新政策与措施

1. 加强科技人才吸引政策

11 月 3 日，芬兰国家技术创新局公布《杰出教授引进计划评估》报告[④]。该计划将资

①　The Research Council of Norway. New way to finance national eInfrastructure. http://www. forskningsradet. no/en/Newsarticle/New_way_to_finance_national_eInfrastructure/1253993967529/p1177315753918 [2014-03].

②　Ministry of Education and Culture. Finland joins European ELIXIR Consortium. http://www. minedu. fi/OPM/Verkkouutiset/2014/09/ELIXIR. html? lang＝en [2014-09].

③　The Research Council of Norway. Funding for British partners in Norwegian projects - and vice-versa. http://www. forskningsradet. no/en/Newsarticle/Funding_for_British_partners_in_Norwegian_projects__and_viceversa/1254000392704/p1177315753918 [2014-09].

④　Finish Funding Agency for Innovation. Evaluation of the Finnish Distinguished Professor Programme. http://www. tekes. fi/Julkaisut/FiDiPro_evaluation_5_2014. pdf [2014-11].

助顶级外籍芬兰裔或国际著名研究者到芬兰的大学和研究机构开展 2～5 年的研究。评估认为该计划良好地支持了芬兰的研究战略优先，使项目依托的大学增强了研究能力，建议未来应把该计划更明确地作为大学或研究机构国际化战略的一种关键资助办法，应资助更多更年轻的顶级研究者，使其留在芬兰并产生影响；通过研讨会等，加强杰出教授与国内其他研究者的联系，扩大该计划与芬兰其他计划的联系；确保被资助者在芬兰国内开展研究的时间，但也不能因为严格限制而降低计划的吸引力；资助还应重视受资助者参与教学；该计划资助的研究应与机构的发展战略、科研重点相适应，并与国家发展科研基础设施的路线图相联系。

2. 实施推进产业升级与转型的发展战略

2 月 13 日，芬兰经济与就业部公布了"芬兰原料利用率提高国家计划"[①]。芬兰制订该计划的目的是为环保型可持续增长与就业创造前提，促进商业竞争力，基于发达的知识与技能促进高附加值产品的生产。该计划分为 4 个方面，实施 8 项具体行动，其中在教育与研究方面实施第 1 项行动，即联合文化教育部、农林部和环境部，启动原料利用率提高的研究与创新项目，涉及研发及其评估等方面。

5 月 8 日，芬兰新制定的生物经济战略[②]是针对化石经济的全球性问题，创建有竞争力的可持续生物经济解决方案，同时在国际市场上建立新商业。该战略的 4 个重点之一是发展教育与研究活动来升级生物经济知识基础。生物经济就是经济活动中可持续使用环保清洁技术、可再生自然资源、非物质的生态系统服务和材料高效循环，去制造生物产品、营养品、能源。芬兰以森林工业为突破口，开展木材加工、化学、生物质能源、建筑和技术推广等跨行业研发。

3. 国际科技创新合作与交流

4 月 26 日，由丹麦工业基金会捐资约 1.14 亿元人民币投建的坐落于中国科学院大学雁栖湖校区的中丹教育与研究中心大楼举行了奠基仪式[③]，大楼将成为该中心的主体建筑和中丹教育与研究合作的象征。8 月 26～29 日，丹麦高等教育与科学部部长访问格陵兰期间签署了教育与研究合作协议，旨在确保格陵兰学生继续在丹麦接受高等教育，双方开展原材料方面的研究[④]。9 月 1 日，丹麦高教与科学部部长与韩国中小企业管理局签署创新合作协

① Ministry of Employment and the Economy. National material efficiency programme-sustainable growth through material efficiency. http://www. tem. fi/files/38764/TEMjul_8_2014_web_10022014. pdf [2014-02].

② Ministry of Employment and the Economy. Strategy：Bioeconomy is the next wave of the economy. http://www. tem. fi/en/enterprises/press_releases_enterprises? 89511_m=115058 [2014-05].

③ Ministry of Higher Education and Science. Her Majesty the Queen of Denmark breaks ground for the landmark of the Sino-Danish Centre for Education and Research. http://ufm. dk/en/newsroom/press-releases/2014/her-majesty-the-queen-of-denmark-breaks-ground-for-the-landmark-of-the-sino-danish-centre-for-education-and-research [2014-04].

④ Ministry of Higher Education and Science. Denmark and Greenland cooperate on education and research. http://ufm. dk/en/newsroom/news/2014/denmark-and-greenland-cooperate-on-education-and-research [2014-08].

议①，帮助韩国将技术从大学向中小企业转移，培训韩国企业家。

丹麦积极参加欧洲散裂中子源建设和欧洲太空局计划。9 月 4 日，丹麦高教与科学部部长参加位于瑞典路德的欧洲散裂中子源开工仪式。该大装置建设费用为 18.4 亿欧元，丹麦将承担 12.5%，瑞典承担 35%，其余费用由欧洲其他 15 个合作国家分担，丹麦将建设位于哥本哈根的数据管理与软件中心。计划 2019 年将首次产生中子源，并在 2025 年全面运行②。该项目旨在集欧盟成员国多国之力，建造一座世界一流的核散裂中子源，保持欧洲在该领域的世界领先地位。12 月 4 日，丹麦政府决定未来三年为欧洲太空局多项计划提供 3.13 亿丹麦克郎的资助，同时在 2020 年前将优先支持国际空间站和多个地球观测计划，2015 年计划将丹麦首位宇航员和大型气候观测仪器送上国际空间站③。

6 月 5 日，挪威政府出版"与欧盟研究与创新合作战略"④，该战略建立了挪威参加欧盟"地平线 2020"计划和欧洲研究区的四大目标和雄心：将提高挪威研究与创新的质量，帮助挪威研究与创新取得国际成功；将有助于创新能力增强、价值创造和可持续经济发展；将有助于提高社会福利，并促进社会的可持续发展；通过跨国、跨部门和跨领域的合作新模式等，将有助于发展挪威自己的研究与创新部门。政府将资助挪威研究者最大化使用"地平线 2020"计划，与国际同行开展合作。

（执笔人：刘　栋）

十二、欧盟

2014 年，欧洲人政治生活中最大的事件是 5 年一次的欧洲议会大选及欧盟委员会主席等领导人换届，这将影响未来欧洲的政治、经济发展。对于科技领域，领导人换届的直接影响是科技相关管理结构及科技资源配置的调整。

（一）调整科技管理结构

7 月，欧洲人民党候选人、卢森堡前首相容克（Jean-Claude Juncker）在欧洲议会全体会议上赢得投票，当选新一届欧盟委员会主席。随后欧盟其他重要官员的确定及相关机构的调整使欧盟科技界对科技前景产生忧虑，多方认为新首脑及其团队不重视科研与创新。具体的体现及调整包括：① 新的组织结构表明，欧盟委员会没有将创新作为优先发展领域，仅对能源研发、卫生政策及数字领域给予了重视；② 新任命的研究、科学和创新专员

① Ministry of Higher Education and Science. Denmark engages innovation cooperation with South Korea. http://ufm. dk/en/newsroom/news/2014/denmark-engages-innovation-cooperation-with-south-korea [2014-09].

② Ministry of Higher Education and Science. The building of the world's largest research microscope begins. http://ufm. dk/en/newsroom/press-releases/2014/the-building-of-the-worlds-largest-research-microscope-begins [2014-09].

③ Ministry of Higher Education and Science. Denmark increases investment in space. http://ufm. dk/en/newsroom/press-releases/2014/denmark-increases-investment-in-space [2014-12].

④ Ministry of Education and Research. Strategy for research and innovation cooperation with the EU. https://www. regjeringen. no/en/dokumenter/eu-strategi-for-forsknings—og-innovasjonssamarbeid/id762473/ [2014-06].

较原专员的地位有所降低,任命书仅要求其与四个副主席协作,而不是单独负责科研事务,研究、科学和创新总署原有的资金分配权力也被分散到其他总署,如交通领域的科研资助将受交通专员的直接控制;③ 欧盟最重要的科研机构——拥有 3000 雇员的联合研究中心,不再接受科研专员管理,而是移交教育专员。

11 月,容克废除了欧盟首席科学顾问一职。原有的欧洲政策顾问局(BEPA)的所有决策都被废除,新的欧洲政治战略中心(EPSC)将取代 BEPA,但该机构不具备首席科学顾问职能,这一决定遭到欧洲科学家的强烈反对。

(二)启动新投资计划致科研经费缩减

11 月 26 日,欧盟委员会宣布启动 3150 亿欧元的新"欧洲投资计划"① 以刺激经济增长,期限为 2015~2017 年,目的是逆转投资下行趋势,帮助促进就业和经济复苏,满足经济和竞争力提升的长期需求,并加强欧盟的人力资本、生产能力和知识与物理基础设施。计划的主要举措是与欧洲投资银行共同建立新的欧盟战略投资基金(EFSI),其中欧盟预算提供 160 亿欧元,欧洲投资银行提供 50 亿欧元,争取撬动 15 倍的额外投资。投资方向包括:基础设施,尤其是宽带和能源网络、产业中心的交通基础设施;教育、研究与创新;可再生能源及中小企业风险融资。此外,投资计划还将建立投资工作组负责对重大项目进行评估和遴选,通过投资咨询中心为项目投资方提供政策指导和技术支持;采取系统措施来提高欧洲的投资吸引力,移除规制瓶颈,改善商业和金融环境。

2015 年 1 月 13 日,欧盟委员会公布了该计划的立法草案②,对计划的管理规则及欧盟预算调整方案进行了说明,其中包括从科研资助计划"地平线 2020"计划中调整部分资金用于支持投资计划。立法草案提出,未来 5 年从"地平线 2020"计划中调整 27 亿欧元(计划预算的 3.5%)用于 EFSI 的具体方案,主要包括:欧洲创新与技术研究院 3.5 亿欧元(比原预算减少 13%);支持基础前沿研究的 ERC 2.21 亿欧元;信息通信领域 3.07 亿欧元;食品安全领域 1.81 亿欧元;纳米技术与先进材料领域 1.7 亿欧元;玛丽·居里行动 1 亿欧元等。

此外,立法草案中明确了 EFSI 的管理结构主要包括一个指导委员会和一个投资委员会。其中,指导委员会负责投资方向的决策和基金分配,投资委员会负责遴选接受支持的项目,但这些组织中均没有来自科研创新领域的代表,使得计划无法保障对科研领域的支持。

---

① European Commission. An Investment Plan for Europe. http://eur-lex. europa. eu/legal-content/EN/TXT/? uri=COM: 2014:903:FIN[2015-01].

② European Commission. Regulation of the European Parliament and of the Council on the European Fund for Strategic Investments and amending Regulations. http://ec. europa. eu/priorities/jobs-growth-investment/plan/docs/proposal_regulation_efsi_en. pdf[2015-06].

此举引发欧洲科研界的关注，若干大学及科研机构联盟发布联合声明要求在后续的立法过程中对相关内容进行调整以支持科研。

（三）督促成员国继续加强研究创新

6 月 10 日，欧盟委员会发布文件《研究与创新作为恢复性增长的来源》[①]，该文件在总结 2010 年以来"创新联盟"计划实施成效的基础上，对成员国提出了新的要求，强调研发对于欧洲经济增长和提高竞争力的重要作用，督促成员国继续投资研究与创新，提升投资的质量。主要内容包括：① 增强研究投资的影响和价值，通过研究与创新系统的改革提升公共研究与创新投资的质量。改革重点包括：提升战略制定和决策的质量，政策设计应建立在稳定的多年度战略框架及公共投资的前瞻性规划基础之上，考虑研发的长期影响；通过减轻科研管理行政负担，在资金分配中包含更多的竞争性经费等，提高研发与创新项目的质量；改善公共机构执行研究与创新的质量，加强其与产业间的新合作关系。② 强化对创新生态系统的建设，营造有利于创新的框架条件。具体措施如加强欧洲单一市场；促进公共部门的创新采纳以提升服务质量和效率，并创造创新需求；通过加强人力资本，促进创新和数字等方面技能的培训，通过加强前沿科学研究产生突破性创新促进欧盟经济转型；推动个人参与创新，促进社会创新和创业，允许创新性企业在现实环境中测试和转移创新解决方案等。

（四）部署"地平线 2020"计划重点任务

7 月 22 日，欧盟发布 2014～2020 年实施的新一轮"地平线 2020：欧盟研发与创新框架"计划的第一期（2014～2015 年）工作计划[②]，提出阶段工作计划的宗旨是：资助前沿领域的研究，以催生最新突破；支持从研究到创新全周期的研发项目；帮助那些创新与研究潜力尚未充分发掘的成员国建立研究团队；加强对研究人员的培训，促进工业界和学术界之间研究人员的交流；开展国际研究与创新战略性合作；通过一系列金融工具帮助填补研究与应用之间的鸿沟。

工作计划安排了如下重点内容：① 聚焦具有较高可持续竞争力和创新与增长潜力的社会挑战。确定了若干焦点领域，包括个性化卫生保健，可持续食品安全，蓝色增长，开发海洋潜力，智慧城市与社区，有竞争力的低碳能源，能源效率，绿色与智慧交通，资源的可循环、再利用和原材料回收，水创新，社会安防与安全及数字安全等。② 支持创新，促进产业界参与。具体措施包括改善创新框架条件，促进开放创新以及工业界、学术界和研

---

① European Commission. Research and innovation as sources of renewed growth. http://ec. europa. eu/research/innovation-union/pdf/state-of-the-union/2013/research-and-innovation-as-sources-of-renewed-growth-com-2014-339-final. pdf [2015-05].

② European Commission. Horizon 2020 Work Programme 2014-2015. http://ec. europa. eu/research/participants/portal/desktop/en/funding/reference_docs. html#h2020-work-programmes [2014-12].

究与技术机构间合作，提供金融和技能方面的支持，开启新市场，扫除阻碍创新型公司成长的障碍，促进各种公私合作伙伴关系计划的建立，加速知识转移，简化参与程序等。③ 为催生成功的创新提供金融支持，启动新的中小企业融资计划，支持技术转移的相关试验机制，如债权/股权机制。④ 通过"玛丽亚·斯克沃多夫斯卡·居里行动"、"未来与新兴技术"及"欧洲研究基础设施行动"发展新的知识和技能。⑤ 促进工业界对使能技术的部署和应用，支持微电子、纳电子、光子学、纳米技术、先进材料、生物技术、先进制造和处理、空间等领域的研究与创新及应用。⑥ 支持成员国有效执行"欧洲结构与投资基金"（ESIF）下的新的研究与创新计划，解决研究与创新之间的分离问题；通过支持欧洲研究区的运作等促进成员国之间建立密切的合作伙伴关系，确保国际合作的战略路径。

（五）启动公私合作研究计划促进产业创新

7 月 9 日，欧盟宣布正式启动"地平线 2020"公私合作研究计划[①]，该计划是在上一期框架计划关键前沿领域公私合作创新示范项目基础上的延续和升级。整个计划预算总额达195 亿欧元，涉及医药、新能源、生物工业、电子及航空航天等欧盟所确定的关系欧洲未来经济发展、扩大就业、提升产业竞争力和改善公众福利的关键领域。

计划的目标是提升欧盟科技竞争力和巩固欧盟的产业引领地位，以及应对特定重大社会问题。确定公私合作创新具体的实施形式包括两种，即联合技术研发和合约式合作，并强调以后者为主。合约式合作创新机制的特点包括：更强调企业的参与及其影响；企业在确定优先研发方向方面具有领导作用；特别成立产业顾问组就项目实施提供建议；重点关注关键技术的产业化实现问题；强化"中小企业友好型"举措的运用及其示范；基于多年实施路线设定长期投资计划；预先制定预算以保证项目的连续性。

该计划执行期限为 2014～2024 年。整个计划所涉及的关键领域由 FP7 框架下的 4 个扩展至 7 个，首批项目公共资助预算为 11.3 亿欧元，配套的私营资助规模与之相当，全部为竞争性项目，公开面向企业、高校和科研机构，最终资助项目将通过同行评审机制选出。计划所确定的 7 项子研究计划包括：新药研发计划Ⅱ、燃料电池及氢能计划Ⅱ、洁净天空计划Ⅱ、生物产业发展计划、电子元件及系统欧洲引领计划、新一代轨道交通系统计划、"欧洲一体化空中交通管理系统研究 2020"。

（执笔人：王建芳）

---

① European Commission. Public-private partnerships under Horizon 2020：Launch of activities and first calls. http://europa. eu/rapid/press-release_MEMO-14-468_en. htm［2015-03］.